低代码开发平台的设计与实现

基于元数据模型

谢用辉 / 著

电子工业出版社
Publishing House of Electronics Industry
北京·BEIJING

内 容 简 介

低代码开发平台是在不写或者只写极少量代码即可实现业务功能的软件平台，可以助力企业快速完成数字化转型。本书介绍低代码开发平台设计与开发的详细过程，以元数据模型为核心，介绍服务、数据库、主数据、界面展现、功能配置，以及元数据自身的管理，完整呈现元数据驱动的低代码开发平台的端到端的实现机制。

本书面向的读者需要具备一定的开发基础，适合所有对低代码开发平台或对元数据模型感兴趣的软件工程师及相关从业人员学习阅读。

未经许可，不得以任何方式复制或抄袭本书之部分或全部内容。
版权所有，侵权必究。

图书在版编目（CIP）数据

低代码开发平台的设计与实现：基于元数据模型/谢用辉著. —北京：电子工业出版社，2022.1
ISBN 978-7-121-42352-9

Ⅰ. ①低… Ⅱ. ①谢… Ⅲ. ①软件开发 Ⅳ. ①TP311.52

中国版本图书馆 CIP 数据核字（2021）第 231410 号

责任编辑：孙学瑛
印　　刷：北京雁林吉兆印刷有限公司
装　　订：北京雁林吉兆印刷有限公司
出版发行：电子工业出版社
　　　　　北京市海淀区万寿路 173 信箱　邮编：100036
开　　本：787×980　1/16　印张：19　字数：364 千字
版　　次：2022 年 1 月第 1 版
印　　次：2022 年 1 月第 1 次印刷
定　　价：105.00 元

凡所购买电子工业出版社图书有缺损问题，请向购买书店调换。若书店售缺，请与本社发行部联系，联系及邮购电话：(010) 88254888，88258888。
质量投诉请发邮件至 zlts@phei.com.cn，盗版侵权举报请发邮件至 dbqq@phei.com.cn。
本书咨询联系方式：010-51260888-819，faq@phei.com.cn。

前　言

微服务、平台化、云计算是当前 IT 技术热点，它们强调共享重用，促进了软件快速交付和部署。然而，大多数软件即使采用了微服务技术或者平台化思路，也难以做到通过软件共享重用来快速满足业务需求的变化，大部分需求仍需重新开发实现，导致软件交付时间长。然而，这些开发不仅工作量大、技术含量低、个性化程度高和共享度低，无非是在某个表中增加几个字段，然后在界面增加相关录入属性、调整后台服务逻辑和流程流转控制等细枝末节的改进，软件本身并没有发生重大变化。

因此，通过低代码开发平台快速配置发布软件成为当前软件业的一个热点。低代码开发平台的目标是通过图形化快速配置，尽可能不写代码或者编写极少量代码即可实现业务功能。本书系统地介绍一种低代码开发平台的设计思路和实现方式——元数据模型。在面向不同用户或者场景时，该方法可以通过简单配置或者低代码开发、甚至零代码开发，来快速实现业务需求，最终使得软件具有灵活性好、适应变化能力强、维护简单、稳定性好、重用度高等特点。

一般来说，软件由数据结构（模型）、服务、规则、数据库、流程和操作界面组成。软件的变化，一般是由模型变化带来的如服务、规则、流程和操作界面的一系列变化。目前，市场上常见的解决机制是引入规则引擎或者流程引擎，以提升软件的适应性，但实际上，单纯的规则或者流程变化的需求反而不多，常常要求模型变化之后带来系统性的变化。而模型变化通常被理所当然地认为只有经过代码开发才能实现。

因此，如何应对模型变化是低代码开发平台首先要解决的技术难点。元数据模型是模型变化问题的有效解决方案，在很多软件中都采用了该设计思路，尤其是某些产品化程度很高的软件。本书将系统地呈现这种设计思路——元数据模型——在不修改代码的前提下，实现模型的灵活变化，进而实现数据库、服务、规则、流程和操作界面的变化。

低代码开发平台有很多种实现方式，元数据模型驱动的设计是其中主要的一种方式。本书聚焦于系统化的元数据模型驱动的设计思路，采用该设计思路实现的软件具有低代码开发平台的软件特点。为了重点突出元数据模型驱动的设计思路，尽量避免其他内容干扰，本书不介绍与规则引擎和流程引擎相关的内容，而是重点介绍元数据模型、服务、持久化机制、元数据模型界面展现和元数据模型的模型，即通过元数据模型来描述元数据模型自身。

本书内容分为如下章节：

第 1 章介绍低代码开发平台的实现方式、元数据模型概念，并且综述本书所达到的需求目标；

第 2 章介绍基于元数据模型实例之上的通用服务设计，通过这些服务可以实现所有元数据实例的增删改查的功能；

第 3 章介绍如何将元数据模型的实例保存到数据库中，通过数据库映射配置，将实例映射到数据库；

第 4 章介绍如何将元数据模型实例从数据库中按照条件查询，通过配置查询条件和查询结果实现通用的实例查询功能；

第 5 章介绍主数据，这是元数据模型在主数据方面的简单应用，主数据也是后续章节的基础；

第 6 章介绍元数据实例在界面上如何展现，通过配置页面布局实现对实例的动态展现，而不需要定制开发界面程序代码；

第 7 章介绍元数据实例的功能配置，实现从前端界面到后台服务之间的联动，将模型、服务、数据库和界面展现有机地组织成一个完整的软件功能，并且可以动态配置新功能，动态扩展软件能力；

第 8 章介绍如何用元数据模型实例管理元数据自身，也就是元数据模型的模型（这里没有写错，是模型的模型），应对元数据模型自身的变化，这是本书最为抽象的地方，也是元数模型能够发挥到极致的能力表现。

由于元数据模型非常抽象，解释元数据本身就是非常困难的工作，因此本书的有些地方为了精确地表达意思，不厌其烦地加上了很多定语，同时提供比较多的程序代码来解释元数据模型的实现，以便读者充分理解。由于设计思路与平常的开发流程不同，读者在阅读过程中可能会遇到各种理解上的问题，希望大家能在阅读过程中，保持耐心，反复仔细体会。书中代码来自于真实软件，帮助用于对低代码开发平台设计的理解，不随本书提供源代码一。

我对元数据模型的理解和应用，是在长期软件项目实践中积累并逐渐成熟的。我从 2006 年开始参与 Pharos 系统，到最近设计开发的新一代保险核心业务系统，都采用了元数据模型的设计思路，取得了非常好的效果。我在保险核心业务系统中采用元数据模型，统

前　言

一了产险、寿险和健康险的保单模型，在一个系统中同时支持了保险全产品线，大大减少了开发工作量。

感谢曾经共事的同事，特别感谢王凤燕、李晓强、蒋吉兆、常喜龙、谭慧敏、范泽清、曹立刚、段成伟、李强、范耀、刘永革、吕炜、朱振刚、李诺、潘勇、张禹、詹钧渊等老同事，最近几年我与你们一起项目实践，将元数据模型应用提升到一个新高度，使我确信元数据模型设计思路的正确性，并著成本书。

非常感谢编辑孙学瑛老师，在本书的出版过程中，逐句逐字推敲，付出了不少精力。

我虽然设计过基于元数据模型的系统，但由于模型非常抽象，将元数模型驱动设计思路清晰地表达出来更难，再加上本人水平有限，书中肯定存在各种不足之处，希望读者批评指正并反馈，以便我改进，谢谢！

谢用辉

读者服务

微信扫码回复：42352
- 加入本书交流群，与作者互动
- 获取【百场业界大咖直播合集】（持续更新），仅需 1 元

目 录

第 1 章 元数据模型 1
1.1 低代码开发平台介绍 1
1.2 当事人领域模型 9
1.3 元数据模型定义 11
1.4 元数据模型实例类 16
1.5 元数据模型实例创建 19
1.6 元数据模型术语 23
1.7 主数据应用场景 25
1.8 本书实现目标 28
  1.8.1 当事人录入功能 29
  1.8.2 当事人查询功能配置 33

第 2 章 元数据实例服务 37
2.1 技术分层架构 37
2.2 元数据实例服务设计 38
  2.2.1 新建当事人 38
  2.2.2 修改当事人 40
  2.2.3 删除当事人 41
  2.2.4 创建实例 44
  2.2.5 修改实例 45
  2.2.6 删除实例 46
  2.2.7 实例服务设计小结 47
2.3 元数据实例服务介绍 48
  2.3.1 getDna 服务 48
  2.3.2 initInst 服务 49

    2.3.3　saveInst 服务 ··· 50
    2.3.4　getInst 服务 ··· 52
    2.3.5　deleteInst 服务 ·· 53
    2.3.6　当事人和元数据实例服务对比分析 ································· 54
  2.4　元数据实例与 POJO 转换 ··· 55
    2.4.1　元数据实例与 POJO 定制化转换 ······································ 55
    2.4.2　元数据实例与 POJO 基于参数转换 ·································· 57
    2.4.3　元数据实例与 POJO 基于注解转换 ·································· 62
  2.5　元数据实例与 JSON 转换 ·· 68
    2.5.1　元数据实例的 JSON 格式转换 ·· 68
    2.5.2　元数据实例 JSON 序列化 ··· 71
    2.5.3　元数据实例 JSON 反序列化 ··· 73
    2.5.4　Controller 层 JSON 转换应用 ·· 76

第 3 章　元数据实例持久化 ··· 78
  3.1　元数据实例数据库映射分析 ·· 78
  3.2　通用数据库结构 ··· 79
  3.3　元数据实例数据库映射配置 ·· 83
  3.4　数据库映射的构造器 ··· 86
  3.5　数据库映射的创建 ··· 90
  3.6　DAO 服务 ··· 95
    3.6.1　insertCell 服务 ·· 95
    3.6.2　updateCell 服务 ·· 98
    3.6.3　deleteCellByKey 服务 ··· 101
    3.6.4　getInst 服务 ··· 104

第 4 章　元数据实例查询 ··· 108
  4.1　条件查询分析 ··· 108
  4.2　基本数据结构 ··· 112
    4.2.1　查询条件数据结构 ··· 112
    4.2.2　查询相关树概念 ··· 114
    4.2.3　构造查询相关树 ··· 118
  4.3　查询服务的实现 ··· 123

4.3.1　查询服务接口 ·· 123
　　　4.3.2　构造 SQL 组合对象 ·· 124
　　　4.3.3　DAO 层条件查询服务 ·· 135
　　　4.3.4　查询服务调用示例 ·· 140
　　　4.3.5　查询条件构造器 ·· 144
　4.4　简单查询 ·· 147

第 5 章　主数据 ·· 150
　5.1　主数据 Dna ·· 150
　5.2　查询定义主数据 ·· 154
　5.3　根据定义查询 ·· 160

第 6 章　元数据实例的界面展现 ··· 162
　6.1　菜单主数据管理 ·· 162
　6.2　当事人录入界面实现 ·· 168
　6.3　实例通用界面实现 ·· 177
　6.4　页面布局定义 ·· 181
　6.5　当事人录入页面布局 ·· 187
　6.6　InstLayout 界面渲染 ·· 191
　6.7　实例属性基础 Vue 组件 ·· 193
　　　6.7.1　InstInput ·· 193
　　　6.7.2　InstSwitch ·· 194
　　　6.7.3　InstBoolSelect ··· 195
　　　6.7.4　DictionarySelect ··· 196
　　　6.7.5　InstButton ·· 197
　　　6.7.6　InstFilterSelect ··· 198
　　　6.7.7　InstSlaveSelect ··· 200
　6.8　InstFormLayout 组件 ·· 204
　6.9　InstGridLayout 组件 ·· 208
　6.10　InstTreeLayout 组件 ·· 220
　6.11　组件 InstLayout 间关系 ·· 229

第 7 章　功能配置 ·· 235
　7.1　工作台 ··· 235

7.2　InstEntry 组件·····240
7.3　InstFilter 组件·····247

第 8 章　元数据定义配置·····256

8.1　Dna 管理·····256
8.2　DnaDbMap 管理·····266
　　8.2.1　类 DnaDbMap 的 Dna 对象·····267
　　8.2.2　Dna 对象到数据库映射·····272
　　8.2.3　DnaDbMap 对象到数据库的映射·····275
8.3　InstLayout 管理·····276
　　8.3.1　InstLayout 中间类·····277
　　8.3.2　InstLayout 中间类的 Dna 对象·····279
　　8.3.3　Dna 的 Dna 对象展现·····284
　　8.3.4　DnaDbMapAgent 对象展现·····287
　　8.3.5　InstLayoutAgent 对象展现·····289

第1章
元数据模型

本书的低代码开发平台是基于元数据模型开发的。本章先介绍低代码开发平台的概念和基本设计思路，然后介绍元数据模型的概念和应用场景，最后介绍本书实现的目标：利用元数据模型实现一个低代码开发平台。

1.1 低代码开发平台介绍

低代码开发平台是一种平台软件，人们能通过它提供的图形化配置功能，快速配置出满足各种特定业务需求的功能软件。它可简化软件开发过程、提高生产率、缩短软件交付周期，并且系统稳定性较好，只要经过简单测试即可交付使用，最终降低软件开发成本。

普通开发平台一般是通过程序员编写程序来实现软件的，对技术要求比较高，不适合业务人员实现，且软件开发效率比较低、周期比较长、成本高。但普通开发平台通过不断演化，也能实现部分图形化配置功能，逐渐向低代码开发平台靠拢，而且利用普通开发平台开发出来的软件能力几乎不受开发平台能力的限制，只受底层的某种开发程序语言能力的限制。

与普通开发平台相比，低代码开发平台强调的是，让业务人员或者技术人员通过图形化配置可视化地实现软件。它们的区别如图 1-1 所示。显然，低代码开发平台用户的技术门槛较低，既可以是技术人员，也可以是业务人员，或者两者协作。

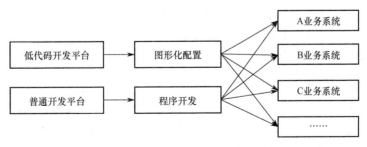

图 1-1 低代码开发平台与普通开发平台的区别

一个低代码开发平台的能力，不能简单地根据由业务人员还是技术人员配置来评价。一般来说，只由业务人员配置实现的低代码开发平台，配置友好性高，但是软件能力相对受限，配置出来的软件差异化程度小、灵活度低。而需要技术人员参与配置的低代码开发平台，配置出来的软件差异化比较大、灵活度更高，但是配置复杂度高，不适用于业务人员单独完成配置。

一个低代码开发平台的配置角色定位取决于平台的设计目标，设计师应该将业务人员和技术人员配置的内容清晰地剥离出来，让业务人员配置一些简单的参数，如某个权限控制限额；让技术人员配置规则，如控制某个权限的业务逻辑，将业务人员配置的权限控制限额用于实际的权限控制逻辑中。设计师可以进一步将低代码开发平台分为两个版本，分别为基础版和高级版。基础版适用于业务人员配置，将技术人员配置部分禁用；高级版由技术人员配置使用。

大部分低代码开发平台是由技术人员和业务人员双方共同参与配置的。我设计的保险核心业务系统，配置化程度很高，允许灵活配置多条保险产品线和多种流程，其中由业务人员配置的内容有产品、条款、责任、费率表和主数据等，由技术人员配置的内容有属性定义、元数据模型、规则、数据库结构、流程、界面和功能等。大部分业务配置特别简单，由业务人员单独完成，少量工作需要技术人员参与。

低代码开发平台配置出来的软件能力一般要受到低代码开发平台自身能力的限制，只能做低代码开发平台事先设计好的能力范围内的事情，不能超过该范围。因此，低代码开发平台一般具有一定的约束性，软件能力有限。不同的低代码开发平台侧重点不同，通常侧重于某个特定领域的应用范围，例如，办公自动化软件、企业管理软件等。

市场上有很多低代码开发平台，有面向行业的，也有通用的，图 1-2 所示的是一个低代码开发平台例子。客户关系管理（CRM）低代码开发平台可以配置实现各个行业不同用户的客户关系管理，如零售业 CRM、制造业 CRM 和保险业 CRM 等。保险业务系统低代码开发平台可以配置出支持不同产品线的业务系统，如车险、非车、健康险、信用险、农险、寿险和团险等。低代码开发平台也可以非常通用，如 BPM，可以经过配置和编写少量脚本实现一个具有表单录入、提交、多级审核功能的办公自动化系统，基本可以配置适用于多行业的各种办公流程的业务处理。

低代码开发平台本身也是一个软件，也是通过程序开发实现的，只是它的功能比较灵活，通过配置即可实现平常看似需要开发人员才能实现的其他软件功能。低代码开发平台自身实现比较抽象，不同低代码开发平台的实现技术各不相同，但是它们具有共同的特性——灵活性和可配置性。下面通过一个简单例子来提炼一个低代码开发平台需要考虑的问题。

第 1 章 元数据模型

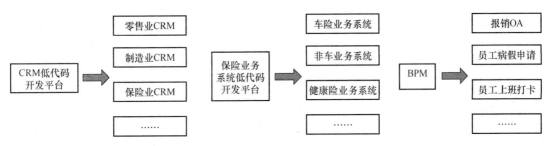

图 1-2 低代码开发平台举例

假设我们开发一个客户管理系统,用于维护客户相关的信息。当捕获用户需求之后进入开发阶段之前,还需要做如图 1-3 所示的各项设计工作。

图 1-3 一般软件设计工作项

(1) 设计数据结构,用来描述一位客户的信息,主要包括姓名、性别、出生日期、证件类型、证件号、手机号和地址等,以及该客户相关的账户信息;

(2) 设计服务,即客户管理相关服务和规则,包括:对客户增删改查的基本服务。对于客户操作可能涉及很多业务逻辑处理,即规则,例如校验身份证号长度是否等于 18 位,是否与出生日期一致等,这些业务逻辑都是服务实现的一部分;

(3) 设计数据库,数据库包含多张表,每张表有多个字段,分别对应于不同模型或者子模型;

(4) 设计流程。修改客户信息可能需要经过一套流程,一个用户录入客户信息,下一个用户对上一个用户录入的客户信息做审核,涉及相关审批流程,每一个流程节点对应不同的功能界面;

(5) 设计界面,方便用户能够通过图形化界面操作系统。

上述各项工作都是根据客户管理的实际业务需求分步设计实现的一个定制化的软件开发过程。当需求发生变化时,例如,为客户数据结构增加一个属性或者字段,对应的服务、数据库结构、界面、流程都要做相应的修改,还要经过测试,开发周期比较长。如果需求频繁变化,那么开发工作量将倍增。

不同行业需要维护的客户信息是不同的,如保险行业可能需要收集客户的健康状况、家庭住址等,银行业可能需要收集客户资产信息等。这些不同会进一步引起服务、数据库结构、界面、规则和流程的差异。如果多个用户的需求差异较大,那么几乎要为每一个用户重新开发一套系统。

除了个人客户，还有企业客户管理，企业客户的信息和个人客户的信息差异很大，通常是两个不同的数据结构。在一般企业软件中，会有两个模块或者系统分别实现对个人客户和企业客户的管理。个人客户是对自然人的管理，企业客户是对企业法人的管理。它们的操作界面、数据库结构、服务和流程都是独立开发、互不相关的。

在现实业务中，除客户管理外，还有对许许多多自然人的相关管理，例如，保险公司需要管理的自然人有代理人、公司员工、理赔查勘人员、理赔定损人员和律师等。企业法人的管理有保险公司的组织机构、银行、再保险公司和医院等。所有这些自然人或者企业法人统称为当事人，后面介绍的当事人管理系统就是指对自然人或者企业法人的统一管理，是一个低代码开发平台，具有很强的通用性，无论是个人客户还是企业客户，都可以通过简单的配置来实现不同类型的当事人之间的需求差异和同一类当事人在不同用户之间的需求差异。经过上述分析，低代码开发平台可配置性要求平台设计需要考虑如下方面：

1）模型配置允许不同行业或者不同用户，对一个领域对象进行管理时，要求体现出领域模型的差异化，如个人客户模型和企业客户模型的差异，保险业和银行业对个人客户模型的差异等；

2）数据库配置允许差异化模型经过配置后保存到不同结构的数据库表中，例如，同样是个人客户管理，由于不同行业的个人客户模型的差异导致数据库表结构不同。

3）界面配置允许对差异化模型有不同界面展现，同样是客户管理，不同行业在录入客户信息时，应该有不同的录入界面；

4）流程配置允许差异化模型可以有不同流程，例如，对个人客户管理和代理人管理应该有不同流程；

5）功能配置允许差异化模型可以有不同功能，例如个人客户有录入功能，代理人除了录入功能，还有审核功能。

总之，在设计低代码开发平台时，需要考虑平台的可配置性。而这些可配置性需求，将会导致软件设计比较抽象，不像一般应用软件设计那么直观。

不同低代码开发平台的实现机制并不相同。为了实现上述自然人和企业法人的统一管理，可以分别做两套管理功能：一套支持自然人管理，一套支持企业法人管理。两者的设计思路类似，以自然人管理为例，通常采用枚举方式，将自然人相关模型和属性、规则、数据库表结构和字段，流程、界面组件、功能事先枚举完整。面向不同用户的差异化需求，通过配置选择启用哪些模型和属性、哪些规则、哪些数据库表结构和字段、哪些流程、哪些界面组件和哪些功能，不同配置信息的差异，体现出当事人管理功能上的差异。

这种方式实现的软件属于低代码开发平台，只要对自然人管理枚举细致到位，没有遗漏，就能很好地支持多用户的个性化需求。即使同一个用户的需求随着时间推移发生变化，也可以通过修改配置，选择事先已枚举的模型、规则、字段、流程、界面和功能，快速响应需求变化，无须修改程序代码。并且，为了简化配置，可以事先内置许多常用的配置模板，对于新用户，选择一个业务比较接近的模板，并在此基础上进行少量调整，即可快速实现符合需求的软件。这种实现的设计方式与一般软件比较类似，技术门槛比较低，效果也不错，一般只需业务人员就可以完成配置。但是，可配置性的灵活度比较有限，当用户需求超过了事先枚举的范围，就需要修改程序代码。

元数据模型是另一种实现低代码开发平台的技术，它并不通过事先枚举字段和数据结构实现，而是通过元数据模型来配置数据结构，允许低代码开发平台根据具体用户的需求来配置相应的领域模型，使得数据结构可以动态变化。

关于元数据模型，后面将有详细介绍，这里读者可以将元数据模型理解为动态配置的领域模型，而非固化的模型。枚举方式和元数据模型实现低代码开发平台的方式对比如表 1-1 所示，这两种方式的根本差别在于枚举方式是从预置中选择模型、规则、字段、流程、界面、功能来响应软件需求的灵活变化，元数据模型则允许动态扩展模型、规则、字段、流程、界面和功能来响应，后者可以无限扩展，前者只能从事先确定好的范围中选择，不能超出该范围。

表 1-1 枚举方式和元数据模型实现低代码开发平台的方式对比

项目		枚举方式	元数据模型
使用场景	场景一	从预置中选择：姓名、性别、出生日期、证件类型	配置多个字段：姓名、性别、出生日期、证件类型
	场景二	从预置中选择：姓名、性别、出生日期、证件类型、家庭地址、手机号	配置多个字段：姓名、性别、出生日期、证件类型、家庭地址、手机号
	场景三	从预置中选择：姓名、性别、出生日期、证件类型、健康状况、账号	配置多个字段：姓名、性别、出生日期、证件类型、健康状况、账号
实现方式		预先枚举，事先枚举：姓名、性别、出生日期、证件类型、公司地址、家庭地址、手机号、健康状况、账号	元数据配置的机制，包括字段、模型、数据库结构、界面、流程、规则、功能

元数据模型允许模型灵活变化，规则、数据库结构、操作界面、流程和功能事先也都

不确定。因此，基于元数据模型的低代码开发平台是一种端到端的软件实现方案，从配置模型开始，到配置规则、数据库结构、流程、界面和功能，都具有极大的灵活性，不需要程序开发即可实现软件功能。

采用元数据模型驱动的端到端的设计思路，实现当事人管理系统，包括模型配置（规则）、数据库结构配置、界面配置、流程配置和功能配置，如图1-4所示。当事人管理低代码开发平台具有极大的灵活性，根据具体业务需求分别配置各种当事人模型（含规则），如个人客户、代理人、企业客户、医院等，然后在其上配置数据库、流程、界面和功能。

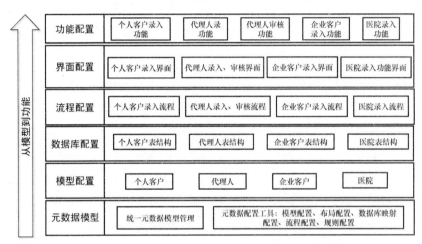

图1-4 当事人管理低代码开发平台的元数据模型端到端的实现

当事人管理的业务逻辑和流程非常简单，利用元数据模型驱动设计思想，设计出一个当事人管理的低代码开发平台比较容易。元数据模型不仅适用于简单的应用，也可以用来设计非常复杂的业务系统。比如，不同保险产品对应保险的标的不太相同，车险的标的是车，人身险的标的是人，财产险的标的是建筑物。保单是保险公司与客户签订的合同，该合同需要记录保险标的信息和保险承保条件。保险标的不同，保单模型也不相同。传统保险核心业务系统因其产品线差异性而只能按产品线分类分别实现，使得一家保险公司有多套核心业务系统，分为车险核心系统、非车核心系统、意健险核心系统、农险核心系统和信用险核心系统这就造成系统开发工作量翻倍、维护成本高，再加上多套系统并存的根源在于不同产品的保单模型、规则、数据库结构、流程、操作界面和功能的不同，因此在技术上也不能很好统一支持。我设计的核心业务系统，采用元数据模型思路，允许保单模型灵活配置，最终实现支持保险全产品线的业务管理，如图1-5所示。

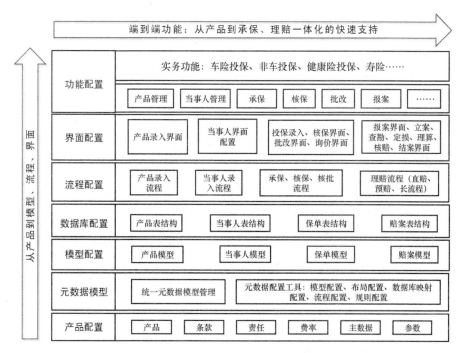

图 1-5　保险核心业务系统低代码开发平台的元数据模型端到端的实现

保险核心业务系统的元数据模型设计与当事人管理低代码开发平台设计思路非常类似，但保险核心业务系统中的保险产品参数配置较多，相对于当事人管理，增加产品配置功能，可让不同产品关联到不同保单模型。

元数据模型在面向具体行业时，可以做分层处理。考虑到保险核心业务系统包含多个业务模块，每一个业务模块都有灵活可配置的需求，在应用架构上引入了一层与保险行业无关的、通用的元数据平台，它也是一个低代码开发平台。在该元数据平台之上构建各个面向特定业务领域的应用模块。我设计的保险核心业务系统应用架构如图 1-6 所示。

在该应用架构中，中间一层是与行业无关的元数据平台，其上所有应用层以元数据平台为基础，构建各自业务组件的模型、规则、数据库结构、流程、界面和功能，这些均可灵活配置。

不同的低代码开发平台采用的应用架构各不相同，为了让平台适应各种业务场景，就涉及模型灵活可配置问题，一般采用元数据模型驱动的设计思路，即使不是完全采用元数据模型驱动的方式，也会在局部采用。一个元数模型驱动的端到端的低代码开发平台的典型应用架构如图 1-7 所示。

图 1-6 保险核心业务系统应用架构

业务组件				
产品工厂 产品定义 条款定义 责任定义 产品关联结构 责任关联结构 批改/保全项定义	保单模型配置 保单模型 角色模型 责任模型 保险计划模型 保单组件模型	当事人管理 个人客户 企业客户 第三方（用户、代理人、定损员、医院、律师等）	保单管理 投保单管理 保单版本管理 批单管理 续保 保单导入	理赔管理 报案立案 调度、查勘、人伤跟踪、定损、理算、单证管理、结案、重开、预赔、追偿

元数据平台						
元数据模型 属性 结构 规则 关联关系	界面模型 页面布局 属性布局 页面渲染 页面规则 页面扩展	数据库映射 横表定义 纵表定义 属性映射	实例管理 实例增删改 实例查询算法 查询功能配置 实例申请转化 就地编辑	主数据 数据字典 参数定义 费率表定义	元数据迁移工具 属性、结构迁移 数据库映射迁移 页面布局迁移 产品迁移 主数据迁移	软功能 菜单配置 录入功能配置 查询功能配置

技术组件				
微服务 NACOS ELK RocketMQ Redis MySQL	引擎 Groovy JavaScript Activiti 批作业调用 事务监控管理	流程集成 流程任务定义 岗位查询定义 流程流转算法	数据库分片 垂直拆分 水平分片 下游集中库	基础组件 计数器 时间服务 多级缓存管理 权限控制

图 1-6 保险核心业务系统应用架构

图 1-7 元数据模型驱动的低代码开发平台的典型应用架构

在该应用架构中，包含如下几部分。

（1）元数据定义态管理。用于配置元数据结构（模型）的功能，包括：每一个数据项（属性或字段）配置、将数据项组织成一个结构的模型配置和规则配置、数据库结构映射配置等。

（2）元数据运行态管理。由于元数据的应用强依赖于元数据的结构，为了提高元数据结构的访问性能，需要将元数据结构加载到内存中建立索引，让使用者可以高效地访问元数据进行逻辑处理。

（3）元数据界面配置和展现。模型的灵活可配置性决定了系统中无法事先内置依赖于模型的界面，系统需要提供元数据界面展现配置功能，并且基于该配置信息来展现元数据实例。

（4）元数据实例访问服务。基于元数据定义，实现对元数据实例的增删改查操作。

（5）元数据实例维护功能。通过实例维护功能将实例的服务、流程和功能界面有机地组织在一起，实现对类似于当事人对象的增删改查的维护功能。

元数据模型是低代码开发平台最核心的设计思路，为了突出重点，本书将集中介绍元数据模型、数据库映射、实例服务、界面展现和实例维护等功能。模型之上的规则、流程和元数据缓存管理，本书这里不做介绍。本书余下部分将介绍如何用元数据模型驱动的设计思路来实现一个低代码开发平台。

1.2 当事人领域模型

领域驱动设计已经广泛地被人们接受，当设计一个应用时，人们往往先从领域角度抽象模型，再基于模型之上设计数据库、服务、界面和流程。例如，设计当事人管理系统时所涉及的领域模型包括个人客户和企业客户，按照当事人的定义，它们都属于当事人领域模型。在所有行业中，当事人包含的基本信息几乎相同，如：当事人代码、姓名、性别、出生日期、证件类型、证件号等，但是其他信息或多或少地都有个性化差异。即使在同一个行业，例如不同保险公司，当事人信息也有少许差异，并不完全一致。假设当事人领域模型除了基本信息，还包含多个账户信息，那么当事人模型领域模型可通过 Java 类 PartyBO 表示如下：

```java
//path: com.dna.party.service.bo.PartyBO
public class PartyBO {
    private long id;
    private String partyCode;
    private String partyName;
    private Date birthday;
    private String gender;
    private String certType;
    private String certId;
    private String address;
```

```java
    private String postCode;
    private String telNo;
    private String mobileNo;
    private String contact;
    private String contactMobileNo;
    private String vipType;
    private String branch;
    private List<PartyAccountBO> accounts = new ArrayList<PartyAccountBO>();
}
```

该类嵌套了一个 PartyAccountBO 类的列表，表示一个当事人下可以有零到多个账户。PartyAccountBO 的定义如下：

```java
//path: com.dna.party.service.bo.PartyAccountBO
public class PartyAccountBO {
    private long id;
    private String accountNo;
    private String bankName;
    private String accountName;
    private String address;
    private String postCode;
}
```

设计好 PartyBO 之后，接着为其设计相关联的服务。当事人没有复杂处理的业务逻辑，一般都是增删改查的简单操作，服务接口定义如下：

```java
//path: com.dna.party.service.PartyService
public interface PartyService {
    public PartyBO saveParty( PartyBO partyBo);
    public PartyBO getParty( Long id );
    public PartyBO getPartyByCode ( String code );
    public Long deleteParty( Long id);
}
```

在上述服务 PartyService 接口中，saveParty 用于增加或者修改 PartyBO 对象，getParty 根据 id 获取 PartyBO 对象，deleteParty 删除一个 PartyBO 对象，getPartyByCode 通过当事人代码从数据库中获取 PartyBO 对象。这些服务接口定义粒度比较粗，几乎适用于所有行业。面向每一个具体行业，当事人服务接口应该不会有太大变化，但是 PartyBO 类在不同企业中，受限于具体领域模型的需求，将会有很大差异。

只要模型发生了变化，即使保持接口定义原型不变，服务接口具体实现也将发生变化，不同企业的领域模型差异将导致服务无法重用。以具体需求设计领域模型的方式来设计当事人管理系统时，软件的产品化程度很低，无法适用于多家企业。其根本原因在于采用固化模型，缺少抽象，缺乏灵活扩展机制，无法重用。

在同一个企业内部，当事人除个人客户外，还有企业客户，对于企业客户的管理，其服务接口和个人客户管理几乎相同，但是模型变化非常大，个人客户包括姓名、性别、出生日期等信息，而企业客户包含企业登记号、企业名称、注册时间、注册资本等信息。即使企业客户管理都是增删改查这种很类似个人客户管理的功能，但是由于领域模型不同，不得不做两套独立的应用或者服务来分别管理。业务需求稍微变化，都会涉及模型变化，然后引起程序代码修改、数据库表结构修改，反反复复，工作量巨大，都是琐碎重复、没什么技术含量但又是不得不做的工作。

1.3 元数据模型定义

本书的重点是介绍如何采用灵活的元数据模型设计低代码开发平台，允许模型可灵活扩展，以适应不同场景下的个性化需求，使得应用具有很强的适应性和重用性，尽量避免个性化开发，且通过可视化配置来定制应用。

为了解决模型的灵活性，不能在模型 PartyBO 枚举每一个属性，而采用表达能力更加泛化的类型来定义模型。比较简单的方式是采用 Map<String,Object>数据结构，例如，PartyBO 定义如下：

```
//path: com.dna.party.service.other.PartyBO
public class PartyBO {
    private Map<String,Object> values = new HashMap<String,Object>();
    private List<PartyAccountBO> accounts = new ArrayList<PartyAccountBO>();
}
public class PartyAccountBO {
    private Map<String,Object> values = new HashMap<String,Object>();
}
```

这种定义方式确实具有很强的灵活性，对于不同业务场景下的不同模型，可以在属性 values 中存放不同属性值，而对应的服务接口保持不变。服务接口实现代码可以动态访问 Map 对象中每个属性，并进行逻辑处理。但是使用者无法判断 PartyBO 到底包含了哪些属性，只有当程序运行时才能从 values 遍历访问中确认具体存放了什么属性。而且在创建 PartyBO 对象时，没有信息可以让我们需要初始化 PartyBO 对象的哪些属性。这种模型将业务领域知识保留在系统外部，导致系统很难维护。

为了解决这里的问题，我们引入元数据模型，对模型的数据结构自身进行描述。元数据模型包含结构定义和实例两部分内容。结构定义部分用于描述数据结构，即模型，实例部分用于描述具体领域模型的对象。上述基于 Map 设计出来的 PartyBO 属于实例部分，缺少结构定义部分，即缺少描述数据结构的信息。描述数据结构首先要描述每一个属性，确定每一个属性的代码、名称、文字描述和数据类型。如下 class Vd 描述了属性,每一个 Vd 对象就是描述一个属性结构的信息。

```java
//path: com.dna.def.Vd
public class Vd implements Cloneable{
    private String vdCode;
    private String vdName;
    private String vdDescription;
    private int serNo;//序号,用于排序
    private String dataType;
    private String mdCode;//主数据代码
    private String vdControl=null;
    private Date lastTime;//最近更新时间
    private VdExtension extension = null;
}
```

在 Vd 的基础上,定义一个 Dna 类,将多个 Vd 对象组织在一个逻辑单元中,它属于元数据模型的定义部分。Dna 类的代码如下:

```java
//path: com.dna.def.Dna
public class Dna {
    private long id;
    private String businessType;
    private String dnaCode;
    private int serNo;//序号,用于排序
    @JsonIgnore
    private Dna parent;
    private String category;
    private String secondCategory;
    private String dbMapCode;
    private String dnaName;
    private String dnaDescription;
    private int minCount;
    private int maxCount;
    private boolean cursive=false;
    private List<Dna> children = new ArrayList<Dna>();
    private List<Vd> vds = new ArrayList<Vd>();
    private Date lastTime;
    public Dna(String businessType, String dnaCode, String dnaName, String dnaDescription) {
        this.businessType = businessType;
        this.dnaCode = dnaCode;
        this.dnaName = dnaName;
        this.dnaDescription = dnaDescription;
    }
}
```

第 1 章 元数据模型

这是一个递归树结构，由自身的基本信息和其下孩子组成，用于描述层次，表达类似于 PartyBO 与 PartyAccountBO 之间的关系。每一个 Dna 对象有一个 List<Vd> vds 的属性，用于描述 Dna 包含的属性（Vd 类型）列表。businessType 用于对 Dna 对象进行业务分类，businessType 和 dnaCode 可以唯一地确定一个 Dna 对象，相当于组合主键。dnaName 代表结构名称，dnaDescription 用于描述结构。minCount 和 maxCount 用于描述该 Dna 对象作为孩子时，其对应的实例对象个数是多个、单个还是零个。如果 maxCount 大于 1，表示有多个实例对象，否则，就是一个单实例对象。

例如，一个客户下面有零到多个账户，那么账户数据结构描述的 Dna 对象中，应将 maxCount 设置为大于 1，minCount 设置为 0。cursive 表示该结构实例是否属于递归结构，例如，当 Dna 对象描述一个菜单结构时，设置 cursive 为 true，表示该 Dna 对象的实例是一个递归结构，符合菜单是一个递归结构的特点。当 Dna 对象描述一个组织机构时，设置 cursive 为 true，表示一个机构下面还有其他子机构。

Dna 上的属性 category 和 secondCategory 表示 Dna 所属的一级分类和二级分类，是为了管理上的方便引入，本书不做详细介绍。Dna 的属性 dbMapCode 是与数据库映射相关的，在后面章节介绍。

Dna 有一个构造函数，用于同时给 businessType、dnaCode、dnaName 和 dnaDescription 赋初值，利用该构造函数可以减少代码行数。

每一个 Dna 的对象描述一个领域的模型或者子模型结构，例如，PartyBO 对应的 Dna 对象如下：

```
// com.dna.party.dna.PartyDnaTool
public static Dna getPartyDna() {
    Dna partyDna = new Dna(CodeDefConst.BUSINESS_TYPE_PARTY,CodeDefConst.DNA_CODE_PARTY, CodeDefConst.DNA_NAME_PARTY,"party 结构 Dna");
    partyDna.setCategory(CodeDefConst.CATEGORY_PARTY);
    partyDna.setMultiple(0, 999);
    partyDna.setDbMapCode(CodeDefConst.DNA_DB_MAP_CODE_PARTY);
    partyDna.setCursive(false);
    partyDna.setLastTime(DateTool.parseDatetime("2018-01-01 00:00:00"));
    partyDna.addVd(new Vd("partyCode","party 代码 ",DataType.DATA_TYPE_STRING));
    partyDna.addVd(new Vd("partyName","party 名称 ",DataType.DATA_TYPE_STRING));
    partyDna.addVd(new Vd("birthday","出生日期",DataType.DATA_TYPE_DATE));
    partyDna.addVd(new Vd("gender"," 性 别 ",DataType.DATA_TYPE_STRING,CodeDefConst.GENDER_CODE));
    partyDna.addVd(new Vd("certType","证件类型", DataType.DATA_TYPE_STRING,
```

```java
CodeDefConst.CERT_TYPE));
        partyDna.addVd( new Vd("certId","证件号",DataType.DATA_TYPE_STRING));
        partyDna.addVd( new Vd("vipType","vip 类型", DataType.DATA_TYPE_STRING,
CodeDefConst.VIP_TYPE));
        partyDna.addVd( new Vd("address","地址", DataType.DATA_TYPE_STRING));
        partyDna.addVd( new Vd("postCode","邮编",DataType.DATA_TYPE_STRING));
        partyDna.addVd( new Vd("telNo","电话",DataType.DATA_TYPE_STRING));
        partyDna.addVd( new Vd("mobileNo","移动电话", DataType.DATA_TYPE_STRING));
        partyDna.addVd(new Vd("contact","联系人",DataType.DATA_TYPE_STRING));
        partyDna.addVd( new Vd("contactMobileNo","联系人移动电话",DataType.
DATA_TYPE_STRING));
        partyDna.addVd( new Vd("branch","机构号", DataType.DATA_TYPE_STRING,
CodeDefConst.BRANCH_CODE));
        Dna partyAccountDna = getPartyAccountDna();
        partyDna.addChild(partyAccountDna);
        return partyDna;
    }
```

在上述代码中，CodeDefConst 是一个 Java 类，其中包含系统的常量定义（具体取值不影响对程序含义的理解，为节省篇幅，书中不列举每一个常量的具体值）。在上述例子中，Dna 对象 partyDna 描述了 PartyBO 类的数据结构，包含许多属性，如当事人代码（partyCode）、当事人名称（partyName）、性别（gender）、证件类型（certType）、证件号（certId）等，每一个属性是对象 partyDna 中 vds 列表属性中的一个 Vd 对象。

Dna 对象 partyDna 除拥有多个 Vd 对象，用于描述 PartyBO 基本信息外，还要描述 PartyBO 类下的账户信息。上述代码调用 getPartyAccountDna 创建用于描述账户信息的 Dna 对象，并将其作为孩子加入 partyDna 孩子 children 中，描述了 PartyBO 里嵌套的 List<PartyAccount> accounts 的结构（PartyAccount）。getPartyAccountDna 的代码如下：

```java
    //path: com.dna.party.dna.PartyDnaTool
    public static Dna getPartyAccountDna() {
        Dna partyAccountDna = new Dna(CodeDefConst.BUSINESS_TYPE_PARTY,
CodeDefConst.DNA_CODE_PARTY_ACCOUNT,CodeDefConst.DNA_NAME_PARTY_ACCOUNT,"par
tyAccount 结构 Dna");
        partyAccountDna.setCategory(CodeDefConst.CATEGORY_PARTY);
        partyAccountDna.setMultiple(0, 999);
        partyAccountDna.setDbMapCode(CodeDefConst.DNA_DB_MAP_CODE_PARTY_ACCO
UNT);
        partyAccountDna.setCursive(false);
        partyAccountDna.setLastTime(DateTool.parseDatetime("2018-01-01
00:00:00"));
        partyAccountDna.addVd( new Vd("accountNo","账号",DataType.DATA_TYPE_
STRING));
        partyAccountDna.addVd( new Vd("accountName","账户名称",DataType.DATA_
```

```
TYPE_STRING));
        partyAccountDna.addVd( new Vd("bankName","银行名称",DataType.DATA_
TYPE_STRING));
        partyAccountDna.addVd( new Vd("address","开户地址",DataType.DATA_
TYPE_STRING));
        partyAccountDna.addVd( new Vd("postCode","邮编",DataType.DATA_TYPE_
STRING));
        Dna accountUsageDna = getAccountUsageDna();
        partyAccountDna.addChild(accountUsageDna);
        return partyAccountDna;
    }
```

该方法创建描述当事人账户结构的 Dna 对象 partyAccountDna，表示一个账户结构由账号（accountNo）、账户名称（accountName）、银行名称（bankName）、开户地址（address）和邮编（postCode）组成。该 Dna 对象的 maxCount 大于 1，表示一个当事人可以有多个账户。Dna 对象 partyAccountDna 下有一个孩子 Dna 对象，用于描述每一个账户用途的数据结构，表示每个账户每日使用限额情况，通过 getAccountUsageDna 方法返回，添加到 partyAccountDna 孩子 children 列表中。getAccountUsageDna 方法的代码如下：

```
//path: com.dna.party.dna.PartyDnaTool
    public static Dna getAccountUsageDna() {
        Dna accountUsageDna = new Dna(CodeDefConst.BUSINESS_TYPE_PARTY,
CodeDefConst.DNA_CODE_ACCOUNT_USAGE,CodeDefConst.DNA_NAME_ACCOUNT_USAGE,"acc
ountUsage 结构 Dna");
        accountUsageDna.setCategory(CodeDefConst.CATEGORY_PARTY);
        accountUsageDna.setMultiple(0, 999);
        accountUsageDna.setDbMapCode(CodeDefConst.DNA_DB_MAP_CODE_ACCOUNT_US
AGE);
        accountUsageDna.setCursive(false);
        accountUsageDna.setLastTime(DateTool.parseDatetime("2018-01-01
00:00:00"));
        accountUsageDna.addVd( new Vd("usageDescription","用途说明",DataType.
DATA_TYPE_STRING));
        accountUsageDna.addVd( new Vd("amountLimit","限额",DataType.DATA_TYPE_
FLOAT));
        return accountUsageDna;
    }
```

该方法创建描述账户用途结构的 Dna 对象 accountUsageDna，包含两个属性定义：用途说明（usageDescription）和限额（amountLimit）。该 Dna 对象的 maxCount 大于 1，表示一个账户有多个用途。

经过上述代码分析，getPartyDna 方法创建了一个描述当事人结构的 Dna 对象 partyDna，该对象共包含三个 Dna 对象节点，分别用于描述当事人、账户和账户用途的结构信息。显然，通过程序代码创建 Dna 对象 partyDna，描述 PartyBO 的数据结构，远比直接编写 Java class PartyBO 类要复杂很多，但是它的优势是可以动态改变数据结构，不仅可以描述个人客户的数据结构，还能描述企业客户、菜单和其他领域模型的数据结构，具有很强的通用性。实际上，Dna 对象用于描述数据结构的信息，通常不是通过写代码创建 Dna 对象，而是通过可视化界面配置 Dna 对象。

低代码开发平台通过配置不同 Dna 对象来实现对不同领域模型的结构描述，意味着支持领域模型的差异性而不用修改程序代码，能够快速响应业务需求。这里通过程序代码创建 Dna 示例来说明元数据模型背后的机制，后续章节将会介绍如何配置 Dna 对象。

1.4 元数据模型实例类

Dna 对象描述数据结构的信息（元数据定义部分），元数据的实例部分描述具体领域模型，元数据实例类名为 Inst（Instance 的缩写），是一个灵活的数据结构，能够表达各种领域模型的对象。Inst 类的代码如下所示：

```java
//path: com.dna.instance.bo.Inst
public class Inst implements Cloneable{
    protected String businessType;
    protected Dna dna;
    protected String dnaCode;
    protected String dnaName;
    protected String instType = CodeDefConst.INST_TYPE_DEFAULT;
    protected int total =-1;//-1 表示该属性不可用
    @JsonIgnore
    private Cell parentCell;
    private List<Cell> cells = new ArrayList<Cell>();
}
```

关于 Inst 类的说明：

1）属性 businessType、dnaCode、dnaName 表示实例关联到的 Dna 对象。Inst 的属性 businessType 和 dnaCode 可以唯一地定位到 Dna 对象。为了方便使用，dnaName 从 Dna 对象中复制过来，冗余地保留在 Inst 对象上。另外，Inst 中的属性 Dna dna 既是一个 Dna 对象引用，也是一个冗余对象。在后台服务中在处理 Inst 对象时，需要频繁访问 businessType 和 dnaCode 对应的 Dna 对象。为了提升性能，Inst 的属性 dna 冗余记录了 Dna 对象，通过它则无须根据 businessType 和 dnaCode 重复查找 Dna 对象。

2）属性 instType 表示 Inst 的类型，未来有可能根据 instType 的不同，衍生出不同 Inst 子类，适用于不同使用场景。

3）当 Inst 作为条件分页查询返回对象时，total 属性被用来记录符合条件的总条数。在非分页条件查询返回 Inst 对象时，total 被设置为-1，表示该属性值没有意义。

4）属性 Cell parentCell 指向父亲 Cell 对象的引用，将在下面具体介绍。Cell 类里嵌套了 Inst 类，使得 Inst 和 Cell 共同组成了一个树形结构。

5）List<Cell> cells 表示该实例对象下的实例值列表。需要注意的是：Inst 是实例类，将多个 Cell 对象通过 List 组织一起，当 Dna 对象的 maxCount 大于 1（即实例对象个数超过 1）时，需要使用 List 来记录 Cell 对象。为了简化，无论是 maxCount 是否大于 1，都使用 List<Cell> cells 存放实例值。

6）元数据的实例部分由两部分组成：Inst 和 Cell。Inst 称为实例，Cell 称为实例值，Inst 由实例值 Cell 对象列表组成。Cell 对象才是真正存放具体领域信息的对象。例如，若 partyDna 下的 partyAccountDna 的 maxCoun 大于 1，则表示 Dna 对象 partyAccountDna 的一个实例对象有多个账户，通过 List<Cell> cells 来存放多个账户对象，用 Inst 包装该实例值（Cell 对象）列表，以描述实例对象的整体信息。

7）引入 Inst 类组织 Cell 的目的是希望除了记录 Cell 对象 List，允许增加额外的描述属性，例如，为了在分页查询返回每一个分页的同时返回总条数，只需要在 Inst 中增加一个 total 属性即可。如果不引入 Inst 类，那么 total 总条数属性就没有合适地方可以摆放。引入 Inst 类就可以将多个 Cell 对象组织在一起放入 List 中，Inst 类的其他属性则是描述这个 List 的整体信息。

Cell 类的代码如下：

```java
//path: com.dna.instance.bo.Cell
public class Cell implements Cloneable{
    long id;
    long rootId;
    long parentId;
    String operationFlag;
    String dnaCode;
    Map<String, Va> vas = new HashMap<String,Va>();
    Map<String, Inst> children = new HashMap<String,Inst>();
    @JsonIgnore
    Inst owner;
}
```

关于 Cell 类的说明如下：

1）Cell 中的 id 是唯一主键，parentId 表示上层父亲 Cell 的 id。

2）operationFlag 表示操作标记，有新增、修改、删除和不变化四个可选值。

3）dnaCode 表示 Cell 对象所对应 Dna 对象的代码。注意，在 Inst 中也保存了 dnaCode，List<Cell> cells 是 Inst 下的一个属性，一般来说，cells 中每一个 Cell 对象的属性 dnaCode 值与其所在 Inst 对象属性 dnaCode 值相同。但是在某些场景下有用，例如，当 Inst 对象作为条件查询返回值时，一次查询返回的一个 Inst 对象的 cells 包含多个 Cell 对象，每一个 Cell 对象可能属于不同 Dna 对象（它们的 businessType 值相同，无须冗余保留 businessType 值）的实例值，有必要记录 Cell 对象的 dnaCode。假设个人客户和企业客户的结构由两个不同 Dna 对象描述，但是两者保存在同一张数据库表中，在同一个查询中返回多条记录，部分是个人客户，部分是企业客户，这时候需要为每一个 Cell 对象记录 dnaCode 值。

4）Map<String,Va>表示实例值中每一个属性的值，这是 Map 对象，Map 的 key 为 Vd 对象的 vdName，即属性名，通过属性名字可以快速访问到对应属性 Va 对象。

5）Map<String,Inst> children 是记录每一个孩子 Dna 对象的实例对象，例如，Dna 对象 partyDna 有一个子 Dna 对象 partyAccountDna，Map 的 key 则是 Dna 对象 partyAccountDna 的属性 dnaName 值。在当事人元数据模型这个例子中，一个 Dna 对象 partyDna 只有一个孩子，意味着其对应的实例值 Cell 对象的 children 最多只有一个 Map 项目。但是在很多应用场景下，一个 Dna 对象可能有多个 Dna 子对象，例如一个保单下面可有多个投保人、多个被保险人和多个责任等多个孩子，其对应实例值 Cell 对象下的 children 中就有多个 Map 项目。

6）Inst 和 Cell 类之间的整体逻辑关系如图 1-8 所示。Inst 类通过属性 List<Cell> cells 组织 Cell 对象，Cell 类通过属性 Map<String,Inst>children 组织 Inst 对象，相互交叉引用形成了递归树形结构。

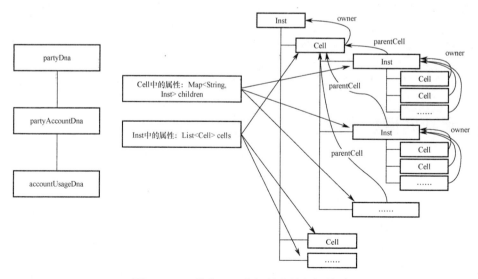

图 1-8　Inst 类和 Cell 之间的整体逻辑关系

7）Cell 上 owner 属性指向 Cell 对象所在的 Inst 对象,而 Inst 对象通过其上属性 parentCell 指向当前 Inst 对象的父亲 Cell 对象。

Cell 类的属性 Map<String,Va> vas 用于存放 Dna 对象下的属性 List<Vd>vds 中每一个 Vd 对象所对应的属性值。Va 结构如下:

```java
//path: com.dna.instance.bo.Va
public class Va {
    private long id;
    private String code;
    private String name;
    private String dataType;
    private Object value;
}
```

关于 Va 类的说明如下:

1）类 Va 的 code 记录对应 Vd 的属性 vdCode 值。Vd 的 vdCode 具有唯一性,代表一个 Vd 对象。

2）类 Va 的 name 记录对应 Vd 的属性 vdName 值,表示该 Va 对象对应的 Vd 的名字。同一个 Dna 对象属性 vds 中的每一个 Vd 对象的 name 值具有唯一性。因此,为了使用便利性,在业务逻辑处理过程中通过 name 值来定位 Va 对象进行业务操作,而不通过 Vd 的 code 来定位 Va 对象。

3）dataType 复制了 Vd 对象的 dataType 属性值,作为冗余保存,方便后续处理,避免频繁地从 Vd 对象上访问 dataType 属性。

4）Object value 用于记录属性值,为通用类型 Object 对象,具体保存的值类型由 dataType 决定。例如,如果 dataType 是整型,那么实际存放对象类型为 Integer;若是浮点型,则实际存放对象类型为 Double;若为字符串,则实际存放对象类型是 String,等等。

1.5 元数据模型实例创建

有了 Dna 和 Inst 类,就可以基于 Dna 对象创建 Inst 对象了。下面的例子是创建一个 Inst 对象 partyInst,在其下创建两个账户对象。当创建 partyInst 时,先调用一个本地服务,instService.initInst 方法返回一个初始化的实例对象,然后在其上进行赋值操作。创建一个 Inst 对象 partyInst 代码如下:

```java
//path: com.dna.party.dna.controller.PartyInstController
    Inst partyInst = this.instService.initInst(CommonInfo.getDefault(),
CodeDefConst.BUSINESS_TYPE_PARTY, CodeDefConst.DNA_CODE_PARTY);
```

```java
        Cell partyCell = partyInst.getSingleCell();
        partyCell.setVaByName("partyname", "张三");
        partyCell.setVaByName("certType", "01");
        partyCell.setVaByName("certId", "0030204569090");
        partyCell.setVaByName("contactMobileNo", "13813800001");
        partyCell.setVaByName("contact", "李四");
        Inst accountInst = this.instService.initInst(CommonInfo.getDefault(),
CodeDefConst.BUSINESS_TYPE_PARTY, CodeDefConst.DNA_CODE_PARTY_ACCOUNT);
        Cell accountCell = accountInst.getSingleCell();
        accountCell.setVaByName("accountName", "张三");
        accountCell.setVaByName("accountNo", "10001000010001");
        accountCell.setVaByName("bankName", "中国银行");
        Inst anotherAccountInst = this.instService.initInst(CommonInfo.
getDefault(), CodeDefConst.BUSINESS_TYPE_PARTY, CodeDefConst.DNA_CODE_PARTY_
ACCOUNT);
        Cell anotherCell = anotherAccountInst.getSingleCell();
        anotherCell.setVaByName("accountName", "张三");
        anotherCell.setVaByName("accountNo", "20100000120000");
        anotherCell.setVaByName("bankName", "建设银行");
        accountInst.addCell(anotherCell);
        partyCell.addChildInst(accountInst.getDnaName(), accountInst.getDnaCode(),
accountInst);
```

在以上创建例子中，为节省篇幅，对创建实例的代码做了一些简化，忽略了部分属性赋值。在上述代码中没有看到 Dna 对象在创建 Inst 对象中所起的作用，实际发生在 instService.initInst 服务中，根据参数 businessType 和 dnaCode 决定使用哪一个 Dna 对象来初始化 Inst 对象。该服务最终会调用方法 dna2Cell 创建 Dna 对象相关的 Cell 对象及其下孩子 Inst 对象。若 Dna 对象的 cursive 为 true，则还要递归为当前 Dna 对象创建实例作为子实例对象。dna2Cell 的代码如下：

```java
//path: com.dna.def.DnaTool
    public static Cell dna2Cell(String instType, Dna dna) {
        Cell cell = singleDna2Cell(instType, dna);
        for (Dna childDna : dna.getChildren()) {
            Inst childInst = new Inst(instType, childDna, cell);
            cell.addChildInst(childDna.getDnaName(), childDna.getDnaCode(),
childInst);
            for (int i = 0; i < childDna.getMinCount(); i++) {
                Cell childCell = dna2Cell(instType, childDna);
                childInst.addCell(childCell);
            }
        }
```

```
        if (dna.isCursive()) {
            Inst childInst = new Inst(instType, dna, cell);
            cell.addChildInst(dna.getDnaName(), dna.getDnaCode(), childInst);
        }
        return cell;
    }
```

在上面代码中，`Cell cell = singleDna2Cell(instType, dna);`用于创建一个 Cell 对象。singleDna2Cell 方法实现代码如下：

```
//path: com.dna.def.DnaTool
    public static Cell singleDna2Cell(String instType, Dna dna) {
        if (dna == null)
            return null;
        Cell cell = null;
        if (instType.equals(CodeDefConst.INST_TYPE_DEFAULT))
            cell = new Cell();
        else if (instType.equals(CodeDefConst.INST_TYPE_FILTER_RESULT))
            cell = new FilterResultCell(dna.getDnaCode());
        cell.setOperationFlag(OperationFlag.OPERATION_FLAG_NEW);
        for (Vd vd : dna.getVds()) {
            Va va = vd2Va(vd);
            cell.getVas().put(vd.getVdName(), va);
        }
        return cell;
    }
```

上述代码根据 instType 不同，分别创建不同 Cell 实例对象，如果 instType 为 CodeDefConst.INST_TYPE_DEFAULT，创建对象为 Cell 对象；如果是 CodeDefConst.INST_TYPE_FILTER_ RESULT，则创建 FilterResultCell 对象，表示它是查询结果返回实例值。然后遍历 Dna 对象下的每一个 Vd 对象，调用方法 vd2Va 创建 Va 对象，放到 Cell 对象下的属性 vas（Map 类型）中。vd2Va 方法的代码如下：

```
//path: com.dna.def.DnaTool
    public static Va vd2Va(Vd vd) {
        if (vd == null)
            throw new RuntimeException("属性定义 vd 不能为空");
        Va va = new Va();
        va.setCode(vd.getVdCode());
        va.setName(vd.getVdName());
        String dataType = vd.getDataType();
        va.setDataType(vd.getDataType());
        if (dataType.equals(DataType.DATA_TYPE_INT))
            va.setValue(0);
```

```
        else if (dataType.equals(DataType.DATA_TYPE_LONG))
            va.setValue(0L);
        else if (dataType.equals(DataType.DATA_TYPE_FLOAT))
            va.setValue(0.0);
        return va;
    }
```

该方法为 Dna 对象下 vds 中每一个属性定义 Vd 对象创建对应的 Va 对象，并根据不同的数据类型，做初始化操作。

对照上述创建 partyInst 对象的过程，普通 PartyBO 对象的创建过程如下：

```
//path: com.dna.party.dna.controller.PartyInstController
    PartyBO partyBo = new PartyBO();
    partyBo.setPartyName("张三");
    partyBo.setCertType("01");
    partyBo.setCertId("0030204569090");
    partyBo.setContactMobileNo("13813800001");
    partyBo.setContact("李四");
    PartyAccountBO account = new PartyAccountBO();
    account.setAccountName("张三");
    account.setAccountNo("10001000010001");
    account.setBankName("中国银行");
    partyBo.getAccounts().add(account);
    account = new PartyAccountBO();
    account.setAccountName("张三");
    account.setAccountNo("20100000120000");
    account.setBankName("建设银行");
    partyBo.getAccounts().add(account);
```

比较创建实例对象和 POJO 对象之间的代码差异，通过元数据模型创建实例对象，首先要调用 instService.initInst 方法，再做实例初始化，内部调用 dna2Cell 创建实例值 Cell 对象。而在普通方法中，是通过 new PartyBO()直接创建对象的。除初始化外，两个创建过程几乎相同，程序写法稍微不同，但是为元数据实例值的属性赋值没有数据类型和属性名称检查，容易出错；而使用普通对象赋值通过开发工具和编译器检查正确性，出错概率较小。

既然通过元数据模型创建实例对象比普通对象创建要复杂，为什么还要利用元数据模型来开发应用呢？答案是：元数据模型具有灵活扩展属性的能力，是一般领域模型所缺乏的特性。对于一般领域模型，都是在需求阶段枚举所有属性的，如果之后发现新属性或者模型结构需要调整，则需重新设计 Java 类、修改程序代码。而利用元数据模型设计的系统，增加和删除属性都不需要修改程序。

在这个例子中，通过编写程序创建实例对象，不能体现元数据模型的优势。而在实际应用中，采用元数据模型驱动设计，支持数据模型扩展，用户只要通过界面就能创建实例对象会方便很多，而界面自身基于元数据模型灵活配置实现，也无须开发，比较贴近低代码开发平台的需求特性。

1.6 元数据模型术语

由于元数据模型比较抽象，前面涉及的许多概念对理解本书非常重要。因此本节将再次明确一下相关概念，一定要注意区分。类和对象的概念是面向对象程序设计的基本概念，Java 语言关键字 class 可声明一个类，每一个类有一个类名，例如，前面的 PartyBO 是一个类，"PartyBO" 是类名。用 PartyBO 类可以定义或者声明一个对象：PartyBO party = new PartyBO()；在这个语句中，party 是 PartyBO 类的一个具体对象引用，new PartyBO() 表示创建 PartyBO 类的一个对象，赋给对象引用 party。对象引用称呼比较累赘，故直接称为"对象"，直接说 party 是一个对象，对象名为"party"，而不说 party 是对象引用。平常将 party 说成 PartyBO 类的一个对象，在理解上不会有歧义，书中将保持这种说法。类的实际作用是描述属于该类所有对象共同遵循的数据结构规范，而对象是在类描述的数据结构规范下的具体实例。

类是描述对象的数据结构的信息，那么如何描述类的信息呢？在 Java 语言中，就是使用 class 声明各种类。可以这么理解，class 是对类的数据结构的描述，是一段程序代码。Java 可以在程序运行过程中返回对象的元数据，也就是类运行态信息，Java 表达式 party.class 可以返回对象 party 所属类的元数据信息，也可以通过 PartyBO.class 表达式返回类 PartyBO 的元数据信息。本书的元数据模型概念，包含两部分内容：定义部分和实例部分，定义部分是对类的结构信息的描述，而类又是对象的数据结构的描述。因此，元数据模型定义部分是对象的数据结构的结构信息描述。

元数据模型的定义部分就是 Dna，Dna 是一个 Java 类，通过语句 Dna dna = new Dna()，定义了 Dna 的对象引用，并创建一个 Dna 对象，赋值给对象引用 dna。注意，Dna 是类，dna 是对象名。Dna 对象和对象 dna 是不同的概念，前者泛指一个 Dna 类的一个对象（引用），后者是一个具体对象（引用），其对象名为"dna"。

对象用于描述某个事物的信息/数据，例如，PartyBO 对象 party 就是描述某个具体的当事人。Dna 对象 dna 是一个对象，则是描述某个对象的数据结构的数据。元数据模型的实例部分称为 Inst 类。定义部分 Dna 的每一个对象，都是描述某一个数据结构，而实例类 Inst 对象下每一个实例值 Cell 对象（Inst 的属性 List<Cell> cells 中），都是描述一个具体的事物，例如某个具体当事人。综上所述，表 1-2 是普通 Java 类和元数据模型术语的举例和对照。

表 1-2 普通 Java 类和元数据模型术语的举例和对照

普通 POJO 描述	Java 语言描述	元数据描述	元数据 Java 语言描述
声明一个类，PartyBO 为类名	class PartyBO{ …… }	创建 Dna 对象，对象名为 dna，对象 dna 描述了等价于 PartyBO 类的数据结构	Dna dna = new Dna()
声明一个 PartyBO party 对象引用，对象名为 party	PartyBO party	声明了一个 Inst 对象对应引用，对象名为 partyInst	Inst partyInst
创建一个 PartyBO 对象，赋值给对象引用 party	party = new PartyBO()	创建一个实例对象赋值给对象引用 partyInst，内含 List<Cell> cells，每一个 Cell 对象对应一个 PartyBO 对象	parytInst = new Inst()

Java 类和元数据模型之间的对应关系如图 1-9 所示，其中 PartyBO 类与 Dna 的一个对象 dna 处于同等级别，表示一个 Dna 对象等价于一个 Java 类，不同 Dna 对象等价为不同 Java 类。通过创建不同 Dna 对象（相当于创建不同 Java 类）来实现领域模型的动态扩展，而不是 Java 编程声明类。实例对象下每一个 Cell 对象（Inst 的属性 List<Cell> cells 中每一个列表元素）等价于 Java 具体类的对象，但是 Inst 下 Cell 对象属于哪一类对象是通过 Dna 对象的约束来实现的，即 Inst 对象根据哪一个 Dna 对象来创建，那么该 Inst 对象下 Cell 对象就是等价于该 Dna 对象所等价 Java 类的对象。Inst 对象是 List<Cell> cells 的容器，相当于对多个 Cell 对象进行包装，相当于 List<Object>的级别。在 PartyBO 例子中，Ins 对象等价于 List<PartyBO> parties 的对象列表 parties。

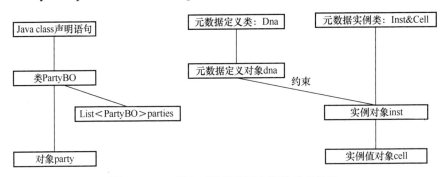

图 1-9 Java 类和元数据模型之间的对应关系

总结一下，元数据模型由两部分构成：定义部分和实例部分。定义部分是 Dna，实例部分为 Inst（含 List<Cell> cells 属性）。实例部分 Inst 对象根据定义 Dna 对象进行创建和操作。定义部分 Dna 是一个递归结构，通过该结构可以定义出各种复杂树形结构。

为了之后叙述上的方便，这里对常用的表达方式做简化约定：

1）"保存一个当事人"，实际含义是保存一个当事人对象，省略掉"对象"两字。"保存一个实例"，实际上是保存一个实例对象。在不发生歧义的前提下，一般都会省略"对象"两字。

2）同样地，"获取/保存一个 Dna"和"获取/保存一个 Dna 对象"，没有特别说明，是相同的含义。

3）语句 PartyBO partyBO = new PartyBO()可以很自然地表达为"partyBO 是 PartyBO 的对象，PartyBO 是 partyBO 的类"。基于 Dna 对象 dna 创建的一个 Inst 对象 inst，这里 dna 和 inst 是两个对象名，Dna 和 Inst 是两个类名，我们可以说"inst 是 dna 的实例，dna 是 inst 的定义"。两个对象 dna 和 inst 之间的关系可以表达为"inst 对应的 dna，或者 dna 对应的 inst"，或简化为"dna 的 inst，inst 的 dna"。

4）大多情况下，不给出实例对象名，例如基于 partyDna 创建出来的实例，简化为 partyDna 的实例，或者 partyDna 的 Inst，反过来说，实例对应的 Dna 对象，简化为实例的 Dna，或者 Inst 的 Dna。类似地，基于 partyDna 创建出来的实例值（Cell）对象，简化为 partyDna 的实例值或者 partyDna 的 Cell，反之，简化为实例值的 Dna 或者 Cell 的 Dna。

请读者阅读时，根据上下文区分含义。有时候文中为了避免歧义，也会将相关定语加上。

本书的目标是描述一套非常通用的元数据机制，并利用这套机制，快速实现类似当事人管理的低代码开发平台。这意味着利用元数据模型即可实现所有领域对象的管理，而不必分别开发各个领域应用。因此，这套机制的意义在于：

1）快速实现领域对象的管理，无论是已知的领域对象，还是将来不断出现的新的领域对象；

2）实现领域对象的灵活扩展，包括模型、规则、数据库、界面、流程和功能的扩展；

3）提供产品化程度很高的领域对象管理。低代码开发平台的软件设计思路，使得按照元数据模型设计的软件具有通用性，可重用于不同行业，或者同一个行业中的不同企业，不用修改代码，只需通过灵活配置即可实现差异化管理。

1.7 主数据应用场景

本节介绍元数据模型在主数据管理中的应用，以加强对元数据的理解。主数据是指在企业各个部门中可以被共享、相对稳定不经常修改、准确度要求更高、可唯一识别的数据。常见的主数据包括：组织机构、客户、码表或者数据字典等各种基础数据。数据字典的业务逻辑处理非常简单，一般将数据字典存放在两张数据库表中，提供从这两个表中读取数据的服务即可。简单数据字典的数据库表结构如图 1-10 所示。

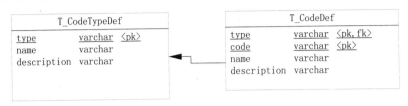

图 1-10 简单数据字典的数据库表结构

T_CodeTypeDef 用于保存字典分类,例如,性别类型、证件类型、职业类型等,由 code、name、description 三个字段构成描述一类字典类型。T_CodeDef 用于保存每一类字典的值,例如,性别类型三个可选值(男、女、未知),证件类型的可选值(身份证、军人证、驾照、学生证等),也通过 code、name、description 描述每一个字典条目。通过这两个表基本上能够满足大部分应用中的数据字典需求,但是总有比较复杂的参数结构,超过 code、name 和 description 这三个属性可描述的范围,例如,描述职业需要如职业分类和职业风险级别等属性,还有大量可配置的参数类型、不同参数类型有不同字段(属性)等。如果超过了以上两个表提供的属性范围,通常不仅需要设计独立数据库表保存,还要单独开发服务,以访问这些个性化参数。如果这些参数比较重要,需业务人员来维护,那么还要单独开发适合业务人员的操作界面,从前台到后台都要有相应程序来支持。如果个性化参数种类比较多,开发工作量将非常大。通过元数据模型配置 Dna 对象,描述每一个参数的数据结构,利用同一套实例服务即可实现各类参数增删改查操作的统一管理。利用元数据定义/配置 Dna 对象,可以描述默认的数据字典结构,只包含 code、name、description 这三个基本属性,代码如下。

```
//com.dna.md.MdDnaTool
public static Dna getMdDna()    {
    Dna mdDna = new Dna(CodeDefConst.BUSINESS_TYPE_MD, CodeDefConst.DNA_CODE_DEFAULT_MD,CodeDefConst.DNA_NAME_DEFAULT_MD,"主数据结构 Dna");
    mdDna.setCategory(CodeDefConst.CATEGORY_MD);
    mdDna.setMultiple(0, 9999);
    mdDna.setDbMapCode(CodeDefConst.DNA_DB_MAP_CODE_DEFAULT_MD);
    mdDna.setCursive(false);
    mdDna.setLastTime(DateTool.parseDatetime("2020-01-01 00:00:00"));
    mdDna.addVd( new Vd("code","代码",DataType.DATA_TYPE_STRING));
    mdDna.addVd( new Vd("name","名称",DataType.DATA_TYPE_STRING));
    mdDna.addVd( new Vd("description","描述",DataType.DATA_TYPE_STRING));
    mdDna.addVd( new Vd(CellFixedName.DEF_DNA_CODE,"Dna 代码",DataType.DATA_TYPE_STRING));
    Dna mvDna = new Dna(CodeDefConst.BUSINESS_TYPE_MD,CodeDefConst.DNA_
```

```java
CODE_DEFAULT_MV, CodeDefConst.DNA_NAME_DEFAULT_MV,"主数据值结构 Dna");
    mvDna.setCategory(CodeDefConst.CATEGORY_MD);
    mvDna.setMultiple(0, 999);
    mvDna.setDbMapCode(CodeDefConst.DNA_DB_MAP_CODE_DEFAULT_MV);
    mvDna.setLastTime(DateTool.parseDatetime("2020-01-01 00:00:00"));
    mvDna.addVd( new Vd("code","代码",DataType.DATA_TYPE_STRING));
    mvDna.addVd( new Vd("name","名称",DataType.DATA_TYPE_STRING));
    mvDna.addVd( new Vd("description","描述",DataType.DATA_TYPE_STRING));
    mdDna.addChild(mvDna);
    return mdDna;
}
```

Dna 对象 mdDna 是一个两层 Dna 结构，根节点包含四个属性。其中前面三个对应到 T_CodeType 表中的 code、name、description，比较容易理解，这里多出来的 defDnaCode（CellFixedName.DEF_DNA_CODE 的常量值为 "defDnaCode"）属性，用来区别其他不同结构的主数据结构，即通过 defDnaCode 来区分不同的 Dna。

接着创建了默认的主数据值结构 Dna 对象 mvDna，包含 code、name 和 description 三个属性。这个默认两层结构的主数据结构可以支持上述表：T_CodeTypeDef 和 T_CodeDef 的结构。当根据需要定义更多的主数据结构时，只需修改对象 mvDna。例如，职业类数据字典多出的两个属性：职业分类和风险级别，可以通过在上述 Dna 对象 mvDna 下增加两个 Vd 对象来实现，代码如下：

```java
mvDna.addVd( new Vd("industry","职业分类",DataType.DATA_TYPE_STRING));
mvDna.addVd( new Vd("riskLevel","风险级别",DataType.DATA_TYPE_INT));
```

一般系统中都存在菜单管理，菜单管理也属于主数据管理范畴。菜单结构是树形递归结构，可以为菜单创建 Dna，将 Dna 的属性 cursive 值设置为 true，创建菜单 Dna 代码如下：

```java
// com.dna.menu.dna.MenuDnaTool
public static Dna getMenuDna(){
    Dna menuDna = new Dna(CodeDefConst.BUSINESS_TYPE_MENU,CodeDefConst.DNA_CODE_MENU, CodeDefConst.DNA_NAME_MENU,"menu 结构 Dna");
    menuDna.setCategory(CodeDefConst.CATEGORY_MENU);
    menuDna.setMultiple(0, 999);
    menuDna.setDbMapCode(CodeDefConst.DNA_DB_MAP_CODE_MENU);
    menuDna.setCursive(true);
    menuDna.setLastTime(DateTool.parseDatetime("2020-01-01 00:00:00"));
    menuDna.addVd( new Vd("code","菜单代码",DataType.DATA_TYPE_STRING));
    menuDna.addVd( new Vd("name","菜单名称",DataType.DATA_TYPE_STRING));
    menuDna.addVd( new Vd("description","菜单描述",DataType.DATA_TYPE_STRING));
```

```java
        menuDna.addVd( new Vd("functionCode","functionCode","功能代码",
DataType.DATA_TYPE_STRING,CodeDefConst.MENU_FUNCTION_CODE));
        menuDna.addVd( new Vd("mdCode","扩展主数据代码",DataType.DATA_TYPE_STRING));
        menuDna.addVd( new Vd("mvCode","扩展主数据值代码",DataType.DATA_TYPE_STRING));
        menuDna.addVd( new Vd("leaf","是否叶子",DataType.DATA_TYPE_BOOLEAN));
        return menuDna;
}
```

在该菜单定义中，每一个菜单都有 code、name、description 三个属性，除此之外，一个菜单有功能代码：functionCode，用于表示当菜单单击时，应该打开哪一个功能界面，也就是意味着每一个 functionCode 与一个实际功能的程序代码相关联。mdCode 和 mvCode 是菜单相关联的某个主数据类型和主数据值，使得每一个 functionCode 关联到一个主数据值，实现对 functionCode 的更多扩展。

例如，实现某个 Dna 的实例录入功能，菜单项的功能代码 functionCode 无法表达哪一个 Dna，这时可以通过 mdCode 和 mvCode 来设置额外的参数。不同功能代码，需要的额外信息的数据结构可能不同，因此，需要明确菜单关联哪一类扩展主数据及该扩展主数据值，由 functionCode 对应的功能程序解释主数据值的含义。

leaf 表示该菜单项是否为叶子节点，如果是叶子节点，表示要关联到功能代码 functionCode、mdCode 和 mvCode，否则，就是简单菜单分类组织项。

将 Dna 的 cursive 属性值设置为 true，即可定义出各种递归结构，如企业组织机构、国家地址等。利用 Dna 可以定义出有任何层次结构的数据结构，能够表达出绝大部分应用所需的领域模型。平常应用中的数据结构，都是有层次的树形结构（很少有环状的图结构），都可以用 Dna 来描述。

可能读者会问，使用 Map 结构也可以表示任何结构，与使用 Dna 表示没有本质上的区别，为什么还需要引入 Dna 和 Inst 这两个类呢？答案是，Map 结构只能解决实例部分的数据结构，缺少元数据模型的定义部分，没有元数据定义部分就没法实现通用的服务。

1.8 本书实现目标

元数据模型是低代码开发平台的一种实现技术，前面已介绍了元数据模型的概念，以及元数据定义和实例的 Java class。本书余下部分将介绍如何利用元数据模型实现一个低代码开发平台，重点介绍元数据模型的相关服务，实例如何映射到数据库及展现，以及如何利用元数据模型自身实现元数据定义部分的 Dna 管理。

第 1 章 元数据模型

本书以通用的当事人管理为例说明元数据机制。采用本书下节描述的操作步骤，就可以实现任何其他领域对象的快速管理功能，当然也可以配置 Dna 自身的管理功能，即通过元数据模型的实例管理来管理 Dna 自身。因为本书专注于元数据模型的应用，故不涉及各个领域模型之上的逻辑、流程差异的处理，以及规则引擎和流程引擎的应用。为了方便理解，本节先将本书结果呈现出来，然后逐步介绍如何实现。

1.8.1 当事人录入功能

任何一个领域对象录入功能，都需要涉及模型、数据库、界面和功能菜单入口的相关配置，当事人录入功能通过四个步骤配置实现。

1) 第一步，配置当事人 Dna，界面操作如图 1-11 所示。

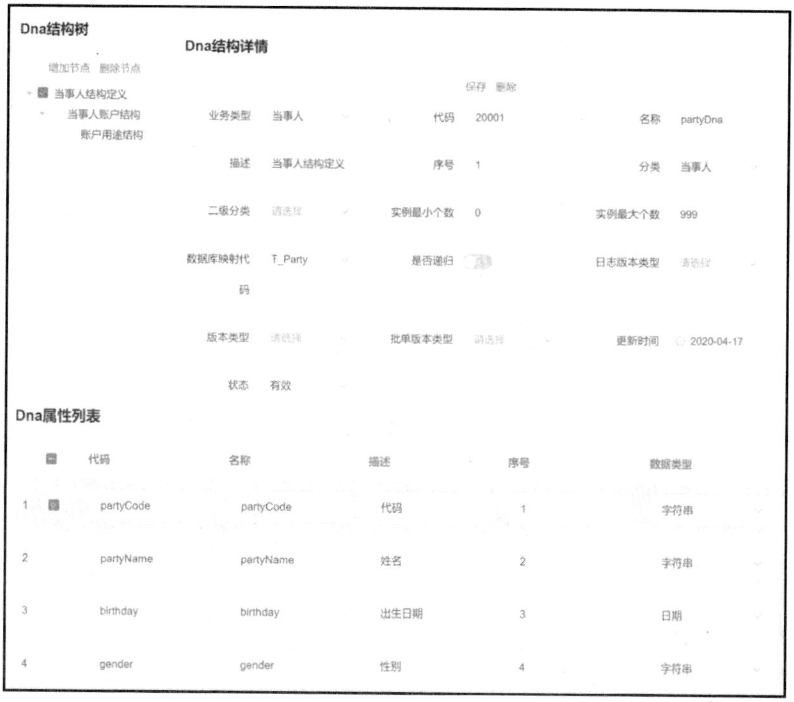

图 1-11 配置当事人 Dna

该界面左边是树形组件，选中其中一个节点，右边展现该节点对应详情。由于界面比较大，该截图不完整，只是完整界面中的一部分。当事人 Dna 有三层结构，根节点为当事人基本信息 Dna，第二级节点为当事人账户 Dna，第三级节点为账户用途 Dna。界面右边展现当事人 Dna 根节点详情，包括当事人 Dna 节点详细信息，以及该节点下包含属性列表。

从界面上可以看到，为当事人根节点配置的属性有代码（partyCode）、姓名（partyName）、出生日期（birthday）和性别（gender），其他属性由于界面截图不完整没有显示出来。当前界面保存之后就完成了 Dna 的录入。

2）第二步，配置当事人 Dna 到数据库之间的映射关系。通过该映射关系将当事人实例（注意，实例代表的是具体的一个个当事人对象）保存到数据库表中。当事人 Dna 有三个节点，每一个节点分别映射到一个独立表中，因此，需要创建三个映射关系。如图 1-12 所示，配置当事人 Dna 根节点：当事人基本信息和数据库表之间的映射关系。

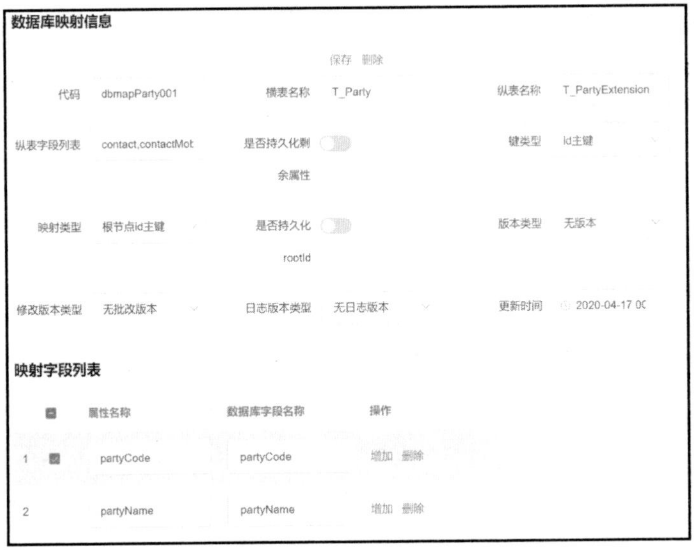

图 1-12 配置当事人 Dna 根节点数据库映射

界面中显示当事人 Dna 根节点：基本信息映射到库表 T_Party 中，界面下方"映射字段列表"部分录入需要存放到 T_Party 的属性清单，例如 partyCode 和 partyName 等映射到主表 T_Party。部分属性映射到扩展表 T_PartyExtension（扩展表指行列倒置的表结构，后面详细介绍）中，界面配置了两个属性：contact 和 contactMobileNo，均映射到 T_PartyExtension 表中。当事人 Dna 下的其他两个 Dna 到表结构之间映射关系类似，这里不再重复。注意，这里只负责建立从 Dna 到表结构的映射关系，不负责表的创建。表的创建由人工完成，系统可以根据映射关系自动生成创建表的 SQL，然后交给人工在数据库中创建表结构。

3）第三步，配置当事人录入的页面布局，如图 1-13 所示。

在该界面上，布局是递归树形结构，每一个树节点代表 Dna 的实例展现界面的一块区域。界面的左边为页面布局节点树，右边为左边选中节点的布局详情，界面右侧下面部分为配置 Dna 属性 vds 列表中的每一个属性在界面上的布局，如图 1-14 所示。

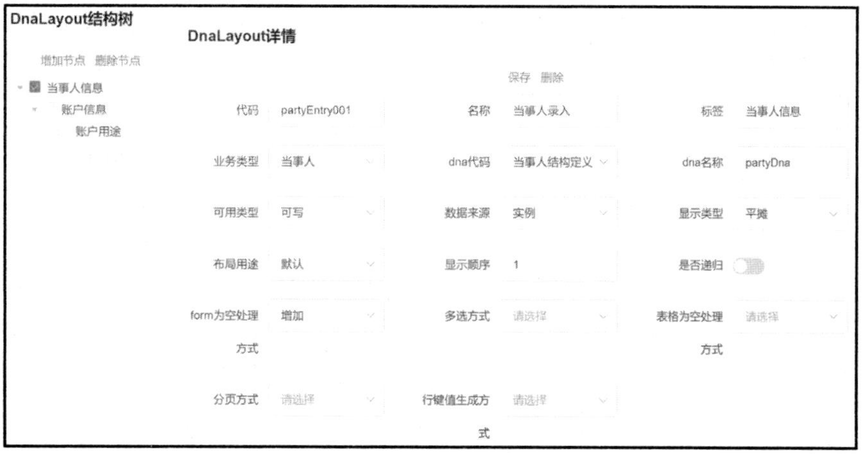

图 1-13 配置当事人录入的页面布局界面

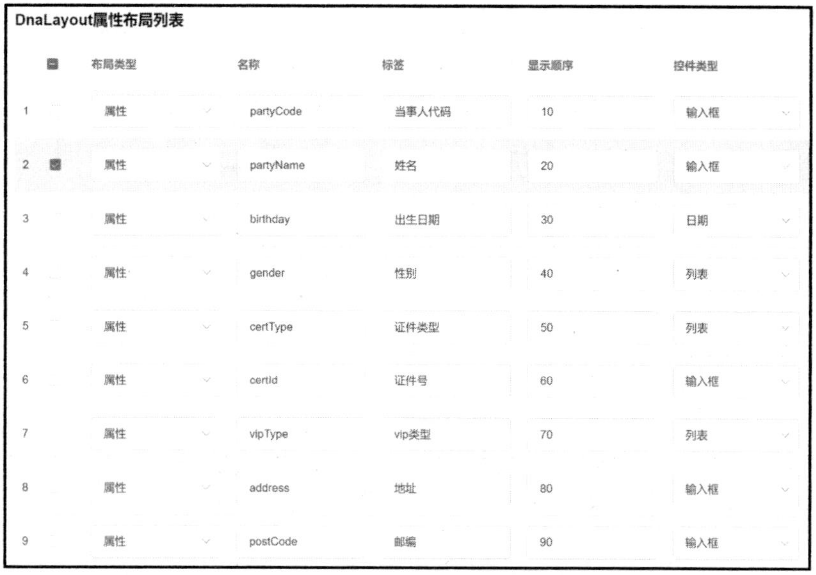

图 1-14 当事人页面布局的属性配置

该界面设置每个属性在界面上使用哪个组件和以什么显示顺序展现。例如，代码（partyCode）和姓名（partyName）以文本框显示，性别（gender）和证件类型（certType）以下拉框显示，等等。

4）第四步，配置功能菜单。先配置菜单录入功能相关的参数，将上述配置的 Dna 和页面布局对象关联在一起。参数配置属于主数据管理，利用主数据配置界面配置当事人录入功能的参数，如图 1-15 所示。

该主数据详情中第二行配置一个当事人录入的功能参数值，将 dnaCode 为"20001"的当事人 Dna 与代码"partyEntry001"的页面布局建立关联。接着配置一个菜单项，关联到这个主数据值。菜单配置如图 1-16 所示。

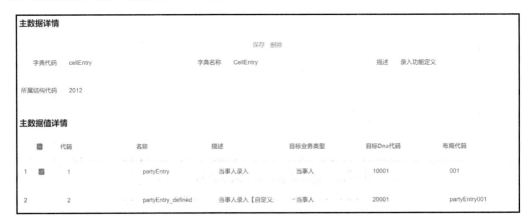

图 1-15　录入功能参数配置

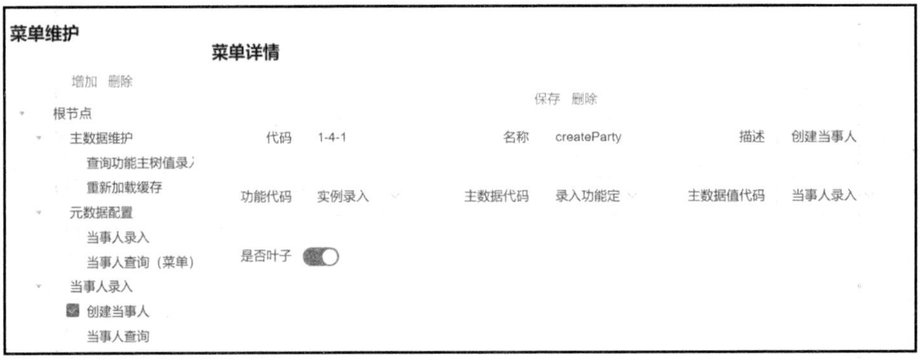

图 1-16　配置当事人录入菜单项

菜单维护界面左边选中的菜单项："创建当事人"，关联到上述录入功能。选择主数据代码为"录入功能定义"，主数据值代码为"当事人录入【自定义录入】"，正是关联上前面定义的参数值。

经过以上四步配置之后，在工作台界面将显示上述菜单项，当用户选择"创建当事人"菜单项时，系统将展现当事人创建界面如图 1-17 所示。

以上四步都不需要开发任何代码，通过图形化配置实现了当事人录入功能界面，体现了低代码开发平台的可配置能力和快速响应业务需求特性。

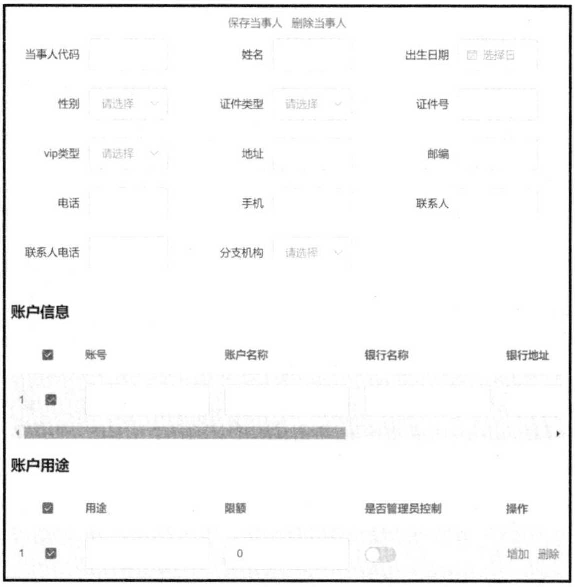

图 1-17 当事人创建界面

1.8.2 当事人查询功能配置

当事人查询功能通过三步配置实现。配置完成之后，用户单击一个菜单项："当事人查询"，会弹出当事人查询界面，如图 1-18 所示。

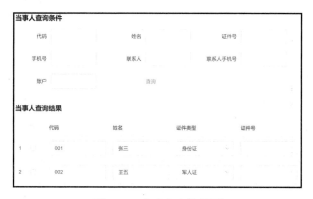

图 1-18 当事人查询界面

该界面分为上下两部分，上面部分为查询条件，以表单形式平摊，最后有一个查询按钮，单击触发调用后台查询服务返回查询结果，下面部分为显示查询结果的表格，每一行最后有一个按钮："编辑"，当用户单击时，系统将打开一个新界面，内容为前面已经配置好的当事人录入界面，用于编辑当前选中行的当事人信息。

当事人查询界面的上下两部分对应两个 Dna，分别描述查询条件和查询结果的数据结构。接着需要配置两套页面布局，用于查询条件录入和查询结果展现，最后配置查询功能的参数和菜单，建立功能菜单和功能参数之间的关联。下面是配置当事人查询功能的三个配置步骤：

1）第一步，配置查询条件 Dna 和查询结果 Dna，这里省略这两个 Dna 的配置，重用 Dna 对象 partyDna 即可。如果查询条件的属性范围超过了当事人 Dna 单个节点，例如，同时包含根节点和账户节点等多个 Dna 的属性，那么需要重新配置新的 Dna。类似地，如果查询结果包含了多个 Dna 的属性，那么也要重新配置一个新 Dna 用于查询返回结果。在这个例子中，查询条件和查询结果都来自 Dna 对象 partyDna 的根节点，查询条件和查询结果的数据结构都可以重用 partyDna，无须重新配置。

2）第二步，配置查询条件和查询结果的页面布局。图 1-19 是配置当事人查询条件的页面布局。

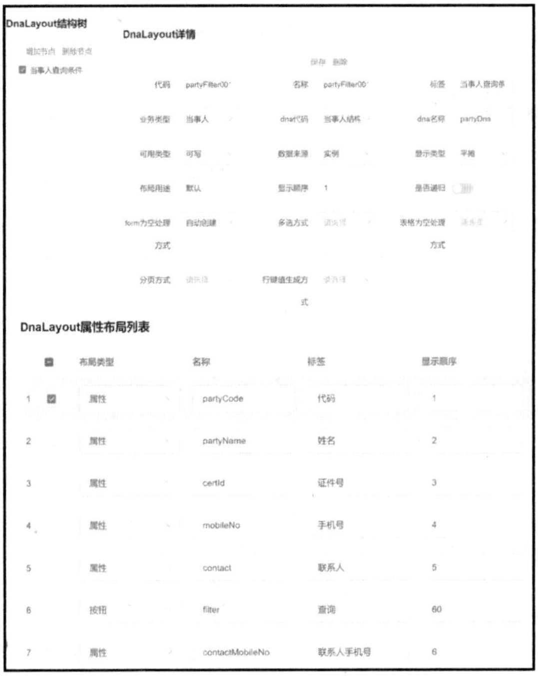

图 1-19 配置当事人查询条件的页面布局

该布局以表单平铺形式展现当事人查询条件，包括代码（partyCode）、姓名（partyName）、证件号（certNo）、手机号（mobileNo）、联系人（contact）和联系人电话（contactMobileNo），另外配置了一个查询按钮（filter）用于触发分页查询。

图 1-20 所示配置查询结果的页面布局。

该页面布局配置了一个表格，包含的列有：当事人的代码（partyCode）、姓名（partyName）、证件类型（certType）、证件号（certId）、性别（gender）、出生日期（birthday）、手机号（mobileNo）和联系人（contact），最后有一个编辑按钮（edit）用于触发打开一个当事人录入界面（重用录入页面布局），编辑当前选中的当事人。

3）第三步，配置当事人查询功能的参数和菜单，如图 1-21 所示，将上述查询相关的 Dna、页面布局建立关联。

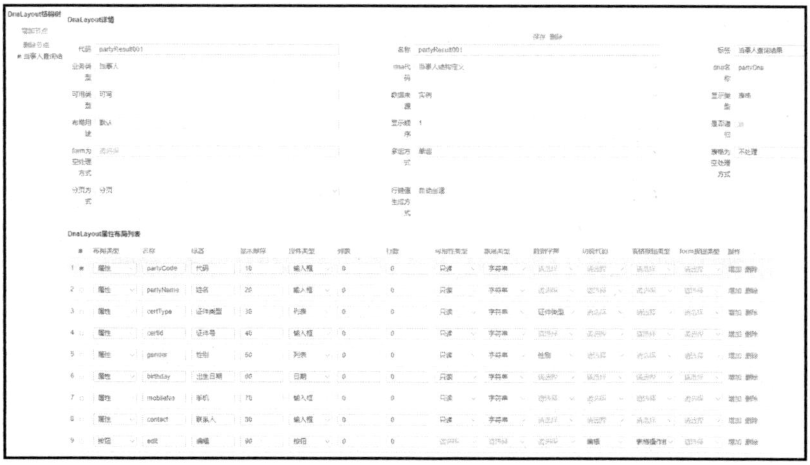

图 1-20　配置查询结果的页面布局

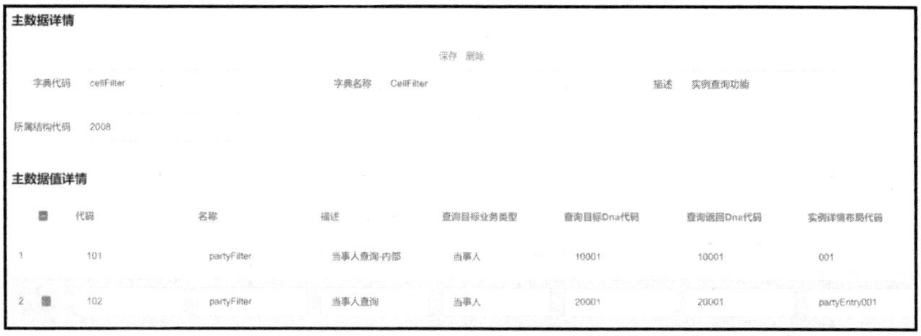

图 1-21　查询参数配置

界面中的主数据值代码为"102"的一行是配置当事人查询功能的参数，表示查询目标实例对应的 Dna、查询条件的 Dna、查询结果的 Dna、查询条件页面布局代码、查询结果的页面布局代码和展现每一个实例值的详情布局代码。每一个查询还需要配置该查询功能的查询条件和查询结果相关属性定义,如图 1-22 所示(该界面是图 1-21 界面的下部分)。

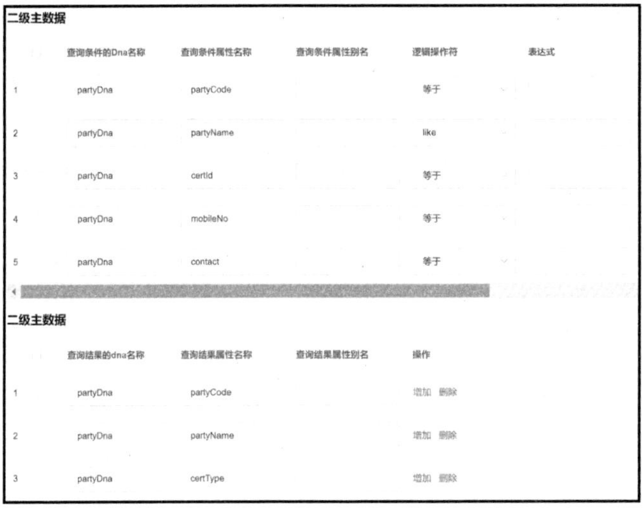

图 1-22 配置当事人查询条件属性和查询结果属性

该界面上面部分为查询条件相关属性,对于每一个属性,需要确定以什么逻辑操作符进行查询匹配,下面部分为查询返回结果的属性。

接着配置当事人查询菜单项,建立菜单与上述查询参数之间的关联,如图 1-23 所示。

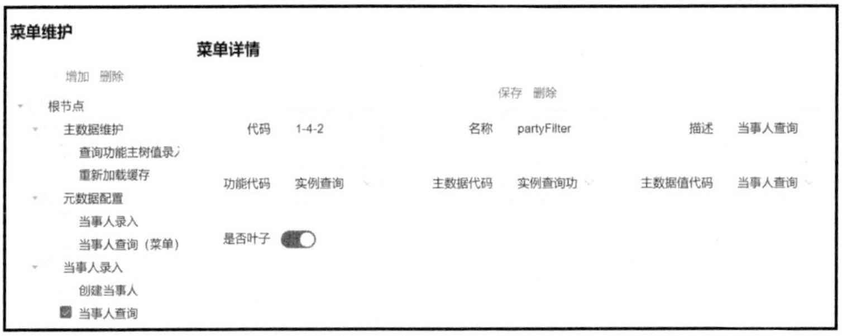

图 1-23 配置当事人查询菜单项

该界面就是将上述配置的查询功能代码与菜单项"当事人查询"建立关联,单击该菜单触发打开当事人查询界面。

本书介绍如何利用元数据模型实现一个低代码开发平台,实现对任何领域对象的增删改查功能,还包括 Dna 自身、页面布局自身、主数据、菜单,以及数据库映射对象的增删改查功能。前面用于配置的 Dna、页面布局、数据库映射、参数和菜单等都是领域对象,也是通过元数据配置实现对自身的增删改查功能的。

第2章
元数据实例服务

利用元数据模型，不需要为每一种领域模型设计 Java 类，只需两个 Java 类：Dna 和 Inst，就能统一领域模型和领域对象相关服务，使得领域模型可以灵活变化，而不用修改服务接口和实现。本章将介绍元数据实例的增删改查服务，以及实例与 JSON、POJO 之间的转换。

2.1 技术分层架构

在介绍实例的相关服务之前，先介绍一下系统技术分层。本书采用的技术分层架构如图 2-1 所示，相对标准的 Spring 技术分层规范，只在 DAO 层和 Service 层之间放入 DM 层（数据映射层），用于屏蔽 Service 层和 DAO 之间的数据库表结构细节。

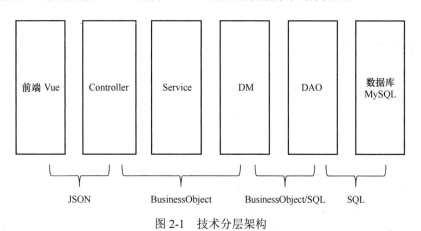

图 2-1　技术分层架构

在上述分层中，业务模型位于 Service 层，当 Service 持久化业务模型时，它调用数据映射层 DM，入参是业务模型，DM 层调用 DAO 持久化对象，将其转换为 SQL，最终保存到数据库。本书介绍的 DAO 层中不存在 Entity 对象，因为采用了元数据模型，数据库表结构不确定，所以无法在系统中内置固化结构的 Entity 类，在 DM 层实现业务对象（BusinessObject）和 SQL 互转。如果不引入 DM 层，则意味着 SQL 对 Service 可见，未来更换数据库系统时，需要同时修改 Service 层和 DAO 层的逻辑。如果存在 DM 层，则只需要修改 DM 及 DAO 层。Controller 和 Service 之间传递参数为业务对象，使得 Service 对外提供基于业务模型的共享服务。Controller 层与前台之间由于技术异构，需要做模型转换，以便在将业务模型转换为特定技术所需要模型时，尽可能地保持各层次之间业务模型的一一映射，而不破坏模型的完整性（不裁剪或重组模型以适应某个特定场景），从而使得 Controller 对外服务也具有共享性。前端采用 Vue 技术，前台 JavaScript 与后台 Controller 之间采用 JSON 格式进行交互。由于本书聚焦于元数据模型，略去了关于微服务相关技术细节的讨论。

2.2 元数据实例服务设计

元数据实例服务设计与传统服务设计没有本质差别，都基于用户和系统的交互用例，提炼出实例相关的服务。由于实例依赖 Dna，模型比较抽象，本身只是一套抽象的数据结构，所以只有将其置身于某业务场景中，才能体现出其业务含义。为了提炼服务，以当事人维护为例来介绍元数据实例服务。当事人维护场景存在三个用例：创建当事人、修改当事人和删除当事人。下面分别介绍这三个用例的操作序列图。

2.2.1 创建当事人

用户通过菜单项"创建当事人"入口进来，系统打开创建当事人的录入界面，操作序列如图 2-2 所示。

关于该序列图的说明：

1）当用户选择菜单进入创建界面时，界面将调用后台一个服务 initParty，初始化一个空白对象，返回给前台界面，如图 2-3 所示。

2）录入当事人信息后，单击"保存"按钮，请求界面保存当前录入的当事人，调用后台服务 saveParty，将当事人保存到数据库。后台服务将校验当事人数据的有效性，如身份证号格式是否正确，如果校验通过，自动生成当事人代码，赋值给当事人对象上的 partyCode，将当事人信息持久化到数据库，并返回给前台，刷新界面。

第 2 章 元数据实例服务

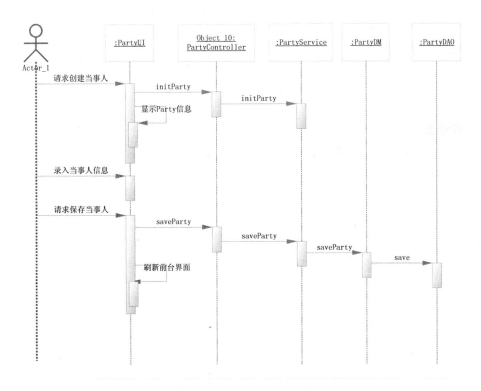

图 2-2 创建当事人序列图

图 2-3 当事人录入界面

2.2.2 修改当事人

修改当事人序列图如图 2-4 所示。

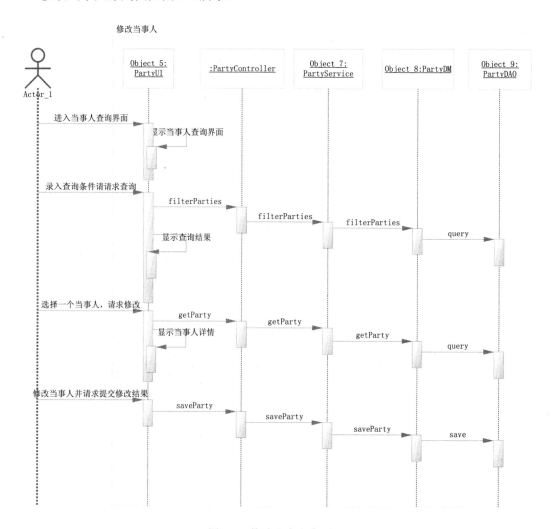

图 2-4 修改当事人序列图

1）用户进入修改功能时，通过查询功能找到需要修改的当事人。查询界面如图 2-5 所示，分为上下两部分，上面为查询条件，下面为查询结果。

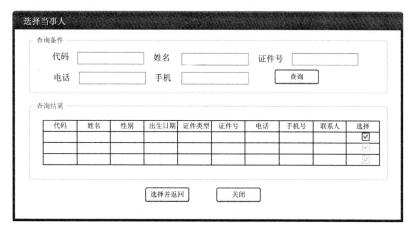

图 2-5　当事人查询界面

2）用户请求提交查询，调用后台服务 filterParties 进行查询，调用成功后，界面将查询结果显示在界面上。

3）用户从查询清单中选择一个当事人，调用后台服务 getParty 将选中的当事人返回到录入界面进行显示，录入界面与前面中的创建当事人界面相同。

4）用户对当事人进行修改操作，然后再次请求调用后台服务 saveParty 保存当事人。

2.2.3　删除当事人

删除已存在的当事人序列图如图 2-6 所示。

1）序列图的前面部分重用修改当事人的序列，首先是查询当事人清单，然后选择一个当事人。

2）用户请求删除当前当事人，调用后台服务 deleteParty 删除某个当事人。

通过上面分析，当事人相关的服务有：

1）initParty：初始化当事人。

2）saveParty：保存当事人。

3）filterParties：查询当事人列表。

4）getParty：获取当事人。

5）deleteParty：删除当事人。

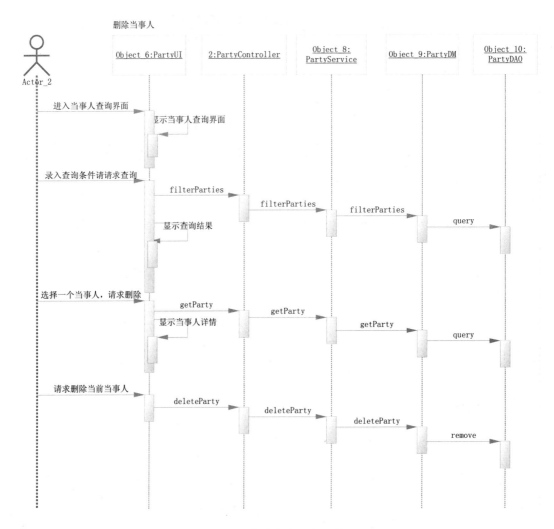

图 2-6　修改当事人序列图

几乎所有业务对象操作都是增删改查，只是业务模型不同而已。如果对元数据实例管理采用用例分析方法，就很容易发现，除了实例和当事人的业务模型不同，交互过程几乎相同，提炼出来的服务也几乎相同。因此，可以将当事人维护和通用实例维护进行对比分析，然后得到实例维护相关的服务。表 2-1 是当事人维护和元数据实例维护过程的对比分析。

第 2 章 元数据实例服务

表 2-1 当事人维护和元数据实例维护过程的对比分析

步骤	当事人维护	元数据实例维护	解释说明
1	用户选择"当事人录入"菜单，系统显示当事人录入界面	用户选择菜单项（需要事先在系统中配置），该菜单项必须通过配置，来决定将创建哪一个 Dna 的实例（即 businessType 和 dnaCode 唯一确定的 Dna），并且使用什么页面布局(不同 Dna 实例的页面布局不同) 来展现	由于实例没有具体业务含义，如果通过实例维护来实现当事人维护功能，首先要确定菜单项对应的 Dna 是什么，是当事人的 Dna 还是数据字典的 Dna
2	系统自动创建一个空白当事人，在 Java 代码中，就是体现为 new PartyBO()，该对象中所有属性设置为空值。由于界面根据需求定制，有时候无须请求后台创建空白对象，而直接在界面上创建	实例的创建依赖于 Dna，因此，直接在前台创建实例比较困难，前台需要调用后台服务 InstController.initInst 创建实例返回前台进行展现	实例的创建需要单独的后台服务，而且前台展现实例时，需要页面布局和 Dna。而当事人界面是通过硬代码定制开发的，不需要页面布局和 Dna
3	将空白当事人显示在录入界面上，通过代码将当事人的属性与界面上的组件如录入框或者下拉列表框建立双向数据绑定	将后台返回实例显示在界面上。由于 Inst 根据 Dna 生成，不同 Dna 的 Inst 对象下 vas 内容不同，界面展现也不相同，因此，需要引入页面布局类: InstLayout，用于配置实例的展现界面	对于如何将 Dna 的实例展现在界面上，需要配置 InstLayout 对象
4	用户录入当事人信息，然后请求系统保存正在编辑的当事人，前台调用后台 PartyController.saveParty 服务	用户录入实例信息，然后请求系统保存正在编辑的实例，前台调用后台 InstController.saveInst 服务	saveInst 服务是一个通用服务，用于保存实例

表 2-2 是当事人查询修改和元数据实例查询修改两者的对比分析。

表 2-2 当事人查询修改和元数据实例查询修改对比分析

步骤	当事人查询修改	元数据实例查询修改	解释说明
1	用户选择"当事人查询"菜单项，系统显示当事人查询界面	用户选择"实例查询"菜单项，系统显示实例查询界面	一般查询界面都包含查询条件和查询结果两部分，由于实例结构是配置出来的，它们的查询没法固化实现，只能灵活配置，既要配置查询条件，又要配置查询结果
2	用户录入查询条件，单击"查询"按钮请求查询，调用后台服务 PartyController.filterParties，返回查询结果，显示在界面表格中	用户录入查询条件，单击"查询"按钮请求查询，调用后台 InstController. filterInst 服务，返回查询结果，显示在界面表格中	实例查询逻辑非常复杂，查询条件和查询结果都是树形结构。实例对象上的属性，需要做适当映射，将它们转换为一维的结构数组。查询条件适合在表单中展现，查询结果适合在表格中展现

（续表）

步骤	当事人查询修改	元数据实例查询修改	解释说明
3	用户从查询结果表格中选择一个当事人，调用 PartyController.getParty 返回当事人，打开录入界面编辑该对象	用户从查询结果表格中选择一个实例，调用 InstController.getInst 返回实例，打开录入界面编辑该对象	getInst 从数据库中返回实例，从哪些表查询返回实例依赖于 Dna 到数据库之间的映射关系配置，系统允许配置 Dna 与数据库之间的映射关系
4	用户在当事人录入界面中对当事人进行修改操作，请求保存当事人，调用后台 PartyController.saveParty	用户在实例录入界面中对实例进行修改操作，请求保存实例，调用后台 InstController.saveInst	

2.2.4 创建实例

创建实例的序列图如图 2-5 所示。

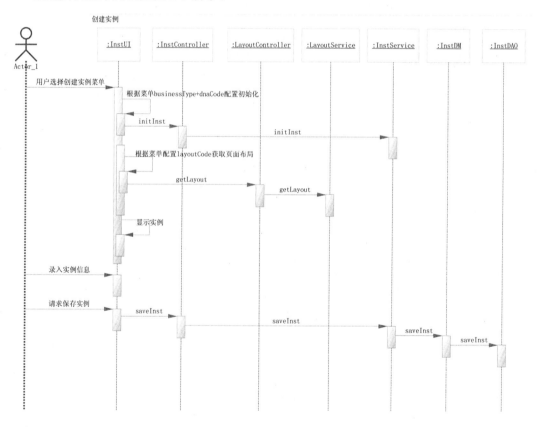

图 2-5 创建实例的序列图

关于该序列图说明：

1）创建实例和创建当事人的过程基本相似，在前台界面展现，需要由相应配置决定要创建哪一个 Dna 的实例和用哪一个页面布局渲染（由菜单项配置关联的录入功能参数的 businessType 和 dnaCode 决定 Dna，由 layoutCode 决定页面布局）。

2）以菜单配置关联的 businessType 和 dnaCode 作为参数，然后调用后台 InstController.initInst 服务初始化实例。

3）以菜单配置的 layoutCode 作为参数，调用后台 LayoutController.getLayout 服务得到布局 InstLayout 对象 layout。

4）前台界面基于 layout，对实例进行界面展现。注意，在展现界面的时候，有可能需要读取实例的 Dna，在此序列图中没有表示出来。

5）最后调用服务 InstController.saveInst 将实例保存到后台数据库中。由于不同 Dna 实例的数据库表结构不同，因此，系统必须配置 Dna 到数据库之间的映射关系，配置方法将在后面介绍。

2.2.5 修改实例

修改实例的序列图如图 2-6 所示。

关于该序列图的说明：

1）用户在修改实例之前，必须先根据一定条件查询得到要修改的实例。

2）实例的数据结构由 Dna 决定，如果没有 Dna，查询条件和查询结果的数据结构都不确定，而 Dna 又是配置出来的，那么查询条件和查询结果的数据结构必须可配置，同样的，查询条件和查询结果的界面展现也应该通过布局配置。在展现查询界面之前，先调用后台 getLayout 服务获取页面布局对象。查询条件和查询结果是两个不同的页面布局，需要分别调用 getLayout 得到。

3）当用户选择某个要修改的实例返回到前台界面后，系统打开实例的录入界面（也是通过 InstLayout 渲染得到），用户可以对返回的实例进行修改操作。

4）除了获取页面布局和获取 Dna 的服务，实例管理相关服务和当事人管理服务非常类似。

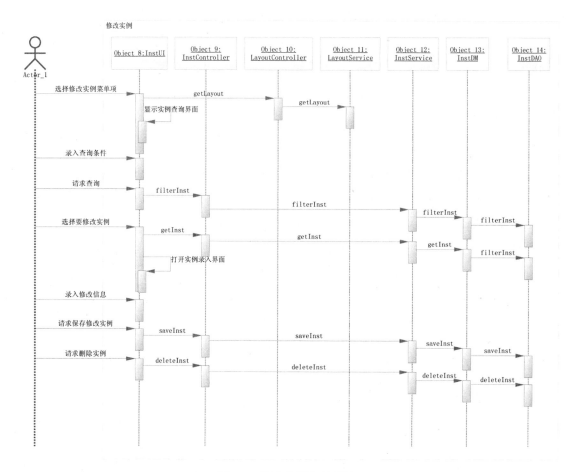

图 2-6 修改实例的序列图

2.2.6 删除实例

删除实例的序列图如图 2-7 所示。

关于该序列图的说明：

1）序列图的前面部分与通用修改实例类似，首先是查询实例清单，然后选择一个实例。

2）用户请求删除选中的实例，调用后台服务 InstController.deleteInst。

第 2 章 元数据实例服务

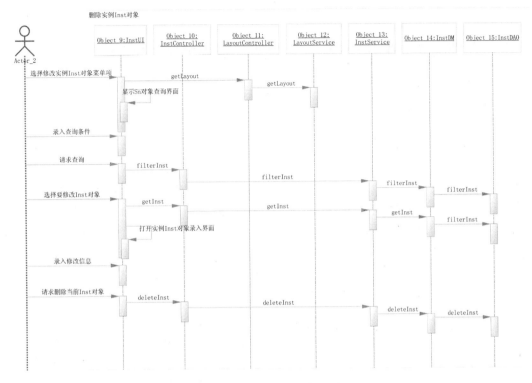

图 2-7 删除实例的序列图

2.2.7 实例服务设计小结

与当事人相比，实例的序列图增加了初始化 initInst，以及调用 getDna 和 getLayout。这些多出来的服务调用对元数据模型来说比较容易理解。由于业务模型的不确定性，所以需要增加额外的定义信息，数据结构由 Dna 决定，页面布局由 InstLayout 决定。

创建业务对象的一般方法是，在后台使用 new 操作符，不需要调用专门初始化服务，除非对象构造比较复杂。实例创建依赖于 Dna，不能简单地使用 new 操作符，而是通过专门创建服务 initInst，后者调用 getDna 服务得到包含元数据的结构信息的 Dna 来实现的。当事人前台界面展现是基于当事人数据结构定制化开发出来的，而在元数模型的应用中，数据结构可以灵活定义，在界面展现时，需要基于 Dna 对应的 InstLayout 来展现实例，因此，界面展现需要调用服务 getLayout 获取页面布局，还要调用 getDna 服务获取界面展现依赖的 Dna。

总之，基于元数据模型的系统设计，在业务处理逻辑过程中，总是依赖 Dna，界面展现同时依赖 Dna 和 InstLayout，这是与传统系统设计的差别所在。这一差别为我们带来了

47

模型可灵活扩展和界面可灵活配置的能力。经过上述分析，实例服务有：

1）initInst：初始化实例。

2）saveInst：保存实例。

3）getInst：获取实例。

4）deleteInst：删除实例。

5）getLayout：获取页面布局。

6）getDna：获取 Dna。

7）filterInst：查询实例。

接下去分别介绍上述 initInst、saveInst、getInst、deleteInst 和 getDna 五个服务，getLayout 服务和 filterInst 服务将在后面介绍。

2.3　元数据实例服务介绍

后台服务分为两层：Controller 层和 Service 层。其中，Controller 层用于前后端或者系统间交互，面向包括界面、第三集成系统等外部接入，负责系统之间的数据格式转换、流程控制和服务协同等逻辑实现。而 Service 层是具体业务逻辑的实现，具有可重用性，Controller 层调用 Service 层实现业务操作。如果没有专门说明，本节介绍的服务都是指 Service 层的服务。

2.3.1　getDna 服务

无论是前台界面还是后台服务，只要用到实例的地方，都要使用 Dna。Dna 是基于元数据模型的系统中使用频率最高的对象，需要将其缓存在本地 Java 虚拟机的内存中，以便在需要的时候快速获得。DnaCacheService 是本地访问 Dna 的接口，DnaCacheService 的接口实现为 DnaCacheServiceImpl，当系统启动时，将 Dna 加载到本地缓存中。DnaCacheService 的 getDna 原型定义为 Dna getDna(String businessType, String dnaCode)，代码如下：

```
//path:com.dna.def.cache.impl.DnaCacheServiceImpl
@Override
public Dna getDna(String businessType, String dnaCode) {
    if (businessType ==null || dnaCode == null )
        throw new RuntimeException("参数不能为空！ dna, businessType:" +
businessType + " dnaCode:" + dnaCode);
```

```java
        Dna dna = dnaMap.get(new DnaCacheKey(businessType, dnaCode));
        if (dna != null)
            return dna;
        dna = childDnaMap.get(new DnaCacheKey(businessType, dnaCode));
        if (dna != null)
            return dna;
        for (InstanceDnaCache dnaCacheService : otherDnaCacheServiceMap.values()) {
            dna = dnaCacheService.getDna(businessType, dnaCode);
            if (dna != null)
                return dna;
        }
        throw new RuntimeException("不存在的 dna, businessType:" + businessType
+ " dnaCode:" + dnaCode);
    }
```

该服务首先根据 businessType 和 dnaCode 在 HashMap 类的 dnaMap 中查找（dnaMap 中存放所有根节点的 Dna 对象）。如果找不到，继续在 childDnaMap 中查找（childDnaMap 存放非根节点的 Dna 对象）。如果还找不到，就从其他相关注册的缓存中查找。如果还是没有找到，就抛出异常。

2.3.2 initInst 服务

initInst 服务用于初始化实例，初始化工作依赖于 Dna。服务原型为 Inst initInst(CommonInfo commonInfo, String businessType, String dnaCode)。Dna 本身是树形结构，在每一个树节点上，都有属性定义列表 vds。initInst 服务根据 Dna 创建实例及其下的 Cell 列表 cells。Cell 的创建依赖 Dna 的属性定义 vds，为每一个属性定义创建属性值 Va 对象，放到 Cell 下的属性 vas 中。实例具体创建过程如下：

1）根据 businessType 和 dnaCode 得到 Dna，然后创建实例。

2）调用 DnaToo.dna2Cell 创建实例下的 Cell 对象。方法 dna2Cell 从 Dna 中得到属性定义列表 vds，遍历每一个 Vd 对象，创建对应的属性值 Va 对象，加入 Cell 的属性 vas 中。最后将 Cell 对象加入实例的属性 cells 中，关于 dna2Cell 的程序代码，前面已经介绍，这里不再赘述。

3）返回实例。

关于 initInst 服务的代码如下。initInst 服务的第一个参数为 CommonInfo commonInfo，这是一个公共参数，大部分服务将其作为第一个参数，CommonInfo 中记录当前用户、权限、流程等信息，后台可以集中拦截将其记录在日志中，用于端到端的监控管理，它与元数据模型的逻辑关联不大，本书对 CommonInfo 相关处理不做详细介绍。

```java
//path:com.dna.instance.service.impl.InstServiceImpl
    @Override
    public Inst initInst(CommonInfo commonInfo,String businessType, String dnaCode) {
        Dna dna = this.dnaCacheService.getDna(businessType, dnaCode);
        Inst inst = new Inst(CodeDefConst.INST_TYPE_DEFAULT, dna, null);
        inst.setDna(dna);
        Cell cell = DnaTool.dna2Cell(CodeDefConst.INST_TYPE_DEFAULT, dna);
        inst.addCell(cell);
        return inst;
    }
```

2.3.3 saveInst 服务

saveInst 服务将实例保存到数据库，服务接口定义在 InstService 中，实现如下：

```java
// path:com.dna.instance.service.impl.InstServiceImpl
    public ReturnMessage<Inst> saveInst(CommonInfo commonInfo, Inst inst) {
        InstVisitor.visitInst(inst, (Inst localInst) -> {
            if (localInst.getDna() == null) {
                Dna dna = dnaCacheService.getDna(localInst.getBusinessType(), localInst.getDnaCode());
                localInst.setDna(dna);
            }
        });
        return instDMService.saveInst(commonInfo, inst);
    }
```

saveInst 服务在调用 DM 层 InstDMService 之前，先对入参 inst 进行预处理，根据入参 inst.getBusinessType，inst.getDnaCode 从 DnaCacheService 获取 Dna，然后遍历 inst 树节点，设置每一个 inst 节点的属性 dna。InstVisitor.visitInst 是递归遍历实例的公共方法，其代码如下：

```java
//path: com.dna.instance.util.InstVisitor
public class InstVisitor {
    public static void visitInst ( Inst inst, VisitInstInf visitor) {
        if ( inst != null )
            visitor.visit(inst);
        for ( Cell cell : inst.getCells() ) {
            for (Inst childInst : cell.getChildren().values()) {
                visitInst(childInst,visitor);
            }
        }
    }
}
```

这是对实例的递归遍历，每遍历到实例的节点，都调用 visitor.visit 接口方法。服务 saveInst 递归设置 Dna 之后，调用 InstDMService.saveInst 方法，代码如下：

```java
//path: com.dna.instance.dm.impl.InstDMServiceImpl
    public ReturnMessage<Inst> saveInst(CommonInfo commonInfo, Inst inst) {
        if ( inst == null || inst.getCells().size() == 0 )
            return new ReturnMessage<Inst>(inst);
        if ( inst.getDna() == null )
            throw new RuntimeException("Inst 不存在 Dna 对象");
        Dna dna = inst.getDna();
        DnaDbMap dnaDbMap = dbMapCacheService.getDnaDbMap(inst.getBusinessType(), dna.getDbMapCode());
        for ( int i= inst.getCells().size()-1; i>=0; i-- ) {
            Cell cell = inst.getCells().get(i);
            if ( cell.getOperationFlag().equals(OperationFlag.OPERATION_FLAG_DELETE)) {
                this.instDAO.deleteCell(cell);
                inst.getCells().remove(i);
            }
        }
        for (Cell cell : inst.getCells()) {
            if ( cell.getOperationFlag().equals(OperationFlag.OPERATION_FLAG_NEW))
                this.instDAO.insertCell(cell, dnaDbMap);
            else if ( cell.getOperationFlag().equals(OperationFlag.OPERATION_FLAG_UPDATE))
                this.instDAO.updateCell(cell, dnaDbMap);
            for ( String childName : cell.getChildren().keySet() ) {
                Inst childInst = cell.getChildInst(childName);
                this.saveInst(commonInfo, childInst);
            }
            cell.setOperationFlag(OperationFlag.OPERATION_FLAG_UNCHANGED);
        }
        return new ReturnMessage<Inst>(inst);
    }
```

在服务 InstDMService.saveInst 中递归遍历参数 inst 下的 cells 数组，根据 cell.operationFlag 属性判断每一个对象 cell 是新增、修改或者删除，然后分别调用 DAO 的方法进行持久化。当处理好 inst 节点之后，递归处理每一个孩子节点。实例的数据结构由 Dna 决定，实例如何映射到数据库由 Dna 上的属性 dbMapCode 决定，该属性定位到 DnaDbMap 对象，后者包含如何映射到数据库表的配置信息。为了性能考虑，DnaDbMap 对象也加载到内存，使用时从内存中直接得到。因此，在调用 DAO 服务之前，从 dbMapCacheService.getDnaDbMap 方法返回 DnaDbMap 对象，作为参数传送到 DAO 服务。关于实例到数据库映射的详细处理逻辑，将在下一章专门介绍。

2.3.4 getInst 服务

getInst 服务负责从数据库获得实例，服务定义原型为 public ReturnMessage<Inst> getInst(CommonInfo commonInfo, String businessType, String dnaCode, Object cellKey)，参数 businessType 和 dnaCode 可以唯一定位到实例的 Dna。cellKey 是实例的键值，是通用 Object 类型，考虑到在数据库中，键值不一定是 Long 类型，有可能是 String 类型。为了兼容不同键值类型，采用 Object 定义 Java 键值的数据类型。具体映射到数据库是整型还是字符串，交由 DM 层或者 DAO 层来解决。在 saveInst 服务中，需要利用 DnaDbMap 对象指导服务如何将实例映射到数据库，同样地，在获取实例时，也需要在 DnaDbMap 对象的指导下，从数据库中获取数据，并填充到实例。InstService.getInst 服务代码如下：

```
// path:com.dna.instance.service.impl.InstServiceImpl
    @Override
    public ReturnMessage<Inst> getInst(CommonInfo commonInfo, String businessType, String dnaCode, Object cellKey) {
        Dna dna = this.dnaCacheService.getDna(businessType, dnaCode);
        if (dna == null)
            throw new RuntimeException("找不到 Dna, businessType:" + businessType + " dnaCode:" + dnaCode);
        ReturnMessage<Inst> instMessage = this.instDMService.getInst(commonInfo, dna, cellKey);
        if (instMessage.isSuccess())
            InstVisitor.visitInst(instMessage.getValue(), (Inst localInst) -> {
                for (Cell cell : localInst.getCells()) {
                    cell.setOperationFlag(OperationFlag.OPERATION_FLAG_UNCHANGED);
                }
            });
        return instMessage;
    }
```

首先根据 businessType 和 dnaCode 得到 Dna 对象 dna，然后调用 instDMService.getInst 服务（dna 作为其中参数之一）。从 DM 层返回实例之后，设置 operationFlag 为"未修改状态"，返回结果。instDMService.getInst 的代码如下：

```
//path: com.dna.instance.dm.impl.InstDMServiceImpl
    @Override
    public ReturnMessage<Inst> getInst(CommonInfo commonInfo, Dna dna, Object cellKey) {
        Inst inst = this.instDAO.getInst(dna, cellKey);
        getChildInst(commonInfo,inst);
```

```
            return new ReturnMessage<Inst>(inst);
    }
```

InstDMService.getInst 调用 instDAO.getInst 服务，后者返回当前 cellKey 对应的实例对象 inst，它的属性 cells 包含一个 Cell 对象，但不包含 Cell 对象下的孩子 children（Map 类型）中的实例对象。当 InstDMService.getInst 得到实例后，调用 InstDMService.getChildInst 服务，后者递归地将实例的属性 cells 中每一个对象下的孩子实例及其子孙实例补充完整。InstDMService.getChildInst 调用 InstDAO. getInstByParentKey 返回孩子实例。

```
//path: com.dna.instance.dm.impl.InstDMServiceImpl
    @Override
    public void getChildInst( CommonInfo commonInfo, Inst inst ) {
        Dna dna = inst.getDna();
        DnaDbMap dnaDbMap = dbMapCacheService.getDnaDbMap(inst.getBusinessType(), dna.getDbMapCode());
        for ( Cell cell : inst.getCells() ) {
            Object cellKey = KeyVaOperateFactory.getKey(dnaDbMap, cell);
            for ( Dna childDna : dna.getChildren() ) {
                Inst childInst = this.instDAO.getInstByParentKey(childDna, cellKey);
                cell.addChildInst(childDna.getDnaName(), childDna.getDnaCode(), childInst);
                getChildInst( commonInfo, cell.getChildInst(childDna.getDnaName()));
            }
            if ( dna.isCursive() ) {
                Dna childDna = dna;
                Inst childInst = this.instDAO.getInstByParentKey( childDna, cellKey);
                cell.addChildInst(childDna.getDnaName(), childDna.getDnaCode(), childInst);
                getChildInst( commonInfo, cell.getChildInst(childDna.getDnaName()));
            }
        }
    }
```

DMSerivce.getChildInst 服务以父实例为参数，调用 instDAO.getInstByParentKey 返回孩子实例（多个），然后递归调用返回子孙实例。如果 dna.cursice 为 true，表示 dna 是递归节点，视同 dna 为孩子 Dna，也要递归调用 getChildInst 将父实例对象补充完整。

2.3.5 deleteInst 服务

deleteInst 服务负责删除实例，服务原型为 deleteInst(CommonInfo commonInfo, String businessType, String dnaCode, Object cellKey)。该服务删除实例及其下子孙节点。因为实例是一棵树形结构,当某个节点被删除时,所有孩子节点必须被删除,因此,deleteInst 是一个递归过程,从最末级叶子开始向上逐级删除,一直删除到参数 cellKey 所对应的实例为止。参数 cellKey 是实例值的键值,参数 businessType 和 dnaCode 用于定位 Dna,通过 Dna 上的 dbMapCode 定位到数据库表映射对象,它包含实例保存在哪些表中的信息,根据它可以从表中删除实例。服务实现代码如下:

```
// path:com.dna.instance.service.impl.InstServiceImpl
    @Override
    public ReturnMessage<Object> deleteInst(CommonInfo commonInfo, String businessType, String dnaCode, Object cellKey) {
        Dna dna = this.dnaCacheService.getDna(businessType, dnaCode);
        this.instDMService.deleteInst(commonInfo, dna, cellKey);
        return new ReturnMessage<Object>(cellKey);
    }
```

代码首先根据 businessType 和 dnaCode,得到 Dna,然后调用 instDMService.deleteInst 删除实例,instDMService.deleteInst 代码如下:

```
//path: com.dna.instance.dm.impl.InstDMServiceImpl
    @Override
    public void deleteInst(CommonInfo commonInfo, Dna dna, Object cellKey) {
        this.instDAO.deleteCellByKey(cellKey, dna);
    }
```

instDMService 最终调用 instDAO.deleteCellById 服务进行删除操作,关于 DAO 的相关服务,将在下一章介绍。

2.3.6 当事人和元数据实例服务对比分析

综上分析,当事人和元数据实例服务对比分析如表 2-3 所示。

表 2-3 当事人和元数据实例服务对比分析

序号	元数据实例服务	当事人服务	解释说明
1	ReturnMessage<Inst> initInst (CommonInfo commonInfo, String businessType, String dnaCode)	PartyBO initParty()	实例创建比较复杂,需要单独服务创建实例,而当事人创建比较简单,通过 new 即可创建,也可以提供单独服务,也可以不用在后台提供服务,直接在前台创建 JavaScript 对象,为对象属性逐个赋值即可

（续表）

序号	元数据实例服务	当事人服务	解释说明
2	ReturnMessage<Inst>saveInst(CommonInfo commonInfo, Inst inst)	PartyBO saveParty (CommonInfo commonInfo, PartyBO partyBo)	两者服务接口相似，只是入参和返回值类型不同，服务 saveInst 的处理逻辑实现比较复杂，需依赖 Dna 进行处理
3	ReturnMessage<Inst> getInst (CommonInfo commonInfo, String businessType, String dnaCode, Object cellKey)	PartyBO getParty(long id)	两者接口相似，getInst 的两个参数：businesType 和 dnaCode，用于获取 Dna，进而找到数据库表映射信息，然后从相关数据库表中查询
4	public ReturnMessage<Object> deleteInst (CommonInfo commonInfo, String businessType, String dnaCode, Object cellKey)	Long deleteParty(long id)	两者接口相似，deleteInst 的两个参数：business Type 和 dnaCode，用于获取 Dna，进而找到数据库表映射信息，然后从数据库表中删除相应的实例
5	Dna getDna（String businessType, String dnaCode）	无。当事人结构固定，不需要元数据定义，也没有灵活定义机制	一般普通业务模型都是固化模型，不需要灵活定义机制，因此，当事人不需要该服务

2.4 元数据实例与 POJO 转换

服务在对外提供的接口中，都包含了 Inst 和 Dna 对象的相关参数，对外部系统调用者来说可能很抽象。由于外部系统调用者为了使用方便或者受限于本地系统而采用普通的 PartyBO 模型，所以需要进行 PartyBO 对象和 Inst 对象之间的转换。本节将介绍实例和普通 POJO 之间的三种转换方法：POJO 和 Dna 实例定制化转换，以及两个通用转换：基于参数和基于注解。

2.4.1 元数据实例与 POJO 定制化转换

元数据实例和 POJO 之间的转换程序需要一些公共方法。Inst 类上的 getSingleCell 方法的代码如下：

```
//path: com.dna.instance.bo.Inst
    public Cell getSingleCell() {
        if ( this.cells.size() != 1 )
            throw new RuntimeException("非唯一值 Cell");
        return this.cells.get(0);
    }
```

该方法假设 Inst 对象下 cells 列表中，有且仅有一个元素，并返回该元素，否则，抛出异常。另外，将用到 Cell 类的获取各种数据类型的属性值方法，例如：

```
//path: com.dna.instance.bo.Cell
    public String getRawStringByName( String name ) {
        Va va = this.vas.get(name);
        if (va != null )
            return va.getRawString();
        else
            return null;
    }
```

该方法返回 Cell 对象下某个 va 的值，将该值转换为 String 类型返回，还有其他类似方法，如 getRawBoolByName，返回布尔类型的 va 属性 value 值。

下面代码实现 PartyBO 对象到 Inst 对象的转换。为了减少篇幅，代码做过裁剪，去掉了很多属性的复制，如性别、出生日期、地址等。

```
//path:com.dna.party.dna.PartyHelper
    public Inst partyBO2Inst( PartyBO party) {
        Inst partyInst = this.instService.initInst(CommonInfo.getDefault(),
CodeDefConst.BUSINESS_TYPE_PARTY, CodeDefConst.DNA_CODE_PARTY);
        Cell partyCell = partyInst.getSingleCell();
        partyCell.setId(party.getId());
        partyCell.setVaByName("partyname", party.getPartyName());
        partyCell.setVaByName("certType", party.getCertType());
        partyCell.setVaByName("certId",party.getCertId());
        partyCell.setVaByName("contactMobileNo", party.getContactMobileNo());
        partyCell.setVaByName("contact", party.getContact());
        Inst accountInst = this.instService.initInst(CommonInfo.getDefault(),
CodeDefConst.BUSINESS_TYPE_PARTY, CodeDefConst.DNA_CODE_PARTY_ACCOUNT);
        accountInst.getCells().clear();
        for ( PartyAccountBO account : party.getAccounts() ) {
            Inst tempAccountInst = this.instService.initInst(CommonInfo.
getDefault(), CodeDefConst.BUSINESS_TYPE_PARTY, CodeDefConst.DNA_CODE_PARTY_
ACCOUNT);
            Cell tempAccountCell = tempAccountInst.getSingleCell();
            tempAccountCell.setId(account.getId());
            tempAccountCell.setVaByName("accountName", account.getAccountName());
            tempAccountCell.setVaByName("accountNo", account.getAccountNo());
            tempAccountCell.setVaByName("bankName", account.getBankName());
            accountInst.addCell(tempAccountCell);
        }
        partyCell.addChildInst(accountInst);
        return partyInst;
    }
```

上述代码调用 InstService.initInst 服务，初始化 Inst，逐个对 PartyBO 对象 party 及 party 下账户列表 accounts 进行属性复制。代码本身不复杂，都是很机械的复制工作。上述代码没有考虑 PartyAccountBO 类下面的 AccountUsageBO 的列表。

下面代码实现从 Inst 对象到 PartyBO 对象的转换。

```java
//path:com.dna.party.dna.PartyHelper
    public PartyBO inst2PartyBO( Inst partyInst ) {
        PartyBO party = new PartyBO();
        Cell partyCell = partyInst.getSingleCell();
        party.setId(partyCell.getId());
        party.setPartyName( partyCell.getRawStringByName("partyName"));
        party.setCertType(partyCell.getRawStringByName("certType"));
        party.setCertId( partyCell.getRawStringByName("certId"));
        party.setContactMobileNo(partyCell.getRawStringByName("contactMobileNo"));
        party.setContact(partyCell.getRawStringByName("contact"));
        Inst accountInst = partyCell.getChildInst(CodeDefConst.DNA_NAME_PARTY);
        if (accountInst != null && accountInst.getCells().size() > 0 )
            for ( Cell accountCell : accountInst.getCells()) {
                PartyAccountBO account = new PartyAccountBO();
                account.setId(account.getId());
                account.setAccountName(accountCell.getRawStringByName("accountName"));
                account.setAccountNo(accountCell.getRawStringByName("accountNo"));
                account.setBankName(accountCell.getRawStringByName("bankName"));
                party.getAccounts().add(account);
            }
        return party;
    }
```

该方法根据 Inst 对象，创建 PartyBO 对象及其下的 PartyAccountBO 对象，并进行逐个转换。转换代码比较烦琐。只要涉及两个系统之间交互，除非完全采用同一个 Java 类，否则，都需要进行模型转换。这与是否采用元数据模型无关。

2.4.2 元数据实例与 POJO 基于参数转换

为了简化转换逻辑，可以确定编码规范，要求所有 POJO 类的属性名字与 Dna 下 vds 中 Vd 对象名字相同，POJO 子对象名字与子 Dna 的 dnaName 相同，有了这些约定之后，如下代码可以实现转换。

```java
//path: com.dna.def.DnaTool
    public static <T> Inst object2Inst(List<T> objs, Dna dna) {
        if (objs == null) return null;
        Inst inst = new Inst(CodeDefConst.INST_TYPE_DEFAULT, dna, null);
        for (Object obj : objs) {
            if (obj == null) continue;
            Cell cell = dna2Cell(CodeDefConst.INST_TYPE_DEFAULT, dna);
            inst.addCell(cell);
            for (Vd vd : dna.getVds()) {
                Va va = cell.getVaByName(vd.getVdName());
                objectField2Va(obj, vd.getVdName(), va);
            }
            for (Dna childDna : dna.getChildren()) {
                List childObjs = getListFieldOfObject(obj, childDna.getDnaName());
                if (childObjs != null) {
                    Inst childInst = object2Inst(childObjs, childDna);
                    cell.addChildInst(childInst);
                }
            }
            if (dna.isCursive()) {
                List childObjs = getListFieldOfObject(obj, dna.getDnaName());
                if (childObjs != null) {
                    Inst childInst = object2Inst(childObjs, dna);
                    cell.addChildInst(childInst);
                }
            }
        }
        return inst;
    }
```

上述代码对于入参 objs（是一个 List 对象）每一个项 obj 分为三步处理：

1）调用函数 objectField2Va 将对象每一个属性转换为 Cell 对象的下 Va 对象。

2）递归调用将对象 obj 下 List 类型子对象转换为孩子 Inst 对象。

3）若 Dna 对象的属性 cursive==true，则递归调用将对象 obj 下的 List 类型的子对象转换为孩子 Inst 对象。

为了让转换更具有通用性，支持 POJO 的属性名和 Dna 下 vds 中属性名不相同、Dna 下子 Dna 和 POJO 下子对象名字不相同，以及部分属性不参与转换的情况，引入更多参数进行控制，代码如下所示。参数 vdNameMap 用于解决 POJO 下属性名和 Dna 下 vds 中属性名或者子 Dna 名称不相同的情况，ignoreVdNames 表示忽略部分 Dna 下的 vds 中属性。

```java
//path: com.dna.def.DnaTool
    public static <T> Inst object2Inst(List<T> objs, Dna dna, Map<String, String> vdNameMap, Set<String> ignoreVdNames) {
        if (objs == null) return null;
        Inst inst = new Inst(CodeDefConst.INST_TYPE_DEFAULT, dna, null);
        String vdName;
        for (Object obj : objs) {
            if (obj == null) continue;
            Cell cell = dna2Cell(CodeDefConst.INST_TYPE_DEFAULT, dna);
            inst.addCell(cell);
            for (Vd vd : dna.getVds()) {
                if (ignoreVdNames.contains(vd.getVdName())) continue;
                Va va = cell.getVaByName(vd.getVdName());
                vdName = vdNameMap.get(vd.getVdName());
                if (vdName == null) vdName = vd.getVdName();
                objectField2Va(obj, vdName, va);
            }
            for (Dna childDna : dna.getChildren()) {
                if (ignoreVdNames.contains(childDna.getDnaName())) continue;
                vdName = vdNameMap.get(childDna.getDnaName());
                if (vdName == null) vdName = childDna.getDnaName();
                List childObjs = getListFieldOfObject(obj, vdName);
                if (childObjs != null) {
                    Inst childInst = object2Inst(childObjs, childDna, vdNameMap, ignoreVdNames);
                    cell.addChildInst(childInst);
                }
            }
            if (dna.isCursive() && !ignoreVdNames.contains(dna.getDnaName())) {
                vdName = vdNameMap.get(dna.getDnaName());
                if (vdName == null) vdName = dna.getDnaName();
                List childObjs = getListFieldOfObject(obj, vdName);
                if (childObjs != null) {
                    Inst childInst = object2Inst(childObjs, dna, vdNameMap, ignoreVdNames);
                    cell.addChildInst(childInst);
                }
            }
        }
        return inst;
    }
```

上述代码比较通用，可以支持两边属性名不相同，或者子对象名不相同，或者忽略部分属性或者子对象的情况下实例对象到 POJO 对象的转换。

模仿 object2Inst 的代码，实例对象到 POJO 对象的转换代码如下：

```java
//path: com.dna.def.DnaTool
    public static <T> List<T> inst2Object(Inst inst, Class<T> clazz) {
        List<T> resultObjects = new ArrayList<T>();
        for (Cell cell : inst.getCells()) {
            T obj = null;
            try {
                obj = clazz.newInstance();
            } catch (InstantiationException e) {
                e.printStackTrace();
                return null;
            } catch (IllegalAccessException e) {
                e.printStackTrace();
                return null;
            }
            for (String dnaName : cell.getVas().keySet()) {
                Va va = cell.getVas().get(dnaName);
                va2ObjectField(va, obj, dnaName);
            }
            resultObjects.add(obj);
            for (String dnaName : cell.getChildren().keySet()) {
                try {
                    Field f = obj.getClass().getDeclaredField(dnaName);
                    // 递归调用 inst2Object，第二层参数 clazz 不完备
                } catch (NoSuchFieldException e) {
                    e.printStackTrace();
                } catch (SecurityException e) {
                    e.printStackTrace();
                }
            }
        }
        return resultObjects;
    }
```

该方法在将 Cell 下每一个孩子实例转换为 POJO 对象时，由于参数不完备，不知道要转换成哪一个 Java 类的对象。为了完善孩子实例到 Java 对象的转换，需要增加一个 Map<String,String> classNameMap，key 为 Dna 属性 dnaName，值为带路径的 Java 类名。而且，当 Vd 对象转类属性时，vdName 和对象属性名可能不同，或者某个 Cell 对象下一个孩子 Inst 对象转到 POJO 子对象列表时，有可能名字不相同，因此，还需要增加一个 Map<String,String> vdNameMap，表示 Dna 的 vds 中的 vdName 或者 Dna 的 dnaName 转换到 POJO 对象的属性名映射关系。代码如下：

```
//path: com.dna.def.DnaTool
    public static <T> List<T> inst2Object(Inst inst, Class<T> clazz,
Map<String, String> classNameMap, Map<String, String> vdNameMap) {
        List<T> resultObjects = new ArrayList<T>();
        Field[] fields = clazz.getDeclaredFields();
        for (Cell cell : inst.getCells()) {
            T obj = createObjectByClass(clazz);
            for (String vdName : cell.getVas().keySet()) {
                Va va = cell.getVas().get(vdName);
                String objectVdName = getObjectVdName(inst.getDnaName(),
vdName, vdNameMap);
                if (hasFieldByName(fields, objectVdName)) {
                    va2ObjectField(va, obj, objectVdName);
                }
            }
            resultObjects.add(obj);
            for (String dnaName : cell.getChildren().keySet()) {
                Inst childInst = cell.getChildInst(dnaName);
                String className = classNameMap.get(dnaName);
                if (className == null) continue;
                Class childClazz = null;
                try {
                    childClazz = Class.forName(className);
                } catch (ClassNotFoundException e1) {
                    e1.printStackTrace();
                    throw new RuntimeException("找不到类名: " + className);
                }
                List childList = inst2Object(childInst, childClazz,
classNameMap, vdNameMap);
                String objectVdName = getObjectVdName(inst.getDnaName(),
dnaName, vdNameMap);
                if (hasFieldByName(fields, objectVdName))
                    list2ObjectField(childList, obj, objectVdName);
            }
        }
        return resultObjects;
    }
```

该代码对实例下的 cells 列表每一个元素 cell 创建 POJO 对象，对于 cell 下的 vas 列表中每一个 Va 对象 va，调用方法 getObjectVdName，返回 POJO 对象中名称为 va.name 的属性对象，只要该属性在 POJO 上存在，就将 va 的值转换成 POJO 对象的属性值。然后处理 cell 下的孩子 Inst 对象，递归调用将其转换为 POJO 对象下的属性。

2.4.3　元数据实例与 POJO 基于注解转换

元数据实例和 POJO 之间的相互转换，需设置 Dna 和 POJO 类之间的属性和类型映射关系。这里使用 Java Annotation 功能，在 POJO 上定义一些注解，标示出如何转换到目标对象。如下代码定义注解，分别作用于类和属性上。

```java
//path: com.dna.annotation.DnaDef
@Retention(RUNTIME)
@Target(TYPE)
public @interface DnaDef {
    String value() default "";
    String dnaName() default "";
}

//path: com.dna.annotation.VarDef
@Retention(RUNTIME)
@Target(FIELD)
public @interface VarDef {
    String value() default "";//name
    String dnaName() default "";
}
```

DnaDef 注解有两个属性：value 和 dnaName，其中 value 用于记录哪一个 dnaCode，dnaName 记录 Dna 对象的名称。POJO 根节点必须填写 value 值，表示 dnaCode，它与参数 businessType（转换函数的参数）可以定位到唯一的 Dna，对于非根节点，只需要记录 dnaName 即可，可通过根节点 Dna 得到相应 dnaName 对应的非根节点 Dna。

VarDef 注解有两个属性：value 和 dnaName，value 表示对应 Vd 对象的名称，如果属性对应到 Dna 的 Vd 上，只要填写 value，如果对应到 Dna 下的孩子 Dna，那么必须填写 dnaName，表示对应哪一个孩子 Dna 的实例。这时 value 值为空串。这两个注解应用在 PartyBO 类上，如下所示：

```java
//path: com.dna.annotation.service.bo.PartyBO
@DnaDef(value=CodeDefConst.DNA_CODE_PARTY,dnaName=CodeDefConst.DNA_NAME_PARTY)
public class PartyBO {
    @VarDef("id")
    private long id;
    @VarDef("partyCode")
    private String partyCode;
    @VarDef("partyName")
    private String partyName;
```

```
//省略部分属性
@VarDef("postCode")
private String postCode;
@VarDef("telNo")
private String telephoneNo;
@VarDef("mobileNo")
private String mobileNo;
@VarDef("contact")
private String contact;
@VarDef("contactMobileNo")
private String contactMobileNo;
@VarDef("vipType")
private String vipType;
private Date createDate;
@VarDef("branch")
private String branch;
@VarDef(dnaName=CodeDefConst.DNA_NAME_PARTY_ACCOUNT)
private List<PartyAccountBO> accounts = new ArrayList<PartyAccountBO>();
}
```

上述注解中,其中有一个属性 telephoneNo,其 VarDef 注解的 value 为 "telNo",表示对应到 Dna 的 Vd 名字为 "telNo"。另外,createDate 在 Dna 上没有对应 VarDef 注解,表示忽略该属性,无须将其转换。List<PartyAccountBO> accounts 对应到 Dna 对象 partyDna 下是一个子 Dna 对象 partyAccountDna,因此,VarDef 注解中标明对应 dnaName,不用标出 value,表示属性 accounts 转换到 Dna 下的某个名字为 CodeDefConst.DNA_NAME_ACCOUNT 的子 Dna 的实例上。类似地,声明带注解的 PartyAccountBO 类如下。

```
//path: com.dna.annotation.service.bo.PartyAccountBO
@DnaDef(dnaName=CodeDefConst.DNA_NAME_PARTY_ACCOUNT)
public class PartyAccountBO {
    @VarDef("id")
    private long id;
    @VarDef("accountNo")
    private String accountNo;
    @VarDef("bankName")
    private String bankName;
    @VarDef("accountName")
    private String accountName;
    @VarDef("address")
    private String address;
    @VarDef("postCode")
    private String postCode;
```

PartyAccountBO 的 DnaDef 注解中只需设置 dnaName 即可,因为可以在根 Dna 对象中,通过 dnaName 即可找得到子 Dna。Inst 转换 POJO 的实现代码如下:

```java
//path: com.dna.annotation.util.DnaAnnotationUtil
    private static<T> List<T> inst2Objects (Inst inst,Class<T> clazz ) {
        DnaDef annotation = getDnaAnnotation(clazz);
        ArrayList<T> results = new ArrayList<T>();
        Dna dna = inst.getDna();
        for ( Cell cell : inst.getCells() ) {
            T obj = createObject(clazz);
            for ( Field f : clazz.getDeclaredFields() ) {
                String vdName = f.getName();
                VarDef vdAnnotation = (VarDef)f.getDeclaredAnnotation(VarDef.class);
                if ( vdAnnotation == null )continue;
                String name = vdAnnotation.value();
                if (name!=null && !name.equals("") && name.equals(CellFixedName.ID))
                    setObjectValue(obj,vdName,cell.getId());
                else if ( name != null && !name.equals(""))
                    setObjectValue(obj,vdName,cell.getValue(name));
                //如果是下一个 Dna
                else if ( name == null || name.equals("") ) {
                    String childDnaName = vdAnnotation.dnaName();
                    if ( childDnaName == null || childDnaName.equals(""))continue;
                    Dna childDna = dna.getDnaByName(childDnaName);

                    if ( childDna == null ) {
                        if ( dna.isCursive() && dna.getDnaName().equals(childDnaName))
                            childDna = dna;
                        else continue;
                    }
                    if ( f.getType().isAssignableFrom(List.class ) ){
                        Inst childInst = cell.getChildInst(childDna.getDnaName());
                        ParameterizedType pt=(ParameterizedType)f.getGenericType();
                        String typeName = pt.getActualTypeArguments()[0].getTypeName();
                        Class childClazz = getClassByClassName(typeName);
                        List children = inst2Objects(childInst,
```

```
childClazz);
                            if ( children != null) setObjectValue(obj,vdName,
children);
                        }
                        else   throw new RuntimeException("不支持的属性类型: " +
f.getType().getName());
                    }
                }
                results.add(obj);
            }
        return results;
    }
```

这段代码利用反射机制，遍历当前 POJO 对象的每一个属性，如果属性存在 VarDef 注解 value 值，就将该属性转为 Cell 对象上某个 Va 中的 value 属性值，如果存在 VarDef 注解的 dnaName，就将其转为 Cell 孩子下 Inst 对象。代码递归调用，逐层将对象转换成 Inst。代码调用方法 setObjectValue 通过反射机制为对象的属性赋值，其代码如下：

```
//path: com.dna.annotation.util.DnaAnnotationUtil
    private static void setObjectValue( Object obj, String name, Object value) {
        try {
            Field f = obj.getClass().getDeclaredField(name);
            try {
                f.setAccessible(true);
                f.set(obj, value);
            } catch (IllegalArgumentException e) {
                e.printStackTrace();
            } catch (IllegalAccessException e) {
                e.printStackTrace();
            }
        } catch (NoSuchFieldException e) {
            e.printStackTrace();
        } catch (SecurityException e) {
            e.printStackTrace();
        }
    }
```

下面代码实现了从 Inst 对象到单个 POJO 对象的转换，对上述方法做一个包装，经过简单逻辑检查，调用 inst2Objects 方法。

```
//path: com.dna.annotation.util.DnaAnnotationUtil
    public static<T>  T inst2Object (Inst inst, Class<T> clazz ) {
        if ( inst == null || inst.getCells().size() == 0 )
            return null;
```

```
            else if ( inst.getCells().size() == 1 ) {
                List<T> results = inst2Objects( inst, clazz );
                return ( results != null && results.size() > 0 )?results.get(0):null;
            }
            else
                throw new RuntimeException("输入参数cells个数不能大于1! ");
        }
```

反向地可以将POJO对象转换为Inst对象，代码如下：

```
    //path: com.dna.annotation.util.DnaAnnotationUtil
    public static <T> Inst objects2Inst( String businessType, List<T> objs, Dna parentDna ) {
        if ( objs ==null || objs.size() == 0 ) return null;
        Inst inst = null;
        for ( T obj : objs) {
            Class clazz = obj.getClass();
            DnaDef annotation = getDnaAnnotation(clazz);
            String dnaCode = annotation.value();
            String dnaName = annotation.dnaName();
            Dna dna = null;
            if ( parentDna == null )
    dna = DnaCacheServiceImpl.getStaticDnaCacheService().getDna(businessType,dnaCode);
            else dna = parentDna.getChildDnaByName(dnaName);
            if ( inst == null ) inst = new Inst( dna,null);
            Cell cell = DnaTool.dna2Cell(CodeDefConst.INST_TYPE_DEFAULT,dna);
            inst.addCell(cell);
            for ( Field f : clazz.getDeclaredFields() ) {
                VarDef vdAnnotation = (VarDef)f.getDeclaredAnnotation(VarDef.class);
                if ( vdAnnotation == null ) continue;
                String vdName = f.getName();
                String name = vdAnnotation.value();
                if (name!= null && !name.equals("") )
                    setCellVa(obj,f,vdAnnotation,cell);
                else if( name == null || name.equals("") ) {
                    String childDnaName = vdAnnotation.dnaName();
                    if ( childDnaName == null || childDnaName.equals(""))  continue;
                    Dna childDna = dna.getDnaByName(childDnaName);
                    if ( childDna == null && dna.isCursive() && dna.getDnaName().equals(childDnaName)) childDna = dna;
                    else if ( childDna == null)
```

```
                    throw new RuntimeException("找不到注解对应 DnaName:" +
childDnaName);
                if ( f.getType().isAssignableFrom(List.class ) ){
                    Inst childInst = objects2Inst(businessType, (List)
getObjectValue(obj,vdName),dna);
                    cell.addChildInst(childDna.getDnaName(), childDna.
getDnaCode(), childInst);
                }
                else throw new RuntimeException("不支持的数据类型:" +
childDnaName);
            }
        }
    }
    return inst;
}
```

该代码根据 POJO 类的注解，找到相应 Dna，创建其实例，然后根据 VarDef 注解，如果设置了 value 值，将其转为 Cell 对象下 vas 中某个 va 的 value 属性值，如果设置了 dnaName，将其设置为 Cell 对象下某个孩子 Inst 对象。

下面代码将单个对象转换为 Inst，是对上述方法的简单包装。

```
// com.dna.def.DnaTool
    public static <T> Inst object2Inst( String businessType, T obj, Dna
parentDna ){
        List<T> list = new ArrayList<T>();
        list.add(obj);
        return objects2Inst(businessType, list, parentDna);
    }
```

对 POJO 对象和 Inst 对象之间的相互转换的应用，可以通过如下测试。

```
//path: com.dna.annotation.controller.AnnotationPartyController
    @RequestMapping(value = "/test", method = {RequestMethod.POST})
    public void saveParty(@RequestBody RequestMessage<PartyBO> requestMessage){
    PartyBO party = new PartyBO();
    party.setPartyName("张三");
    party.setCertType("01");
    party.setCertId("0030204569090");
    party.setContactMobileNo("13833558945");
    party.setContact("李四");
    party.setTelephoneNo("13811990909");
    PartyAccountBO account = new PartyAccountBO();
    account.setAccountName("张三");
    account.setAccountNo("10001000010001");
```

```
            account.setBankName("中国银行");
            party.getAccounts().add(account);
            account = new PartyAccountBO();
            account.setAccountName("张三");
            account.setAccountNo("20100000120000");
            account.setBankName("建设银行");
            party.getAccounts().add(account);
            Inst inst = DnaAnnotationUtil.object2Inst(CodeDefConst.BUSINESS_TYPE_
PARTY, party, null);
            ReturnMessage<Inst> instMessage = this.instService.saveInst(CommonInfo.
getDefault(), inst);
            Inst returnInst = instMessage.getValue();
            PartyBO party2 = DnaAnnotationUtil.inst2Object(returnInst, PartyBO.
class);
            Inst inst2 = DnaAnnotationUtil.object2Inst(CodeDefConst.BUSINESS_TYPE_
PARTY, party2, null);
            this.instService.saveInst(CommonInfo.getDefault(), inst2);
        }
```

这段代码创建一个 PartyBO 的对象 party，设置属性值，将其转换为 Inst 对象，利用 instService.saveInst 服务保存到数据库，然后将返回值 Inst 对象转换为 PartyBO 对象 party2，再次将 party2 转换成 Inst 对象 inst2，调用 instService.saveInst 服务再做持久化操作。运行结果发现，第一次调用 instService.saveInst 时，在数据库中创建新记录，第二次调用 saveInst 时，做了数据库更新操作。

2.5 元数据实例与 JSON 转换

元数据实例和 POJO 之间的转换，方便了与外部系统的集成。目前很多应用之间通过 Restful API 交互，随着前后台的技术分离，前后台的数据交互经常使用 JSON 格式。本节介绍元数据实例和 JSON 之间的相互转换。

2.5.1 元数据实例的 JSON 格式转换

对应普通 Java 对象，Spring 框架提供默认 JSON 格式转换，可以满足大部分应用需求。实例主要由 List<Cell> cells 组成，每一个 Cell 由 Map<String,Va>vas 组成。如果按照默认方式来将实例转换成 JSON 格式，部分字符串片段（不完整）如下：

```
{
    "businessType": "04",
    "dnaCode": "10001",
    "dnaName": "partyDna",
```

```
"instType": "1",
"total": -1,
"parentId": 0,
"cells": [{
        "id": 1559,
        "operationFlag": "4",
        "rootId": 0,
        "parentId": 0,
        "dnaCode": null,
        vas: [{
              "id": 2001,
              "code": "1309",
              "name": "birthday",
              "dataType": "01",
              "value": "2020-03-06"
        },
        {
              "id": 2003,
              "code": "1311",
              "name": "certType",
              "dataType": "01",
              "value": "01"
        },
        {
              "id": 2001,
              "code": "1309",
              "name": "birthday",
              "dataType": "01",
              "value": "2020-03-06"
        },
        ...... //省略
        ],
        "partyAccountDna": {
            "businessType": "04",
            "dnaCode": "10002",
            "dnaName": "partyAccountDna",
            "instType": "1",
            "total": -1,
            "parentId": 1559,
            "cells": []
        }
...... //省略
```

在这种 JSON 格式中，每一个属性值（Va 对象）以一个对象出现，一个 Cell 对象的 vas 转成 JSON 片段格式如下：

```
vas:[{
        "id": 2001,
        "code": "1309",
        "name": "birthday",
        "dataType": "01",
        "value": "2020-03-06"
    },
    {
        "id": 2003,
        "code": "1311",
        "name": "certType",
        "dataType": "01",
        "value": "01"
    },
    {
        "id": 2001,
        "code": "1309",
        "name": "birthday",
        "dataType": "01",
        "value": "2020-03-06"
    },
    ..... //省略
]
```

该格式比较累赘，传输的字节数比较多，前台界面使用起来比较复杂。前台使用者通常希望普通属性格式，例如下面的 JSON 片段格式：

```
{
    "businessType": "04",
    "dnaCode": "10001",
    "dnaName": "partyDna",
    "instType": "1",
    "total": -1,
    "parentId": 0,
    "cells": [{
        "id": 1559,
        "operationFlag": "4",
        "rootId": 0,
        "parentId": 0,
        "dnaCode": null,
        "birthday": "2020-03-06",
        "certType": "01",
        "address": "",
        "gender": "1",
        "contactMobileNo": "13811998945",
```

```
            "vipType": "1",
            "certId": "0030204569090",
            "mobileNo": null,
            "branch": "101000",
            "telNo": null,
            "partyCode": "3",
            "contact": null,
            "partyName": "张三",
            "postCode": null,
            "partyAccountDna": {
                "businessType": "04",
                "dnaCode": "10002",
                "dnaName": "partyAccountDna",
                "instType": "1",
                "total": -1,
                "parentId": 1559,
                "cells": [{
                    "id": 1560,
                    "operationFlag": "4",
                    "rootId": 0,
                    "parentId": 1559,
                    "dnaCode": null,
                    "address": null,
                    "accountName": "张三",
                    "accountNo": "62148051ddddd",
                    "bankName": "中国银行",
                    ..... //省略
```

在上述的 JSON 格式中，属性定义 Vd 对应在实例上的 Va 对象，都是普通属性，与固化在 Cell 中的属性 id、dnaCode 在 JSON 中格式没有区别，看上去更加自然，性能较好。如果以这种格式输出给第三方应用，几乎与普通程序输出没有差别。

2.5.2 元数据实例 JSON 序列化

为了输出上述 JSON 格式，需要为 Inst 和 Cell 开发专用的转换程序，分别在 Inst 和 Cell 设置相应 JSON 序列转换类，代码如下：

```
//path: com.dna.instance.bo.Inst
@JsonSerialize(using = InstSerializer.class)
@JsonDeserialize(using = InstDeserializer.class)
public class Inst implements Cloneable{
//省略……
}
//path: com.dna.instance.bo.Inst
```

```
@JsonSerialize(using = CellSerializer.class)
public class Cell implements Cloneable{
//省略……
}
```

上述代码在 Cell 中不设置反序列化的类，因为 Cell 反序列化依赖 Dna，而 Dna 只能通过位于 Inst 对象上的 businessType 和 dnaCode 属性值定位得到，Cell 只有属性 dnaCode，没有属性 businessType，这意味着单单基于 Cell 自身无法从 JSON 反序列化创建出 Cell 对象。在实际应用中，应避免出现脱离 Inst 对象而单独反序列化 Cell 对象的使用场景。下面是 Cell 序列化成 JSON 字符串的代码：

```
//path: com.dna.instance.util.json.CellSerializer
public class CellSerializer extends JsonSerializer<Cell> {
    @Override
    public void serialize(Cell cell, JsonGenerator jgen, SerializerProvider provider)
        throws IOException, JsonProcessingException {
      if ( cell.getOwner() == null )
        throw new RuntimeException("Cell 不存在 Owner 对象");
      jgen.writeStartObject();
      jgen.writeNumberField("id",cell.getId());
      jgen.writeStringField("operationFlag", cell.getOperationFlag());
      jgen.writeNumberField("rootId", cell.getRootId());
      jgen.writeNumberField("parentId", cell.getParentId());
      jgen.writeStringField("dnaCode", cell.getDnaCode());
      for ( Va va : cell.getVas().values() ) {
        if ( va.getDataType().equals(DataType.DATA_TYPE_DATE))
           jgen.writeObjectField(va.getName(), DateTool.formatDate((Date)va.getValue()));
        else if ( va.getDataType().equals(DataType.DATA_TYPE_DATETIME))
            jgen.writeObjectField(va.getName(),  DateTool.formatDatetime((Date)va.getValue()));
        else
            jgen.writeObjectField(va.getName(), va.getValue());
      }
      for ( Inst childInst : cell.getChildren().values())
         jgen.writeObjectField(childInst.getDnaName(), childInst);
      jgen.writeEndObject();
    }
}
```

方法 serialize 前面部分的代码是枚举 Cell 对象每一个固定属性值，将其输出 JOSN 格式，接着遍历 Cell 下属性 vas 每一个对象 va，输出名字和值，最后输出 Cell 对象的每一个孩子 Inst 对象，jgen.writeObjectField(childInt.getDnaName(), childInst)将触发对子 Inst 对象的 JSON 序列化函数调用。Inst 对象的 JSON 序列化代码如下：

```java
//path: com.dna.instance.util.json.InstSerializer
public class InstSerializer extends JsonSerializer<Inst> {
    @Override
    public void serialize(Inst inst, JsonGenerator jgen, SerializerProvider provider)
        throws IOException, JsonProcessingException {
      jgen.writeStartObject();
      jgen.writeStringField("businessType",inst.getBusinessType());
      jgen.writeStringField("dnaCode",inst.getDnaCode());
      jgen.writeStringField("dnaName", inst.getDnaName());
      jgen.writeStringField("instType", inst.getInstType());
      jgen.writeNumberField("total", inst.getTotal());
      if ( inst.getParentCell() != null )
          jgen.writeNumberField("parentId", inst.getParentCell().getId());
      else
          jgen.writeNumberField("parentId", 0);
      jgen.writeArrayFieldStart("cells");
      for ( Cell cell : inst.getCells())
          jgen.writeObject(cell);
      jgen.writeEndArray();
      jgen.writeEndObject();
    }
}
```

上述代码的前面部分枚举输出每一个 Inst 对象上的固化属性值，后面部分输出 Inst 对象下面列表属性 cells，jgen.writeObject(cell)将触发 Cell 对象的序列化。因此，Inst 对象序列化调用 Cell 对象的序列化，而 Cell 对象序列化反过来又调用 Inst 对象的序列化，两者相互递归调用，符合 Inst 和 Cell 模型的递归结构。

2.5.3　元数据实例 JSON 反序列化

本节介绍元数据实例的反序列化的代码实现。Inst 的 JSON 反序列化代码如下：

```java
//path: com.dna.instance.util.json.InstDeserializer
public class InstDeserializer extends JsonDeserializer<Inst> {
    @Override
    public Inst deserialize(JsonParser jp, DeserializationContext ctxt)
        throws IOException, JsonProcessingException {
      JsonNode instNode = jp.getCodec().readTree(jp);
      String dnaCode = null;
      if ( !instNode.get("dnaCode").isNull() )
          dnaCode = instNode.get("dnaCode").asText();
```

```
            String businessType = null;
            if (!instNode.get("businessType").isNull())
                businessType = instNode.get("businessType").asText();
            String instType = null;
            if ( !instNode.get("instType").isNull())
                instType = instNode.get("instType").asText();
            Dna dna = DnaCacheServiceImpl.getStaticDnaCacheService().getDna(businessType, dnaCode);
            return CellTool.jsonNode2Inst(instNode,instType, dna);
    }
}
```

上述代码前面部分将提取出 JSON 关键信息,包括 businessType、dnaCode 和 instType,这些信息用于获取即将创建的 Inst 对象所依赖的参数,接着获取 Dna,并且调用工具类 CellTool.jsonNode2Inst 方法将 JSON 节点转换为 Inst 对象。CellTool.jsonNode2Inst 的代码如下:

```
//path: com.dna.instance.util.CellTool
    public static Inst jsonNode2Inst( JsonNode instNode, String instType, Dna dna ) {
        String dnaCode = null;
        if ( !instNode.get("dnaCode").isNull() )
            dnaCode = instNode.get("dnaCode").asText();
        String dnaName = null;
        if (!instNode.get("dnaName").isNull())
            dnaName = instNode.get("dnaName").asText();
        String businessType = null;
        if (!instNode.get("businessType").isNull())
            businessType = instNode.get("businessType").asText();
        int total = -1;
        if ( !instNode.get("total").isNull())
            total = instNode.get("total").asInt();
        Inst inst = new Inst(businessType ,instType,dnaCode, dnaName,null);
        inst.setTotal(total);
        JsonNode instChildNodes = instNode.get("cells");
        if ( instChildNodes != null ) {
            for ( JsonNode childInstNode : instChildNodes ) {
                inst.addCell(jsonNode2Cell(instType,childInstNode,dna));
            }
        }
        return inst;
    }
```

上述代码前面部分初始化 Inst 对象 inst,后面部分将 JSON 的 cells 数组节点每一个元素通过调用 jsonNode2Cell 转换为 Cell 对象，加入 Inst 对象列表属性 cells 中。jsonNode2Cell 的函数代码如下：

```java
//path: com.dna.instance.util.CellTool
    public static Cell jsonNode2Cell(String instType, JsonNode cellNode, Dna dna) {
        Cell cell = initJsonNode2Cell(instType, cellNode, dna);
        for (Vd vd : dna.getVds()) {
            if (cellNode.get(vd.getVdName()) == null) {
                continue;
            }
            String vdName = vd.getVdName();
            Va va = cell.getVaByName(vdName);
            if (cellNode.get(vdName) != null)
                setVa(cellNode.get(vdName), va, vd);
        }
        for (Dna childDna : dna.getChildren()) {
            String childDnaName = childDna.getDnaName();
            if (cellNode.get(childDnaName) == null)
                continue;
            Inst childInst = jsonNode2Inst(cellNode.get(childDnaName), instType, childDna);
            cell.addChildInst(childDnaName,childDna.getDnaCode(),childInst);
        }
        if (dna.isCursive()) {
            String dnaName = dna.getDnaName();
            if (cellNode.get(dnaName) != null) {
                Inst childInst = jsonNode2Inst(cellNode.get(dnaName), instType, dna);
                cell.addChildInst(dnaName, dna.getDnaCode(), childInst);
            }
        }
        return cell;
    }
```

上述代码中，Cell cell = initJsonNode2Cell(instType, cellNode, dna)创建 Cell 对象 cell，并且初始化对象 cell 中的固化属性，然后根据 Dna 中的属性 vds 从 JsonNode 上得到每一个属性值，将其转换为 Va 对象，放入列表 cell.vas 中。

接着将 Dna 下每一个孩子 Dna 对应的 JsonNode，递归调用 jsonNode2Inst 将其转换为 Inst 子对象，作为 Cell 对象的属性 children 中的一个 Map 项。如果 Dna 对象的 cursive==true，需要递归调用 jsonNode2Inst 转换为 Inst 子对象，作为 Cell 对象的属性 children 中的一个 Map 项。上面被调用的 initJsonNode2Cell 方法的代码如下：

```
//path: com.dna.instance.util.CellTool
    private static Cell initJsonNode2Cell(String instType, JsonNode cellNode, Dna dna) {
        Cell cell = DnaTool.dna2Cell( instType, dna);
        long id = 0;
        if (cellNode.get("id") != null && !cellNode.get("id").isNull())
            id = cellNode.get("id").asLong();
        String operationFlag = null;
        if (cellNode.get("operationFlag") != null && !cellNode.get("operationFlag").isNull())
            operationFlag = cellNode.get("operationFlag").asText();
        long rootId = 0;
        if (cellNode.get("rootId") != null && !cellNode.get("rootId").isNull())
            rootId = cellNode.get("rootId").asLong();
        long parentId = 0;
        if (cellNode.get("parentId") != null && !cellNode.get("parentId").isNull())
            parentId = cellNode.get("parentId").asLong();
        cell.setId(id);
        cell.setRootId(rootId);
        cell.setParentId(parentId);
        cell.setOperationFlag(operationFlag);
        return cell;
    }
```

该代码比较简单，创建了 Cell 对象，并为 Cell 对象的固化属性赋值。

2.5.4　Controller 层 JSON 转换应用

Controller 层对外提供 Restful 服务，接收和输出 JSON 串，接收前台页面或者第三方服务请求之后，将其转换为对 Service 层的调用。如下代码是 saveInst 和 getInst 等在 InstController 层的服务实现：

```
path:// com.dna.instance.controller.InstController
@RestController
@RequestMapping(value = "/inst", produces = "application/json")
public class InstController {
    @Autowired
    InstService instService;
    @Autowired
    DnaCacheService dnaCacheService;
    @Autowired
    LayoutCacheService layoutCacheService;
```

```java
        @RequestMapping(value = "/saveInst", method = { RequestMethod.POST })
        public ReturnMessage<Inst> saveInst(@RequestBody RequestMessage<Inst> instMessage) {
            Inst inst = instMessage.getValue();
            try {
                ReturnMessage<Inst> returnMessage = instService.saveInst(instMessage.getCommonInfo(), inst);
                return new ReturnMessage<Inst>(returnMessage.getValue());
            } catch (RuntimeException e) {
                e.printStackTrace();
                return new ReturnMessage<Inst>(e.getMessage());
            }
        }
        @RequestMapping(value = "/getInst", method = { RequestMethod.POST })
        public ReturnMessage<Inst> getInst(@RequestBody RequestMessage<InstCallVO> instCallMessage) {
            InstCallVO instCall = instCallMessage.getValue();
            return this.instService.getInst(instCallMessage.getCommonInfo() ,
instCall.getBusinessType(), instCall.getDnaCode(), instCall.getCellId());
        }
    }
```

上述代码中，InstController 的注解 RestController，表示这是一个 Restful 的服务。服务接口 public ReturnMessage<Inst> saveInst(@RequestBody RequestMessage<Inst> instMessage) 的返回值类型为 ReturnMessage<Inst>，当 Controller 接收请求之后，Spring 框架将自动调用前面介绍的 InstDeserializer 类的 deserialize 方法，将 JSON 串转换为 RequestMessage <Inst> 对象。对于 getInst 服务，在服务返回之前，Spring 框架自动调用 Inst 的 InstSerializer 类的 serialize 方法，将 ReturnMessage<Inst> 对象转换为 JSON 返回。关于 InstController 的服务，这里不做详细介绍，读者可以简单将其理解为前后台调用转换的中间逻辑。

第 3 章
元数据实例持久化

本章介绍如何将元数据实例，即 Inst 对象及其下的列表属性 cells 保存到数据库。本章先分析实例持久化的实体类，接着介绍如何配置数据库映射关系，最后介绍如何利用数据库映射的配置信息实现元数据实例在数据库中的增删改查操作。

3.1 元数据实例数据库映射分析

根据前面 Inst 类的实现代码，整理出相应元数据模型类图，如图 3-1 所示。

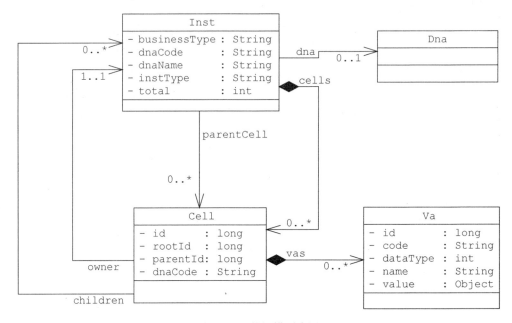

图 3-1 元数据模型类图

实例类 Inst 不是实体类，不需要持久化到数据库，但为了管理上的需要，它将所有具有相同 parentId 属性值的 Cell 对象组成一个列表属性 cells，抽取出公共属性放在 Inst 类的 businessType、dnaCode、dnaName、instType 和 dna 上。Inst 类的属性 dnaName 是冗余属性，通过调用属性 dna 的方法 getDnaName 即可得到，考虑到性能问题，要保留在 Inst 类上。

Inst 类的属性 total 是表示 Inst 对象下的实际 Cell 对象个数，用于记录分页查询结果的总条数，不需要在数据库中保存。Inst 的属性 parentCell 指向父亲 Cell 对象，表示 Inst 对象的列表属性 cells 具有共同的父对象。instType 是表示 Inst 对象用于哪个场景，当前有两个：默认和查询。在绝大部分情况下，instType 设置为默认类型，在实例增删改操作时使用。如果 Inst 对象通过查询实例清单得到，那么 instType 设置为查询类型，其下列表属性 cells 中每一个 Cell 对象都有自己的 dnaCode，可能各不相同，相应地，parentId 也可能各不相同。在设计数据库表结构时，无须持久化 Inst，只需持久化 Cell 对象。

Inst 是列表属性 cells 的管理类，Cell 类有一个对象引用 owner 指向 Inst 对象，用于建立 Cell 对象和 Inst 对象之间的反向关系。Cell 对象有一个 children，是一个 Map<String,Inst> 类型，指向孩子实例，表示该孩子 Inst 对象下的列表属性 cells 都是当前 Cell 对象的孩子。类 Cell 的固化属性有 id、parentId、rootId 和 dnaCode，其他属性值记录在属性 vas 中，属于 Map<String,Va> 类型。

综上分析，只考虑 Cell 和 Va 的持久化问题，无须考虑 Inst 的持久化问题。因此，如果类图中去掉 Inst，留下 Cell 和 Va 之间的关系，则类图如图 3-2 所示。

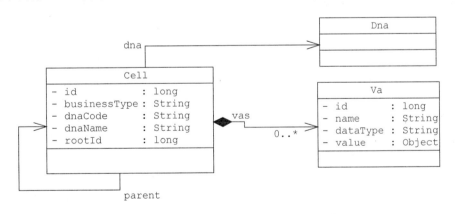

图 3-2　元数据实例持久化类图

3.2　通用数据库结构

按照对象到数据库之间的映射关系，元数据实例数据库表结构设计如图 3-3 所示。

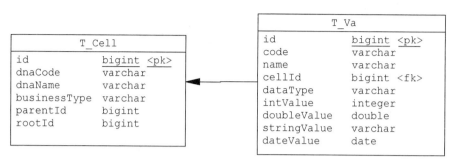

图 3-3　元数据实例数据库表结构设计

在 T_Va 表中，id、code、name、dataType 基本上都是 Va 类的属性到 T_Va 表之间的一一对应映射关系，根据不同数据类型，将类 Va 中的属性 value 保存在不同字段中，如 intValue、doubleValue、stringValue、dateValue、boolValue 等。在 T_Cell 表中有一个 parentId 字段，建立实例值 Cell 对象之间的关系，根节点 Cell 对象的 parentId 为空或者等于零。

T_Cell 用于保存 Cell 对象。Cell 类中的固化属性 dnaCode、dnaName 和 businessType 在大部分场景下无须保存。要获取某个具体 Dna 对象的某个实例，只需以实例的 cellKey 作为参数，通过 Dna 找到数据库映射信息，进而根据 cellKey 定位相应的记录，无须在数据库表中记录 businessType、dnaCode、dnaName 属性值。只有在某些特殊情况下，才有可能使用 businessType、dnaCode 和 dnaName，例如，多个不同的 Dna（dnaCode 不同，而 businessType 相同）的实例保存在同一张表中，若没有 dnaCode，则无法分辨表中记录属于哪一个 Dna 的实例值 Cell 对象。dnaName 是冗余属性，不需要保存。businessType 和 dnaCode 可以唯一定位到 Dna，如果在逻辑上确保同一个表中即使 dnaCode 不同，businessType 也必须相同，那么就没有必要保存 businessType。因此，只考虑是否保留 dnaCode 在表中，而 businessType 和 dnaName 不保存在数据库中。

另外，rootId 也不是必需的，只在特殊情况下使用，例如，Dna 描述了一个递归数据结构，所有树节点保存在同一张表中，但是各节点层次不同，但若每个节点都记录 rootId，则通过 rootId 可以将所有属于同一棵树的节点一次性查询出来，而不必递归访问数据库多次才能获取整棵树的所有节点。

总结一下，T_Cell 表在本书中不考虑保存 businessType 和 dnaName，即表 T_Cell 中不会出现这两个字段，此外，id、parentId、dnaCode、rootId 是否保存数据库则通过配置决定。因此，Cell 类有固化属性：id、parentId、dnaCode、rootId，Inst 类有固化属性 dnaCode、dnaName、instType、businessType 在映射到数据库时，部分固化属性是否保存需要通过数据库映射配置来决定。

现在以当事人为例，说明一个具体当事人实例在以上两个表中的数据保存情况。为了可以直观看到当事人相关信息，先观察一下当事人录入界面，如图 3-4 所示。

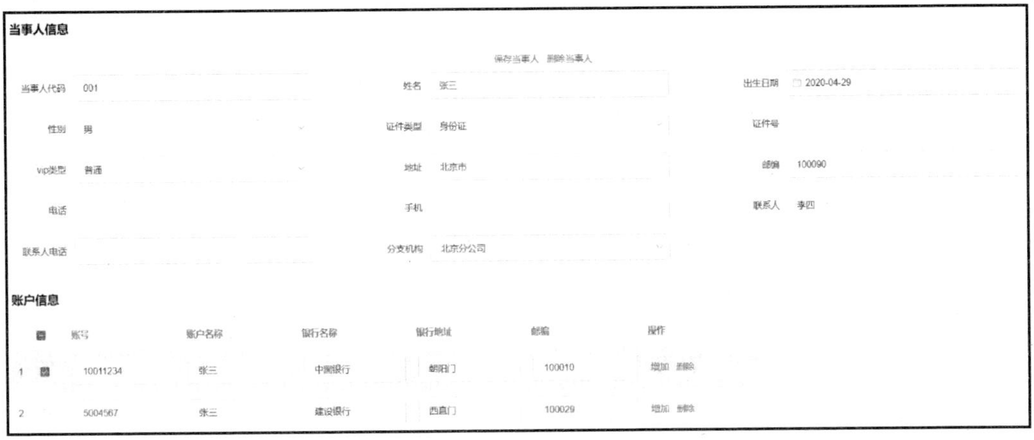

图 3-4　当事人录入界面

当事人实例共包含三个 Cell 对象，根节点唯一的 Cell 对象代表当事人基本信息，其下有两个 Cell 子对象，代表两个账户信息。因此，在 T_Cell 中，将产生三条记录：一条记录保存当事人基本信息，另外两条记录保存了两个账户信息。保存到数据库之后，可查看数据在 T_Cell 中的记录，如图 3-5 所示。

id	parentId
6999	0
7029	6999
7041	6999

图 3-5　当事人表 T_Cell 记录

这个表非常简单，只有两个字段：id 和 parentId，不需要 dnaCode 和 rootId 字段。id 为 6999 的记录，parentId 为 0，表示该记录代表的实例为根节点，其他两条记录 id 分别为 7029 和 7041，其 parentId 均为 6999，表示它们俩是 id 为 6999 的 Cell 对象的子 Cell 对象。

图 3-6 是从表 T_Va 中以 cellId=6999 为查询条件得到的属性值表记录，合计 14 行记录，每一行表示一个当事人属性值，可以对照当事人录入界面，录入界面恰好有 14 个录入框。Cell 对象不同数据类型的属性值分别存到表 T_Va 的不同列中。

接着继续观察 T_Va 表中关于两个账户实例对象的记录情况。图 3-7 是数据库表 T_Va 查询的结果，共计 10 条记录，每个账户实例有五条记录，代表一个账户的五个属性值。

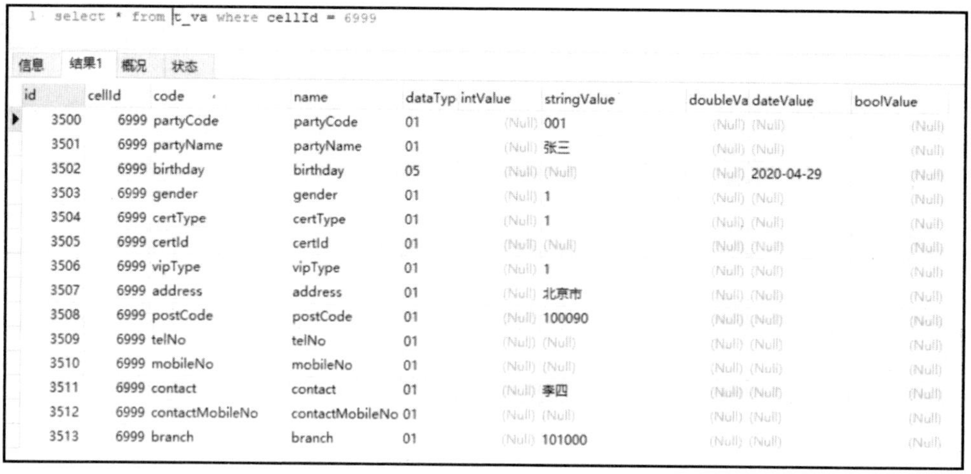

```
1  select * from t_va where cellId = 6999
```

信息 结果1 概况 状态

id	cellId	code	name	dataTyp	intValue	stringValue	doubleVa	dateValue	boolValue
3500	6999	partyCode	partyCode	01	(Null)	001	(Null)	(Null)	(Null)
3501	6999	partyName	partyName	01	(Null)	张三	(Null)	(Null)	(Null)
3502	6999	birthday	birthday	05	(Null)	(Null)	(Null)	2020-04-29	(Null)
3503	6999	gender	gender	01	(Null)	1	(Null)	(Null)	(Null)
3504	6999	certType	certType	01	(Null)	1	(Null)	(Null)	(Null)
3505	6999	certId	certId	01	(Null)	(Null)	(Null)	(Null)	(Null)
3506	6999	vipType	vipType	01	(Null)	1	(Null)	(Null)	(Null)
3507	6999	address	address	01	(Null)	北京市	(Null)	(Null)	(Null)
3508	6999	postCode	postCode	01	(Null)	100090	(Null)	(Null)	(Null)
3509	6999	telNo	telNo	01	(Null)	(Null)	(Null)	(Null)	(Null)
3510	6999	mobileNo	mobileNo	01	(Null)	(Null)	(Null)	(Null)	(Null)
3511	6999	contact	contact	01	(Null)	李四	(Null)	(Null)	(Null)
3512	6999	contactMobileNo	contactMobileNo	01	(Null)	(Null)	(Null)	(Null)	(Null)
3513	6999	branch	branch	01	(Null)	101000	(Null)	(Null)	(Null)

图 3-6　T_Va 中关于当事人属性值表记录

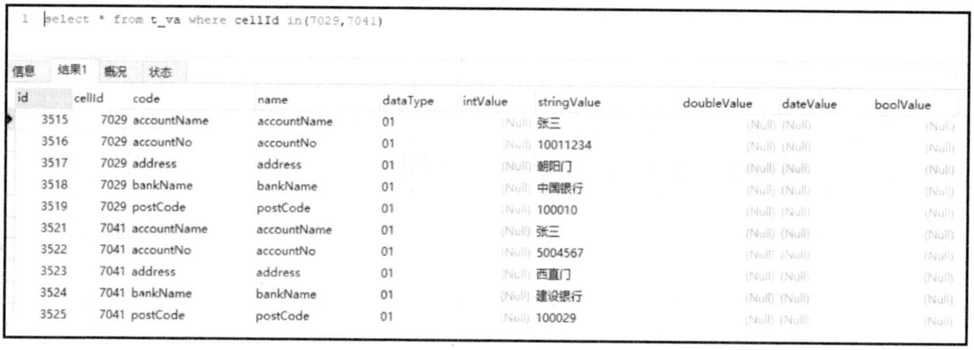

```
1  select * from t_va where cellId in(7029,7041)
```

信息 结果1 概况 状态

id	cellId	code	name	dataType	intValue	stringValue	doubleValue	dateValue	boolValue
3515	7029	accountName	accountName	01	(Null)	张三	(Null)	(Null)	(Null)
3516	7029	accountNo	accountNo	01	(Null)	10011234	(Null)	(Null)	(Null)
3517	7029	address	address	01	(Null)	朝阳门	(Null)	(Null)	(Null)
3518	7029	bankName	bankName	01	(Null)	中国银行	(Null)	(Null)	(Null)
3519	7029	postCode	postCode	01	(Null)	100010	(Null)	(Null)	(Null)
3521	7041	accountName	accountName	01	(Null)	张三	(Null)	(Null)	(Null)
3522	7041	accountNo	accountNo	01	(Null)	5004567	(Null)	(Null)	(Null)
3523	7041	address	address	01	(Null)	西直门	(Null)	(Null)	(Null)
3524	7041	bankName	bankName	01	(Null)	建设银行	(Null)	(Null)	(Null)
3525	7041	postCode	postCode	01	(Null)	100029	(Null)	(Null)	(Null)

图 3-7　T_Va 关于账户属性值表记录

当从表 T_Cell 和 T_Va 中获取某个实例时，需要给定 businessType、dnaCode 和 id，根据 businessType 和 dnaCode 得到 Dna，根据 Dna 上的数据库映射信息，找到表 T_Cell 和属性值表 T_Va，进而找到给定 id 的记录，然后以字段 parentId 等于 id 值为条件，即可找到下一级 Cell 对象，依次递归就可以找到实例整棵树的所有 Cell 对象。根据找到每一个 Cell 对象的 id，以 cellId 为条件从表 T_Va 中找到所有相关记录，即可从数据库中找出完整实例。从这里可以看出，通过两张表，可以将所有实例保存到数据库中，并且通用检索算法可以得到完整实例。但是这种存储方式的数据库性能很低，而且不同业务对象数据混合在同一张表中，不方便条件查询，以及将数据同步到下游 EDW/ODS 做进一步数据加工、分析、处理等后续工作。

在传统当事人表结构设计中，按照一般关系数据库表的方式来保存业务对象，例如，使用两张表来保存当事人及其账户，如图 3-8 所示。

T_Party				
名	类型	长度	小数点	不是 null
id	bigint	20	0	☑
partyCode	varchar	255	0	☐
partyName	varchar	255	0	☐
gender	varchar	255	0	☐
birthday	datetime	0	0	☐
certType	varchar	255	0	☐
certId	varchar	255	0	☐
telNo	varchar	255	0	☐
mobileNo	varchar	255	0	☐
address	varchar	255	0	☐
postCode	varchar	255	0	☐
contact	varchar	255	0	☐
contactMobileNo	varchar	255	0	☐
vipType	varchar	255	0	☐
branch	varchar	255	0	☐

T_PartyAccount				
名	类型	长度	小数点	不是 null
id	bigint	20	0	☑
parentId	bigint	20	0	☑
bankName	varchar	100	0	☐
postCode	varchar	6	0	☐
accountNo	varchar	100	0	☑
accountName	varchar	100	0	☐
address	varchar	200	0	☐

图 3-8　传统当事人表结构

左边是当事人表 T_Party，右边是账户表 T_PartyAccount，后者通过 parentId 关联到左边 T_Party 的 id。如果将一个含有两个账户的当事人信息保存到上述两张表中，那么在 T_Party 表中增加一条记录，在 T_PartyAccount 表中增加两条记录。这种表设计与上述灵活表设计之间的差异如下：

1）传统设计中没有单独 T_Va 表，所有字段都保存在各自的实体表中。

2）在表 T_Party、T_PartyAccount 中，不记录 businessType、dnaCode、dnaName 和 parentId 字段，T_PartyAccount 中一个外键 parentId 指向 T_Party 中的记录。为什么在 T_Cell 表中有时需要 businessType 和 dnaCode，而在 T_Party 不需要呢？这是因为对于具体应用，服务名字就能知道其含义，如 saveParty，该服务中已经知道要保存在表 T_Party 中，服务 getParty 明确地知道从表 T_Party 中读取数据。而对于元数据实例对象来说，假设系统只有两张表，当没有 businessType 和 dnaCode 时，每次从 T_Cell 读取数据，系统就不知道 Cell 对象属于哪一个 Dna 的实例值了。因此，在通用表 T_Cell 中，有可能需要 businessType 和 dnaCode 字段。

当然，如果在读取数据时，系统知道它属于某个 Dna 的 Cell 对象了，那么在数据库表中就不用保存 businessType 和 dnaCode，只要根据 id 读取出来，结合已知的 Dna 就可恢复出 Cell 对象。

3.3　元数据实例数据库映射配置

为了像普通数据库表结构一样保存实例，需要在 Dna 上附加数据库映射信息，用于指导 DAO 服务将 Cell 对象映射到数据库表。由于 Dna 描述数据结构，并没有描述如何将 Cell

映射到数据库表，需要引入数据库映射配置 Java 类：DnaDbMap（属性 code 唯一代表该对象），包含 Dna 对象的 Cell 对象如何映射到数据库表的信息。Dna 类的属性 dbMapCode 关联到 DnaDbMap 对象，通过该关联可以将映射信息从 Dna 中剥离出来单独管理，减少 Dna 类的复杂性，也方便对 Dna 的配置和 DnaDbMap 的配置进行分工，分别由不同人员进行，并且支持 DnaDbMap 对象的重用，同一代码的 DnaDbMap 对象可关联到多个不同的 Dna 对象。

每一个 Dna 关联一个 DnaDbMap，Dna 的子 Dna 对象分别关联各自的 DnaDbMap。因此，一个 DnaDbMap 对象只设置一个 Dna 对象的 Cell 对象到数据库的映射信息。DnaDbMap 类包含如下属性：

1）cellTableName：一个 Dna 的 Cell 对象映射到数据库表的名称。

2）cellVdNames：表示哪些属性需要持久化。Dna 类有一个列表属性 vds，都是 Vd 对象，不是所有 Vd 对象对应的 Va 对象都需要持久化到数据库，cellVdNames 表示哪些属性需要映射到数据库表的字段。

3）dbVdNameMap：这是一个 HashMap 对象，由于属性名和字段名有可能不一致，所以需要配置每一个属性映射到数据库字段名的对照关系。

通过以上配置，基本可以实现一个 Cell 对象到数据库表之间的映射关系。每一个 Cell 类都有 id、parentId、rootId 等固化属性，未来可为适用于不同场景需要而添加更多固化属性。但是对于部分场景，可能不需要 id、parentId，例如，一个简单对象，如系统操作员，可能信息非常简单，除了 code、name、password 三个属性，连 id 都不需要；当事人对应表 T_Party，它是根节点，没有父节点，不需要字段 parentId。因此，DnaDbMap 对象还需要更多配置信息用于控制哪些固化属性是否需要映射到数据库表。

如果 Dna 的每一个 Cell 类属性（指属性 vas）都映射到一个对应表字段中，那么当业务发生变化，例如，Dna 下列表属性 vds 新增一个 Vd 对象，不得不修改对应的表结构，以增加新字段来保存，限制了业务的快速变化。采用元数据模型的一个最重要的目标就是使得业务可快速变化，包括数据结构可灵活变化，需要在数据库表结构设计方面留有足够弹性，当 Dna 新增属性时允许数据库可以动态扩展而不用修改表结构。因此，保留前面介绍的 T_Va 表，支持 Dna 临时增加 Vd 对象时，在不修改表结构的前提下，可以将对应 Va 对象保存在 T_Va 表中。每一个 Dna 的实例，都有一张名为 cellTableName 值的主表，如果有灵活扩展需要，再配置一个扩展表，那么就将 Dna 的 Cell 对象的部分属性值记录在扩展表中。因此，DnaDbMap 类还需要如下配置项：

1）vaTableName：扩展表的表名，所有扩展表结构都和上述 T_Va 结构一致。

2）vaVdNames：表示 Dna 的哪些 Vd 可以保存到扩展表中。

3）persistRemain：当 vaVdNames 为空时，表示除了 cellVdNames 规定的属性值要持久化到名为 cellTableName 的数据库主表，剩余属性是否全部持久化到名为 vaTableName 的扩展表中。

以上配置足够支持 Cell 对象映射到数据库中，但还有一些细节需要考虑，如配置哪些固化属性是否需要映射到数据库。DnaDbMap 类还包含如下配置项：

1）requireRootId：表示是否需要持久化 rootId。

2）keyVdNameType：表示实例主键类型，以哪个属性作为主键，以及在数据库表中以哪个字段名作为外键与父 Cell 对象建立关系。默认情况下，系统内置的主键类型为 Long 类型，名字为"id"，外键名为"parentId"，通过字段名 id 和 parentId 建立主键和外键之间的关系。可能在有些场景下，需要通过 code 和 parentCode 建立主键和外键之间的关系。该 keyVdNameType 属性允许 Cell 对象的主键属性名、数据库主键名和外键名可以配置，但是需要注意一下，这里只能保证后台服务对数据库主外键访问可配置，不控制前台程序实现。在实际应用中，主键名字非常重要，在系统中都是事先确定的，应用基于该事先确定好的名字来开发系统。主键名字不能随意改变，否则应用要做大调整。

3）dnaMapType：确定 id、parentId、dnaCode 字段是否需要持久化到数据库中。有 7 个可选值：

a）NO_ID：表示不需要 id。

b）SIMPLE：表示持久化 id 和 parentId，不用持久化 dnaCode，这种方式最为常用。

c）ROOT_SIMPLE：表示简单的根节点，只有 id，不用持久化 parentId。

d）MULTIPLE_REAPT：表示有多个不同 Dna 的实例映射到同一张表中，需要在名为 cellTableName 的表中有 dnaCode，用于区分表记录属于哪一个 Dna 的 Cell 对象。

e）ROOT_MULTIPLE_REPEAT：同 MULTIPLE_REPEAT，但是不需要 parentId。

f）MULTIPLE_NO_REPEAT：表示有多个不同 Dna 的实例映射到同一张表中，但是数据库中不保存 dnaCode，通过 parentId 得到表记录都属于同一个子 Dna 的 Cell 对象。最终效果与 SIMPLE 方式相同。

g）ROOT_MULTIPLE_NO_REPEAT：同 MULTIPLE_NO_REPEAT，但是不需要 parentId。

为了方便理解，读者可以认为系统中只有 SIMPLE、ROOT_SIMPLE 两类，本书将不涉及关于其他类型的应用。

综上所述，类 DnaDbMap 的代码如下：

```java
//path: com.dna.def.DnaDbMap
public class DnaDbMap implements Cloneable {
    private String code;
    private String cellTableName;
    private String vaTableName;
    private Set<String> cellVdNames = new HashSet<String>();
    private Map<String, String> dbVdNameMap = new HashMap<String, String>();
    private Set<String> vaVdNames = new HashSet<String>();
    private boolean persistRemain = false;
    private String keyVdNameType = KeyTypeConst.ID;// 决定 Id 类型
    private String dnaMapType;
    private boolean requireRootId = false;
    private Date lastTime;
    private Map<String, FixedVd> fixedVds = new HashMap<String, FixedVd>();
    private String selectSql;
    private String selectSqlByKey;
    private String selectSqlByParentParentKey;
    private String updateSql;
    private String updateSqlBykey;
    private String insertSql;
}
```

DnaDbMap 代码的上面部分是配置信息，下面部分是根据配置信息自动生成冗余保留在 DnaDbMap 上的各种 SQL 语句，相当于缓存，当进行数据库访问操作时，直接读取这些事先生成的 SQL 语句。

3.4 数据库映射的构造器

创建 DnaDbMap 需要设置的属性值比较多，只有所有 DnaDbMap 的属性值都准备好，才可以创建相关 SQL。为了控制 DnaMap 创建过程，将所有 DnaDbMap 的构造函数定义为 private，在 DnaDbMap 上声明一个静态方法 createDbMapBuilder，创建 DnaDbMapBuilder 对象返回，并将 DnaDbMap 对象作为参数送入 DnaDbMapBuilder 的构造函数中，代码如下：

```java
//path: com.dna.def.DnaDbMap
    public static DnaDbMapBuilder createDbMapBuilder(String code, String cellTableName, String vaTableName, String cellVdNames[],String cellDbVdNames[], String vaVdNames[], boolean persistRemain) {
        DnaDbMap dbMap= new DnaDbMap(code, cellTableName, vaTableName, cellVdNames, cellDbVdNames,
            vaVdNames, persistRemain);
```

```
            DnaDbMapBuilder builder = new DnaDbMapBuilder(dbMap);
            return builder;
    }
```

在该静态方法 createDbMapBuilder 中调用 DnaDbMap 的 private 构造函数，代码如下：

```
//path: com.dna.def.DnaDbMap
        private DnaDbMap(String code, String cellTableName, String vaTableName,
String cellVdNames[],String cellDbVdNames[], String vaVdNames[], boolean
persistRemain) {
            this.code = code;
            this.cellTableName = cellTableName;
            this.vaTableName = vaTableName==null||vaTableName.trim().equals("") ?
null : vaTableName.trim() ;
            this.persistRemain = persistRemain;
            if (cellVdNames != null)
                Collections.addAll(this.cellVdNames, cellVdNames);
            if (cellDbVdNames == null)
                cellDbVdNames = cellVdNames;
            if (cellDbVdNames.length != cellVdNames.length)
                throw new RuntimeException("cellVdNames 和 cellDbVdNames 个数不
等错误！");
            for (int i = 0; i < cellVdNames.length; i++)
                this.dbVdNameMap.put(cellVdNames[i], cellDbVdNames[i]);
            if (vaVdNames != null)
                Collections.addAll(this.vaVdNames, vaVdNames);
    }
```

这个构造函数设置映射对象相关的属性值，用于后续创建各种 SQL。参数 cellDbVdNames 为空，表示属性名和数据库字段名相同，否则，cellVdNames 和 cellDbVdNames 之间存在属性名和数据库字段名之间的映射关系，关系保留在属性 dbVdNameMap 中。vaVdNames 没有数据库表字段名字映射的设置，所有扩展表结构都相同，根据数据类型将属性值保存在其中一个字段中：stringValue、dateValue、intValue、boolValue 等。

vaVadNames 是否为空和 persistRemain 取值 true 或者 false，有四种组合：

1）如果 vaVdNames 为空并且 persistRemain 为 false，表示不需要扩展表 vaTableName。

2）如果 vaVdNames 为空并且 persistRemain 为 true，表示不在 cellVdNames 出现的余下属性都需要保存在扩展表中。

3）如果 vaVdNames 为非空并且 persistRemain 为 false，表示仅仅 vaVdNames 中所列的属性保存在扩展表中。

4）如果 vaVdNames 为非空并且 persistRemain 为 true，表示不在 cellVdNames 出现的余下属性都要保存在扩展表中，相当于忽略了 vaVdNames 的值，同第 2 种情况。

DnaDbMapBuilder 允许为 DnaDbMap 对象设置各种属性，例如 requireRootId、keyVdNameType 等。构造器提供一个方法 getDnaDbMap，在该方法返回之前调用 DnaDbMap 的 generateSql 方法，生成各种可重用的 SQL 语句。构造器的代码如下：

```java
//path: com.dna.def.DnaDbMapBuilder
public class DnaDbMapBuilder {
    DnaDbMap dnaDbMap;
    public DnaDbMapBuilder(DnaDbMap dnaDbMap) {
        this.dnaDbMap = dnaDbMap;
    }
    public DnaDbMapBuilder setRequireRootId( boolean requireRootId) {
        dnaDbMap.setRequireRootId(requireRootId);
        return this;
    }
    public DnaDbMapBuilder setKeyVdNameType(String keyVdNameType) {
        dnaDbMap.setKeyVdNameType(keyVdNameType);
        return this;
    }
    public DnaDbMapBuilder setDnaMapType( String dnaDbMapType ) {
        dnaDbMap.setDnaMapType(dnaDbMapType);
        return this;
    }
    public DnaDbMapBuilder setCellTableName( String cellTableName ) {
        dnaDbMap.setCellTableName(cellTableName);
        return this;
    }
    public DnaDbMap getDnaDbMap() {
        dnaDbMap.generateSql();
        return dnaDbMap;
    }
}
```

DnaDbMapBuilder 代码非常简单，基本都是转调 DnaDbMap 对象上的方法。引入 DnaDbMapBuilder 的唯一目的就是在 getDnaDbMap 返回之前，强制调用 DnaDMap 对象上的 generateSql 方法，确保所有 DnaDbMap 对象的各种缓存属性都已初始化完毕。

前面介绍过当事人的 Dna 对象 parytDna，通过 partyDna.setDbMapCode (CodeDefConst.DNA_DB_MAP_CODE_PARTY)建立 Dna 对象与 DnaDbMap 对象之间的关系，在低代码开

发平台中，当事人的 DnaDbMap 对象通过界面配置创建，代码如下：

```java
// com.dna.party.dna.PartyDnaTool
public static DnaDbMap getPartyDbMap() {
    DnaDbMapBuilder builder = DnaDbMap.createDbMapBuilder(
            CodeDefConst.DNA_DB_MAP_CODE_PARTY,
            "T_Party",
            "T_PartyExtension",
            new String[]  {"partyCode","partyName","birthday","gender",
"certType","certId","vipType","address","postCode","telNo","mobileNo","branch"},
            null,
            new String[] {"contact","contactMobileNo"},
            false);
    builder.setDnaMapType(DnaMapType.ROOT_SIMPLE);
    builder.setRequireRootId(false);
    return builder.getDnaDbMap();
}
public static DnaDbMap getPartyAccountDbMap(){
    DnaDbMapBuilder builder = DnaDbMap.createDbMapBuilder(
            CodeDefConst.DNA_DB_MAP_CODE_PARTY_ACCOUNT,
            "T_PartyAccount",
            null,
            new String[]{"bankName","accountNo","accountName","address","postCode"},
            null,
            null,
            false);
    builder.setDnaMapType(DnaMapType.SIMPLE);
    builder.setRequireRootId(false);
    return builder.getDnaDbMap();
}
```

这段代码设置当事人的 Cell 对象及其下账户 Cell 对象是如何映射到数据库中的。在 getPartyDbMap 方法中，入参列出了映射两个表名：主表 T_Party 和扩展表 T_PartyExtension，将属性"partyCode"、"partyName"、"birthday"、"gender"、"certType"、"certId"、"vipType"、"address"、"postCode"、"telNo"、"mobileNo"、"branch"保存在 T_Party 中，而将属性"contact"、"contactMobileNo"保存在扩展表 T_PartyExtension 中，cellDbVdNames 为空，表示数据库字段名字和所列的属性名字段相同。builder.setDnaMapType(DnaMapType.ROOT_SIMPLE)设置映射类型，表示要持久化固化属性 id，不持久化固化属性 parentId。builder.setRequireRootId(false)表示不持久化 rootId。方法最后语句调用 builder.getDnaDbMap()，后者调用了方法 DnaDbMap.generateSql，生成相关的 SQL，缓存在 DnaDbMap 对象上。类似

地，设置 partyAccountDna 映射，主表为 T_PartyAccount，扩展表名为空表示没有扩展表，主表中的属性名和字段名字相同。为了性能考虑，系统中所有的 DnaDbMap 对象都将加载到缓存中。系统可根据需要从缓存中得到 DnaDbMap 对象。

3.5 数据库映射的创建

builder.getDnaDbMap 调用方法 DnaDbMap.generateSql，后者根据 DnaDbMap 设置好的属性值创建 SQL 语句，代码如下：

```
// com.dna.def.DnaDbMap
   public void generateSql() {
       this.fixedVds = CellFixedName.getFixedVds(this.dnaMapType, this.requireRootId);
       for (FixedVd vd : this.fixedVds.values())
           if (!this.cellVdNames.contains(vd.getVdName())) {
               this.cellVdNames.add(vd.getVdName());
               this.getDbVdNameMap().put(vd.getVdName(), vd.getDbVdName());
           }
       this.selectSql = generateSelectSql();
       this.selectSqlByKey = generateSelectSqlByKey();
       this.selectSqlByParentKey = generateSelectSqlByParentKey();
       this.updateSql = generateUpdateSql();
       this.updateSqlBykey = generateUpdateSqlByKey();
       this.insertSql = generateInsertSql();
   }
```

首先初始化固化属性的数据库映射关系，然后分别生成查询语句（selectSql）、按 key 查询语句（selectSqlByKey）、按 parentKey 查询孩子（selectSqlByParentKey）、更新语句（updateSql）、按 key 更新语句（updateSqlByKey）、插入语句（insertSql）等。

this.fixedVds = CellFixedName.getFixedVds(this.dnaMapType, this.requireRootId)为了初始化固化字段，根据 dnaMapType 和 requireRootId 两个属性决定持久化哪些固化字段，返回对应的固化属性添加到 cellVdNames 中，它们的属性值也都保存在名为 cellTableName 的表中。cellVdNames 可以配置包含的固化字段不能超出 this.fixedVds 范围，否则就是配置错误。由于 Dna 对象和 DnaDbMap 对象分开定义，单单在 DnaDbMap 对象中无法检查 Dna 对象和 DnaDbMap 对象之间属性是否匹配，需要单独用一个方法来校验 Dna 对象和 DnaDbMap 对象之间信息是否匹配，代码如下所示：

```
//path: com.dna.def.DnaTool
    public static ReturnMessage<Boolean> validateDnaDbMap(Dna dna, DnaDbMap
```

```
dnaDbMap) {
        ReturnMessage<Boolean> resultMessage = new ReturnMessage<Boolean>
(true);
        StringBuffer sb = new StringBuffer();
        for (String vdName : dnaDbMap.getCellVdNames()) {
            if (dnaDbMap.isFixedVd(vdName))
                continue;
            if (dna.getVdByName(vdName) == null)
                if (sb.length() == 0)
                    sb.append("错误：DnaDbMap 的属性名称不存在,vdName:" +
vdName);
                else
                    sb.append(";\n 错误：DnaDbMap 的属性名称不存在,vdName:" +
vdName);
        }
        if (sb.length() != 0)
            resultMessage.setSuccess(false);
        for (String vdName : dna.getVdNames()) {
            if (dnaDbMap.getCellVdNames().contains(vdName) || dnaDbMap.
getVaVdNames().contains(vdName))
                continue;
            if (sb.length() == 0)
                sb.append("警告：Dna 的属性名称没有持久化, vdName:" + vdName);
            else
                sb.append(";\n 警告：Dna 的属性名称没有持久化，vdName:" +
vdName);
        }
        for (String vdName : dna.getVdNames()) {
            if (!dnaDbMap.getCellVdNames().contains(vdName) && !dnaDbMap.
getVaVdNames().contains(vdName))
                if (sb.length() == 0)
                    sb.append("警告：Dna 同时在 cellTable 和 vaTable 中持久
化,vdName:" + vdName);
                else
                    sb.append(";\n 警告：Dna 同时在 cellTable 和 vaTable 中持久
化, vdName:" + vdName);
        }
        resultMessage.setMessage(sb.toString());
        return resultMessage;
    }
```

generateSql 接着调用 generateSelectSql 语句，代码如下：

```
// com.dna.def.DnaDbMap
    private String generateSelectSql() {
```

```java
            StringBuffer selectBuffer = new StringBuffer();
            for (String cellVdName : this.cellVdNames) {
                if (selectBuffer.length() == 0) {
                    selectBuffer.append("select ");
                    selectBuffer.append(this.getDbVdNameMap().get(cellVdName) + " as " + cellVdName);
                } else {
                    selectBuffer.append(",");
                    selectBuffer.append(this.getDbVdNameMap().get(cellVdName) + " as " + cellVdName);
                }
            }
            selectBuffer.append(" from ");
            selectBuffer.append(cellTableName);
            return selectBuffer.toString();
        }
```

这个方法生成一条 select 语句，不带任何 where 条件。在该函数基础之上生成根据 key 查询的 SQL，代码如下：

```java
// com.dna.def.DnaDbMap
    private String generateSelectSqlByKey() {
        String keyName = CellKeyType.getKeyInf(this.keyVdNameType).getKeyVdName();
        return this.selectSql + " where " + this.cellTableName + "."
            + this.getDbVdNameMap().get(keyName) + "=:"+ keyName;
    }
```

根据 keyVdNameType 返回 CellKeyType.getKeyInf 相应接口，在该接口中可以得到 key 和 parentKey 的属性名。然后在前面已经生成的 selectSql 语句基础上，加上以 key 作为查询条件的语句，注意，该语句 keyName 是参数名，在 DAO 程序执行该语句时，才设置具体参数值。方法 generateSqlByKey 产生的 SQL 语句缓存在 DnaDbMap 对象的属性 selectSqlByKey 中。例如，当事人 DnaDbMap 对象的该语句执行后，从运行时系统日志输出的结果如下：

```
    select birthday as birthday,certType as certType,address as address,gender as gender,vipType as vipType,certId as certId,mobileNo as mobileNo,branch as branch,telNo as telNo,partyCode as partyCode,partyName as partyName,postCode as postCode,id as id from T_Party where T_Party.id=?
```

这个结果是根据当事人 id 获取 Cell 对象的记录时，后台 DAO 层服务的 Hibernate 日志输出的语句。对照当事人 DnaDbMap 对象的创建代码，除了字段 "id"，设置在 cellVdNames 数组中的其他属性名都出现在 SQL 中。由于 contact 和 contactMobileNo 设置在 vaVdNames 中，表示保存在扩展表 T_PartyExtension 中，因此，该语句没有出现这两个字段。

由于 dnaMapType 设置 DnaMapType.ROOT_SIMPLE，因此，只有 key 相关字段，没有 parentKey 相关字段。根据 keyVdNameType 设置默认为 KeyTypeConst.ID，主键字段名字为"id"，对应到数据字段名也为"id"，即使在 DnaDbMap 对象上没有设置字段"id"，在该 SQL 中自动出现字段"id"。

方法 generateSql 调用 generateSelectSqlByParentKey 方法，创建根据父主键获取孩子记录的 SQL，代码如下：

```
// com.dna.def.DnaDbMap
    private String generateSelectSqlByParentKey() {
        String parentKeyName = CellKeyType.getKeyInf(this.keyVdNameType).getParentKeyVdName();
        return this.selectSql + " where " + this.cellTableName + "."
            + this.getDbVdNameMap().get(parentKeyName) + "=:"+ parentKeyName;
    }
```

该方法代码在现有 selectSql 基础上增加以 parentKey 为查询条件。对照当事人 DnaDbMap 对象，当获取某个当事人时，将会触发对账户的查询，通过 Hibernate 日志输出的 SQL 语句如下：

```
select address as address,accountName as accountName,accountNo as accountNo,bankName as bankName,postCode as postCode,id as id,parentId as parentId from T_PartyAccount where T_PartyAccount.parentId=?
```

方法 generateSql 调用 generateUpdateSql 方法，创建更新语句，代码如下：

```
// com.dna.def.DnaDbMap
    private String generateUpdateSql() {
        StringBuffer updateBuffer = new StringBuffer();
        for (String vdName : this.cellVdNames) {
            if (this.getKeyVdName().equals(vdName))
                continue;
            if (updateBuffer.length() == 0) {
                updateBuffer.append("update " + this.cellTableName);
                updateBuffer.append(" set " + this.getDbVdNameMap().get(vdName) + "= :" + vdName);
            } else
                updateBuffer.append("," + this.getDbVdNameMap().get(vdName) + "= :" + vdName);
        }
        return updateBuffer.toString();
    }
```

该方法生成不带条件的 update 语句，当更新表记录时，不需要更新主键的字段，因此，程序判断如果该属性映射为主键字段，将忽略该属性的更新。

generateSql 继续调用方法 generateUpdateSqlByKey，产生带有以 key 属性为查询条件的更新 SQL，代码如下：

```java
// com.dna.def.DnaDbMap
    private String generateUpdateSqlByKey() {
        String keyName = CellKeyType.getKeyInf(this.keyVdNameType).getKeyVdName();
        return this.updateSql + " where " + this.cellTableName + "."
            + this.getDbVdNameMap().get(keyName) + "=:" + keyName;
    }
```

对照当事人 DnaDbMap 对象，更新语句在 Hibernate 执行日志输出如下：

```
update T_Party set birthday= ?,certType= ?,address= ?,gender= ?,vipType= ?,certId= ?, mobileNo= ?,branch= ?,telNo= ?,partyCode= ?,partyName= ?,postCode= ? where T_Party.id=?
```

generateSql 方法调用 generateInsertSql 产生 insert 语句，代码如下：

```java
// com.dna.def.DnaDbMap
    private String generateInsertSql() {
        StringBuffer insertBuffer = new StringBuffer();
        for (String cellVdName : this.cellVdNames) {
            if (insertBuffer.length() == 0) {
                insertBuffer.append("insert into " + this.cellTableName);
                insertBuffer.append("(" + cellVdName);
            } else
                insertBuffer.append(", " + cellVdName);
        }
        boolean insertFirst = true;
        for (String cellVdName : this.cellVdNames) {
            if (insertFirst) {
                insertBuffer.append(") values(:" + cellVdName);
                insertFirst = false;
            } else
                insertBuffer.append(", :" + cellVdName);
        }
        insertBuffer.append(")");
        return insertBuffer.toString();
    }
```

对照当事人 DnaDbMap 对象，保存新创建的当事人 Cell 对象时，Hibernate 日志输出的 SQL 语句如下：

```
insert into T_Party(birthday, certType, address, gender, vipType, certId,
```

```
mobileNo, branch, telNo, partyCode, partyName, postCode, id) values
(?, ?, ?, ?, ?, ?, ?, ?, ?, ?, ?, ?, ?)
```

到此为止，根据 DnaDbMap 对象，可以生成对 Cell 对象主表进行增删改查操作的 SQL 语句，关于扩展表的相关操作 SQL 语句，将在后面介绍。

3.6　DAO 服务

前面介绍过实例对象的增删改查服务通过 DM 层调用 DAO 层服务完成持久化操作，本节将介绍数据库部分的处理逻辑。InstService 接口方法 saveInst 调用 InstDMService.saveInst，后者根据 Cell 对象上属性 operationFlag 来判断：若新增，则调用 InstDAO.insertCell；若更新，则调用 InstDAO.updateCell 服务；若删除，则调用 InstDAO.deleteCellByKey 服务。

3.6.1　insertCell 服务

InstDAO 的 insertCell 服务代码如下：

```
//path: com.dna.instance.dao.impl.InstDAOImpl
    @Override
    public Cell insertCell(Cell cell, DnaDbMap dnaDbMap) {
        Dna dna = cell.getOwner().getDna();
        String sql = dnaDbMap.getInsertSql();
        Query q = entityManager.createNativeQuery(sql);
        this.setInsertFixedVa(q, cell, dnaDbMap);
        for (String name : dnaDbMap.getCellVdNames()) {
            if (!dnaDbMap.isFixedVd(name))
                q.setParameter(name, cell.getVaByName(name).getValue());
        }
        int count = q.executeUpdate();
        if (count < 1)
            throw new RuntimeException("插入记录失败：" + sql);
        if (!dnaDbMap.isPersistRemain() && dnaDbMap.getVaVdNames() != null
                && dnaDbMap.getVaVdNames().size() > 0) {
            for (String name : dnaDbMap.getVaVdNames()) {
                Va va = cell.getVaByName(name);
                insertVa(cell.getId(), va, dnaDbMap);
            }
        } else if (dnaDbMap.isPersistRemain()) {
            List<String> vdNames = dna.getVdNames();
            vdNames.removeAll(dnaDbMap.getCellVdNames());
            for (String name : vdNames) {
```

```
                Va va = cell.getVaByName(name);
                insertVa(cell.getId(), va, dnaDbMap);
            }
        }
        return cell;
    }
```

方法 insertCell 首先从 DnaDbMap 对象上得到 insertSql 语句，然后将 Cell 对象属性值设置为该 SQL 的参数值。从 Cell 对象获取和设置的参数分为两部分：一部分来自 Cell 的固化属性，例如，id、parentId、rootId 等；另一部分来自 Cell 下的属性 vas，然后执行插入操作。成功之后，继续处理 Cell 对象的扩展字段部分，DnaDbMap 对扩展字段设置有两种方式：一种直接设置 vaVdNames 属性（Set<String>类型，值非空即可），枚举 vaVdNames 数组中每一个属性，调用 insertVa 插入记录；另一种不设置 vaVdNames，而是设置 persistRemain 为 true，将 DnaDbMap 的 cellVdNames 中还没有包含进去属性的 Va 对象全部持久化到名为 DnaDbMap.vaTableName 的表中。以上两种情况最后都调用了方法 insertVa。方法 insertVa 的代码如下：

```
//path: com.dna.instance.dao.impl.InstDAOImpl
    private long insertVa(long cellId, Va va, DnaDbMap dnaDbMap) {
        va.setId(this.counterService.nextTableId());
        Query q = null; String sql = null;
        String dataType = va.getDataType();
        if (dataType.equals(DataType.DATA_TYPE_INT)) {
            sql = dnaDbMap.createIntVaInsertSql();
            q = this.entityManager.createNativeQuery(sql);
            q.setParameter("intValue", va.getRawInt());
        } else if (dataType.equals(DataType.DATA_TYPE_LONG)) {
            sql = dnaDbMap.createIntVaInsertSql();
            q = this.entityManager.createNativeQuery(sql);
            q.setParameter("intValue", va.getRawLong());
        } else if (dataType.equals(DataType.DATA_TYPE_FLOAT)) {
            sql = dnaDbMap.createDoubleVaInsertSql();
            q = this.entityManager.createNativeQuery(sql);
            q.setParameter("doubleValue", va.getRawDouble());
        } else if (dataType.equals(DataType.DATA_TYPE_STRING)) {
            sql = dnaDbMap.createStringVaInsertSql();
            q = this.entityManager.createNativeQuery(sql);
            q.setParameter("stringValue", va.getRawString());
        } else if (dataType.equals(DataType.DATA_TYPE_BOOLEAN)) {
            sql = dnaDbMap.createBoolVaInsertSql();
            q = this.entityManager.createNativeQuery(sql);
            q.setParameter("boolValue", va.getRawBool());
```

```java
        } else if (dataType.equals(DataType.DATA_TYPE_DATE)) {
            sql = dnaDbMap.createDateVaInsertSql();
            q = this.entityManager.createNativeQuery(sql);
            q.setParameter("dateValue", va.getRawDate());
        } else if (dataType.equals(DataType.DATA_TYPE_DATETIME)) {
            sql = dnaDbMap.createDateVaInsertSql();
            q = this.entityManager.createNativeQuery(sql);
            q.setParameter("dateValue", va.getRawDate());
        }
        q.setParameter("id", va.getId());
        q.setParameter("code", va.getCode());
        q.setParameter("name", va.getName());
        q.setParameter("dataType", va.getDataType());
        q.setParameter("cellId", cellId);
        int count = q.executeUpdate();
        if (count < 1) throw new RuntimeException("执行插入错误: " + sql);
        return va.getId();
    }
```

方法 insertVa 首先为 va 设置主键，然后根据 va.dataType 不同，分别创建不同的 SQL 语句，并设置 SQL 语句参数，最后执行插入操作。DnaDbMap 类提供相关方法用于创建插入 Va 对象的 SQL 语句，代码如下：

```java
// path: com.dna.def.DnaDbMap
    public String createIntVaInsertSql() {
        return "insert into " + this.vaTableName + " ( id, cellId, code,name,dataType,intValue) values( :id,:cellId, :code,:name,:dataType,:intValue)";
    }
    public String createDoubleVaInsertSql() {
        return "insert into " + this.vaTableName + " ( id, cellId, code,name,dataType,doubleValue) values( :id,:cellId, :code,:name,:dataType,:doubleValue)";
    }
    public String createStringVaInsertSql() {
        return "insert into " + this.vaTableName + " ( id, cellId, code,name,dataType,stringValue) values( :id,:cellId, :code,:name,:dataType,:stringValue)";
    }
//省略其他类型的相关代码……
```

不同数据类型的 Va 对象插入 SQL 的区别在于不同数据类型保存在不同表字段中，其他代码类似。每执行这样的一条 SQL，只保存一个 Va 对象。当扩展表的 Va 对象表较多的时候，就有大量记录产生，系统性能将会变低。因此，保存在扩展表数据的属性都应该很少，只保存确实有必要灵活扩展的属性。

例如，对于当事人 DnaDbMap 对象，当保存新建的当事人实例时，Hibernate 日志输出一条插入主表 T_Party 的日志，再输出两条插入扩展表的如下日志，恰好对应 DnaDbMap 对象的列表属性 vaVdNames 中包含的两个属性名：contact 和 contactMobileNo，每一个属性值对应扩展表的一条记录。

```
    insert into T_Party(birthday, certType, address, gender, vipType, certId,
mobileNo, branch, telNo, partyCode, partyName, postCode, id) values
(?, ?, ?, ?, ?, ?, ?, ?, ?, ?, ?, ?, ?)
    insert into T_PartyExtension ( id, cellId, code,name,dataType,stringValue)
values( ?,?, ?,?,?,?)
    insert into T_PartyExtension ( id, cellId, code,name,dataType,stringValue)
values( ?,?, ?,?,?,?)
```

3.6.2 updateCell 服务

对已经保存过的 Cell 对象做变更，更新 Cell 对象的 operationFlag 值即可。InstDMService 的 saveInst 调用方法 DAO 的 updateCell 进行更新操作。方法 updateCell 的代码如下：

```java
//path: com.dna.instance.dao.impl.InstDAOImpl
    @Override
    public Cell updateCell(Cell cell, DnaDbMap dnaDbMap) {
        String sql = dnaDbMap.getUpdateSqlBykey();
        Dna dna = cell.getOwner().getDna();
        Query q = this.entityManager.createNativeQuery(sql);
        this.setUpdateFixedVa(q, cell, dnaDbMap);
        for (String name : dnaDbMap.getCellVdNames()) {
            if (!dnaDbMap.isFixedVd(name))
                q.setParameter(name, cell.getVaByName(name).getValue());
        }
        int count = q.executeUpdate();
        if (count < 1)
            throw new RuntimeException("更新记录失败: " + sql);
        if (!dnaDbMap.isPersistRemain() && dnaDbMap.getVaVdNames() != null
                && dnaDbMap.getVaVdNames().size() > 0) {
            for (String name : dnaDbMap.getVaVdNames()) {
                Va va = cell.getVaByName(name);
                updateVa(cell.getId(), va, dnaDbMap);
            }
        } else if (dnaDbMap.isPersistRemain()) {
            List<String> vdNames = dna.getVdNames();
            vdNames.removeAll(dnaDbMap.getCellVdNames());
            for (String name : vdNames) {
                Va va = cell.getVaByName(name);
```

```
                updateVa(cell.getId(), va, dnaDbMap);
            }
        }
        return cell;
    }
```

这个代码逻辑与 insertCell 函数基本相同。首先，调用 DnaDbMap.getUpdateSqlBykey 得到更新 SQL，然后分别将 Cell 对象的固化属性值和动态属性 vas 中每一个 Va 值设置为 SQL 参数。Cell 对象的主表更新完毕之后，接着更新其下扩展表的字段，调用 updateVa 函数更新每一个扩展表字段的值。updateVa 实现代码如下：

```
//path: com.dna.instance.dao.impl.InstDAOImpl
    private void updateVa(long cellId, Va va, DnaDbMap dnaDbMap) {
        Query q = null;
        String sql = null;
        String dataType = va.getDataType();
        if (dataType.equals(DataType.DATA_TYPE_INT)) {
            sql = dnaDbMap.createIntVaUpdateSql();
            q = this.entityManager.createNativeQuery(sql);
            q.setParameter("intValue", va.getRawInt());
        } else if (dataType.equals(DataType.DATA_TYPE_LONG)) {
            sql = dnaDbMap.createIntVaUpdateSql();
            q = this.entityManager.createNativeQuery(sql);
            q.setParameter("intValue", va.getRawLong());
        } else if (dataType.equals(DataType.DATA_TYPE_FLOAT)) {
            sql = dnaDbMap.createDoubleVaUpdateSql();
            q = this.entityManager.createNativeQuery(sql);
            q.setParameter("doubleValue", va.getRawDouble());
        } else if (dataType.equals(DataType.DATA_TYPE_STRING)) {
            sql = dnaDbMap.createStringVaUpdateSql();
            q = this.entityManager.createNativeQuery(sql);
            q.setParameter("stringValue", va.getRawString());
        } else if (dataType.equals(DataType.DATA_TYPE_BOOLEAN)) {
            sql = dnaDbMap.createBoolVaUpdateSql();
            q = this.entityManager.createNativeQuery(sql);
            q.setParameter("boolValue", va.getRawBool());
        } else if (dataType.equals(DataType.DATA_TYPE_DATE)) {
            sql = dnaDbMap.createDateVaUpdateSql();
            q = this.entityManager.createNativeQuery(sql);
            q.setParameter("dateValue", va.getRawDate());
        } else if (dataType.equals(DataType.DATA_TYPE_DATETIME)) {
            sql = dnaDbMap.createDateVaUpdateSql();
            q = this.entityManager.createNativeQuery(sql);
            q.setParameter("dateValue", va.getRawDate());
```

```
        }
        q.setParameter("code", va.getCode());
        q.setParameter("name", va.getName());
        q.setParameter("dataType", va.getDataType());
        q.setParameter("cellId", cellId);
        int count = q.executeUpdate();
        if (count <= 0)
            this.insertVa(cellId, va, dnaDbMap);
    }
```

方法 updateVa 根据 Va 对象 va.dataType 分别调用不同的 DnaDbMap 方法返回更新 SQL，执行更新操作。这里要注意：

1）更新某个 Va 对象时，不以 Va 对象的 id，而以 cellId 和 vdName 两个属性组合作为更新条件，因为从前台或者外部传进来的 JSON 中，没有 Va 对象的 id，从前面给出 Inst 对象转 JSON 字符串的过程可以发现，里面没有将 Va 对象的 id 作为 JSON 串的一部分输出。

2）当更新操作返回更新记录数为 0 时，需要补一次插入操作。一般情况下，返回更新记录数为 1，在特殊情况下，可以返回更新数为 0，因为 Dna 的属性列表 vds 可能最近新增了一些 Vd 对象。在上次保存 Cell 对象时，Dna 上的某些属性还不存在，下次更新 Cell 对象时，就有了新增 Vd 对象的 Va 对象需要执行插入操作。

3）Dna 上的列表属性 vds 中的 Vd 对象原则上不能删除。如果 Dna 上 vds 中部分 Vd 对象被删除了，已经保存过的 Vd 对象的 Va 对象在扩展表中的字段并没有随之删除，将成为垃圾数据。如果确实需要删除 Dna 上的 Vd 对象，那么需要人工修正数据库中的历史数据。

方法 updateVa 调用了 DnaDbMap 创建更新扩展表的 SQL 语句，不同 va.dataType 有不同创建方法，代码如下：

```
// path: com.dna.def.DnaDbMap
    public String createIntVaUpdateSql() {
        return "update " + this.vaTableName + " set code=:code,dataType=:dataType,intValue=:intValue where cellId = :cellId and name=:name";
    }
    public String createDoubleVaUpdateSql() {
        return "update " + this.vaTableName + " set code=:code,dataType=:dataType,doubleValue=:doubleValue where cellId = :cellId and name=:name";
    }
    public String createStringVaUpdateSql() {
        return "update " + this.vaTableName + " set code=:code,dataType=:dataType,stringValue=:stringValue where cellId = :cellId and name=:name";
    }
//省略其他类型的相关代码……
```

根据当事人的 DnaDbMap 对象，对已经保存过的当事人实例进行修改，Hibernate 日志输出如下，合计三条记录。第一条记录修改主表 T_Party；其他两条记录修改扩展表 T_PartyExtension，对应两个扩展属性：contact 和 contactMobileNo。

```
    update T_Party set birthday= ?,certType= ?,address= ?,gender= ?,
vipType= ?,certId= ?, mobileNo= ?,branch= ?,telNo= ?,partyCode= ?,partyName= ?,
postCode= ? where T_Party.id=?
    update T_PartyExtension set code=?,dataType=?,stringValue=? where cellId
= ? and name=?
    update T_PartyExtension set code=?,dataType=?,stringValue=? where cellId
= ? and name=?
```

3.6.3　服务 deleteCellByKey

前面介绍的删除服务 InstService.deleteInst 调用了服务 InstDMService.deleteInst，后者调用服务 InstDAO.deleteCellByKey，根据 Cell 对象 id 删除已经保存到数据库中的 Cell 对象。服务 deleteCellByKey 的代码如下：

```
//path: com.dna.instance.dao.impl.InstDAOImpl
    @Override
    public void deleteCellByKey(Object cellKey, Dna dna) {
        for (Dna childDna : dna.getChildren()) {
            if (childDna.getChildren().size() == 0)
                deleteChildCell(childDna,cellKey);
            else
                deleteDescendants(childDna,cellKey);
        }
        if( dna.isCursive() )
            deleteDescendants(dna,cellKey);
        DnaDbMap dnaDbMap = this.dnaDbMapCacheService.getDnaDbMap(dna.
getBusinessType(),dna.getDbMapCode());
        String sql = dnaDbMap.createCellDeleteSql();
        Query q = this.entityManager.createNativeQuery(sql);
        q.setParameter(dnaDbMap.getKeyVdName(), cellKey);
        q.executeUpdate();
        if (dnaDbMap.getVaTableName() != null ) {
            sql = dnaDbMap.createVaDeleteByCellIdSql();
            q = this.entityManager.createNativeQuery(sql);
            q.setParameter(CellFixedName.CELL_ID, cellKey);
            q.executeUpdate();
        }
    }
```

方法 deleteCellByKey 在删除某个 Cell 对象之前，首先要删除其下孩子和子孙。如果

Cell 对象只有孩子，没有子孙，那么可以根据 parentKey 作为条件在相关表中删除其下所有孩子。但是，如果孩子下面还有孩子，必须得先删除孙子，才能删除孩子。为了删除孙子，需要先查到孩子 key，然后以孩子 key 值作为 parentKey 条件去删除孙子。

服务首先判断 Dna 下是否有孙子（孩子的孩子），如果没有孙子，那么调用方法 deleteChildCell，以 parentKey 为条件删除孩子。如果孩子下面还有孩子，那么调用方法 deleteDescendants 删除孩子和子孙。如果 Dna 是递归，相当于孩子下面还有孩子 Dna，则需要调用 deleteDescendants。删除孙子和孩子之后，接着删除主表记录，最后删除扩展表记录。

方法 deleteChildCell 删除孩子，代码如下：

```
//path: com.dna.instance.dao.impl.InstDAOImpl
    private void deleteChildCell ( Dna childDna, Object parentCellKey) {
        DnaDbMap childDnaDbMap = dnaDbMapCacheService.getDnaDbMap(childDna.getBusinessType(),childDna.getDbMapCode());
        String deleteByParentSql = childDnaDbMap.createCellByParentDeleteSql();
        Query q = this.entityManager.createNativeQuery(deleteByParentSql);
        q.setParameter(childDnaDbMap.getParentKeyVdName(),parentCellKey);
        q.executeUpdate();
    }
```

方法 deleteChildCell 调用 DnaDbMap 对象方法 createCellByParentDeleteSql，创建以 parentKey 为条件的 SQL，然后以 parentCellKey 作为参数进行删除。createCellByParentDeleteSql 的代码如下：

```
//path: com.dna.def.DnaDbMap
    public String createCellByParentDeleteSql() {
        return " delete from " + this.cellTableName + " where " + this.getParentKeyVdName() + "=:" + this.getParentKeyVdName();
    }
```

deleteDescendants 用于删除 Cell 孩子及子孙，代码如下：

```
//path: com.dna.instance.dao.impl.InstDAOImpl
    private void deleteDescendants(Dna childDna,Object parentCellKey) {
        while (true) {
            List<Object>  childKeys  =  this.getIdByParentKeyWithLimit(childDna, parentCellKey,CodeDefConst.QUERY_CHILD_ID_LIMIT_COUNT);
            for (Object childId : childKeys) {
                deleteCellByKey(childId, childDna);
            }
            if (childKeys.size() < CodeDefConst.QUERY_CHILD_ID_LIMIT_COUNT)
                break;
```

第 3 章　元数据实例持久化

```
        }
    }
```

方法 deleteDescendants 先查询每一个孩子的 id，然后递归调用删除孩子。为了防止节点的孩子个数太多，避免一次性地将所有孩子 id 取到内存中，分批获取、删除孩子。当所有孩子删除完毕之后返回。

deleteChildCell 和 deleteDescendants 代码有一个漏洞，在删除孩子和子孙之后，没有删除相应扩展表中记录，在实际程序中应该进一步删除扩展表中的记录。

方法 deleteCellByKey 在删除孩子之后，接着删除自己在主表中的记录，再调用 DnaDbMap 方法 createVaDeleteByCellIdSql 创建删除扩展表的 SQL 语句，删除扩展表记录。DnaDbMap 方法 createVaDeleteByCellIdSql 的实现如下：

```
//path: com.dna.def.DnaDbMap
    public String createVaDeleteByCellIdSql() {
        return " delete from " + this.vaTableName + " where cellId = :cellId";
    }
```

该代码产生的 SQL 语句比较简单，以 cellId 为条件删除 Cell 对象在扩展表中的记录。

为了充分展现代码功能，假设当事人 Dna 有三层结构，在账户 Dna 下还有账户用途 Dna。根据当事人 DnaDbMap 对象，当删除一个已经保存过的当事人实例时，Hibernate 日志输出结果如下：

```
select id from T_PartyAccount where parentId=? limit ?
delete from T_AccountUsage where parentId=?
delete from T_PartyAccount where id=?
delete from T_Party where id=?
delete from T_PartyExtension where cellId = ?
```

在该日志输出中的第一条是 select 语句，是因为当事人 Dna 对象是三级结构，为了删除第三级别账户用途 Dna 的 Cell 对象，需要先查询第二级账户 Dna 的 Cell 对象 id，再以第二级账户的 id 值作为第三级账户用途的 parentKey 条件值去删除第三级账户用途 Dna 的 Cell 对象。

为了使用方便，可以对上述服务做一下包装，引入一个新服务，代码如下。该代码只是简单包装，调用 deleteCellBykey 实现。

```
//path: com.dna.instance.dao.impl.InstDAOImpl
    @Override
    public void deleteCell(Cell cell) {
        Dna dna = cell.getOwner().getDna();
        deleteCellByKey(cell.getId(), dna);
    }
```

3.6.4　getInst 服务

前面介绍过 InstService 的服务 getInst 负责获取已经保存到数据库中的实例，InstService.getInst 首先调用 InstDMService.getInst，然后调用 InstDAO.getInst，其代码如下：

```
//path: com.dna.instance.dao.impl.InstDAOImpl
    @Override
    public Inst getInst(Dna dna, Object cellKey) {
        DnaDbMap dnaDbMap = this.dnaDbMapCacheService.getDnaDbMap(dna.getBusinessType(), dna.getDbMapCode());
        Inst inst = new Inst(CodeDefConst.INST_TYPE_DEFAULT, dna, null);
        inst.setDna(dna);
        String sql = dnaDbMap.getSelectSqlByKey();
        Query q = this.entityManager.createNativeQuery(sql);
        q.unwrap(NativeQueryImpl.class).setResultTransformer(Transformers.ALIAS_TO_ENTITY_MAP);
        q.setParameter(dnaDbMap.getKeyVdName(), cellKey);
        List results = q.getResultList();
        if (results.size() == 0)
            return null;
        else if (results.size() == 1) {
            Map<String, Object> map = (Map<String, Object>) results.get(0);
            Cell cell = InstDAOUtil.row2Cell(CodeDefConst.INST_TYPE_DEFAULT, dna, dnaDbMap, map);
            getVasByCellKey(dna, cellKey, cell);
            inst.addCell(cell);
        } else
            throw new RuntimeException("getCell 调用根据主键返回多个值");
        return inst;
    }
```

方法 getInst 调用 dnaDbMap.getSelectSqlByKey 返回查询条件 SQL，以 cellKey 为参数，进行查询并返回结果，调用 InstDAOUtil.row2Cell 将每一行转换成 Cell 对象，放入 Inst 对象的列表属性 cells 中返回。然后调用方法 getVasByCellKey，获取扩展表中的属性值，赋值到 Cell 对象的属性 vas。

InstDAOUtil.row2Cell 的代码如下。

```
//path: com.dna.instance.dao.impl.InstDAOUtil
    public static Cell row2Cell(String instType, Dna dna, DnaDbMap dnaDbMap, Map<String, Object> record) {
        Cell cell = DnaTool.singleDna2Cell(instType, dna);
        DnaTool.initSingleCellWithFixedValue(cell, dnaDbMap);
```

```java
        setCellFixedValue(cell,dnaDbMap, record);//这部分设置固定属性
        for ( String name : dnaDbMap.getCellVdNames() ) {
            Vd vd = dna.getVdByName(name);
            if ( vd == null )
                continue;
            Object value = record.get(name);
            if ( vd.getDataType().equals(DataType.DATA_TYPE_LONG)) {
                long longValue = 0;
                if (value != null)
                    longValue = ((BigInteger) value ).longValue();
                cell.setVaByName(name, longValue);
            }
            else cell.setVaByName(name, value);
        }
        return cell;
    }
```

方法 row2Cell 首先创建并初始化 Cell 对象，然后为固化属性赋值和动态属性赋值，当 vad.getDataType()的值为 DataTyp.DATA_TYPE_LONG 时，需要将其转换为 long 类型。

方法 getVasByCellKey 的代码如下：

```java
//path: com.dna.instance.dao.impl.InstDAOImpl
    private void getVasByCellKey(Dna dna, Object cellKey, Cell cell) {
        DnaDbMap dnaDbMap = this.dnaDbMapCacheService.getDnaDbMap(dna.getBusinessType(), dna.getDbMapCode());
        if (dnaDbMap.getVaTableName() == null || dnaDbMap.getVaTableName().equals(""))
            return;
        String sql = dnaDbMap.createVaSelectByCellIdSql();
        Query q = this.entityManager.createNativeQuery(sql);
        q.unwrap(NativeQueryImpl.class).setResultTransformer(Transformers.ALIAS_TO_ENTITY_MAP);
        q.setParameter(CellFixedName.CELL_ID, cellKey);
        try {
            List results = q.getResultList();
            InstDAOUtil.row2CellVa(results, cell);
        } catch (Exception e) {
            e.printStackTrace();
            throw e;
        }
    }
```

该函数以 cellKey 为条件从扩展表中获取扩展属性值，然后调用 InstDAOUtil.row2CellVa(results, cell)将其转换为 Cell 对象的 vas 值。方法 row2CellVa 的代码如下：

```java
//path: com.dna.instance.dao.impl.InstDAOUtil
    public static void row2CellVa(List<Map<String,Object>> records, Cell cell) {
        String vdName;
        Va va;
        for ( Map<String,Object> record : records ) {
            vdName =(String) record.get("name");
            va = cell.getVaByName(vdName);
            if ( va.getDataType().equals(DataType.DATA_TYPE_STRING)) {
                String value =(String)record.get("stringValue");
                va.setValue(value);
            }
            else if ( va.getDataType().equals(DataType.DATA_TYPE_LONG) ) {
                Object value = record.get("longValue");
                value = dbValueToVdValue( vdName, va.getDataType(), value);
                va.setValue(value);
            }
            else if ( va.getDataType().equals(DataType.DATA_TYPE_INT)) {
                Integer value = (Integer) record.get("intValue");
                va.setValue(value);
            }
            else if ( va.getDataType().equals(DataType.DATA_TYPE_BOOLEAN)) {
                Boolean value = (Boolean)record.get("boolValue");
                va.setValue(value);
            }
            else if ( va.getDataType().equals(DataType.DATA_TYPE_DATE) || va.getDataType().equals(DataType.DATA_TYPE_TIME)) {
                Date value = (Date)record.get("dateValue");
                va.setValue(value);
            }
            else if ( va.getDataType().equals(DataType.DATA_TYPE_FLOAT)) {
                Double value = (Double)record.get("doubleValue");
                va.setValue(value);
            }
            else
                throw new RuntimeException("不存在的数据类型:" + va.getDataType());
        }
    }
```

getInst 服务本身没有进一步递归调用去返回孩子 Inst 对象，该工作由 DMService 实现，后者将再次发起调用，以 parentKey 作为条件，调用 DAO 层的 getInstByParentKey，查询得到子 Inst 对象，并在 DM 层组装成完整 Inst 对象。当 cellKey 为 parentKey 对应的 Cell 对象有一到多个子 Cell 对象时，为每一个孩子 Cell 对象分别调用 getVasByCellKey，从扩展表中获取属性值，设置为 Cell 对象的属性 vas。

```
//path: com.dna.instance.dao.impl.InstDAOImpl
    private void getVasByCellKey(Dna dna, Object cellKey, Cell cell) {
        DnaDbMap dnaDbMap = this.dnaDbMapCacheService.getDnaDbMap(dna.getBusinessType(), dna.getDbMapCode());
        if (dnaDbMap.getVaTableName() == null || dnaDbMap.getVaTableName().equals(""))
            return;
        String sql = dnaDbMap.createVaSelectByCellIdSql();
        Query q = this.entityManager.createNativeQuery(sql);
        q.unwrap(NativeQueryImpl.class).setResultTransformer(Transformers.ALIAS_TO_ENTITY_MAP);
        q.setParameter(CellFixedName.CELL_ID, cellKey);
        try {
            List results = q.getResultList();
            InstDAOUtil.row2CellVa(results, cell);
        } catch (Exception e) {
            e.printStackTrace();
            throw e;
        }
    }
```

至此，本章介绍了元数据实例到数据库映射配置的机制，以及 DAO 层和 DM 层实例增删改查的相关服务。下一章将继续介绍元数据实例的多属性条件查询服务。

第 4 章
元数据实例查询

上一章介绍实例到数据库的映射机制，根据 DnaDbMap 对象实现实例增删改查的基本操作。但是没有介绍多属性条件查询服务。本章查询算法比较复杂，专门介绍多属性组合条件查询。

4.1 条件查询分析

回顾一下三层结构的当事人 Dna 对象 partyDna 下有子 Dna 对象 partyAccountDna，后者还有子 Dna 对象 accountUsageDna。基于当事人 Dna，分析一下各种常见的查询场景：

1. 场景一，根据证件号（certId）和姓名（partyName）查询当事人信息，返回当事人基本信息，包括 id、代码（partyCode）、姓名（partyName）、证件类型（certType）、证件号（certId）、性别（gender）、出生日期（birthday）。这是最简单的查询场景，作为查询条件和查询结果的属性都位于 Dna 对象 partyDna 上，属于单表查询，与 partyAccountDna 和 accountUsageDna 无关。查询语句 SQL 如下：

```sql
SELECT
    T_Party.id AS id,
    T_Party.partyCode AS partyCode,
    T_Party.partyName AS partyName,
    T_Party.certType AS certType,
    T_Party.certId AS certId,
    T_Party.gender AS gender,
    T_Party.birthday AS birthday
FROM
    T_Party
WHERE
    (
        T_Party.certId =?
        AND T_Party.partyName LIKE ?
```

)
LIMIT ?

在该 SQL 语句中，姓名（partyName）属性查询逻辑操作符为"like"，而证件号（certId）的查询逻辑操作符为"等于"。

2．场景二，以姓名（partyName）、联系人（contact）和联系人电话（contactMobileNo）作为查询条件，返回当事人基本信息，包括 id、代码（partyCode）、姓名（partyName）、证件类型（certType）、证件号（certId）、性别（gender）、联系人（contact）、联系人电话（contactMobileNo），所有查询条件和查询结果的属性都位于 Dna 对象 partyDna 上。查询结果和查询条件中都包含两个属性：contact 和 contactMobileNo，根据当事人 DnaDbMap 的配置，它们的属性值保存在扩展表 T_PartyExtension 中。SQL 查询语句如下：

```
SELECT
    T_Party.id AS id,
    T_Party.partyCode AS partyCode,
    T_Party.partyName AS partyName,
    T_Party.certType AS certType,
    T_Party.certId AS certId,
    T_Party.gender AS gender,
    t_partyextension_contact.stringValue AS contact,
    t_partyextension_contactMobileNo.stringValue AS contactMobileNo
FROM
    T_Party,
    t_partyextension t_partyextension_contact,
    t_partyextension t_partyextension_contactMobileNo
WHERE
    (
        (
            T_Party.id = t_partyextension_contact.cellId
            AND t_partyextension_contact. NAME = 'contact'
            AND T_Party.id = t_partyextension_contactMobileNo.cellId
            AND t_partyextension_contactMobileNo. NAME = 'contactMobileNo'
        )
        AND (
            t_partyextension_contactMobileNo.stringValue =?
            AND t_partyextension_contact.stringValue LIKE ?
            AND T_Party.partyName LIKE ?
        )
    )
LIMIT ?
```

该 SQL 语句中的 from 语句部分涉及三个表连接操作条件，T_PartyExtension 参与了两次，取了不同别名，分别对应 contact 和 contactMobileNo 两个属性返回值。

3．场景三，以用户姓名（partyName）、联系人（contact）、账号（accountNo）、使用说明（usageDescription）作为查询条件，返回当事人 id、代码（partyCode）、姓名（partyName）、证件类型（certType）、证件号（certId）、联系人（contact）、联系人电话（contactMobileNo）、账号（accountNo）、使用说明（usageDescription）、限额（amountLimit）。查询条件属性和返回结果属性同时位于 partyDna、partyAccountDna 和 accountUsageDna 上，并且 contact 和 contactMobileNo 属性值保存在扩展表 T_PartyExtension 中。SQL 查询语句如下：

```
SELECT
    T_Party.id AS id,
    T_Party.partyCode AS partyCode,
    T_Party.partyName AS partyName,
    T_Party.certType AS certType,
    T_Party.certId AS certId,
    t_partyextension_contact.stringValue AS contact,
    t_partyextension_contactMobileNo.stringValue AS contactMobileNo,
    T_PartyAccount.accountNo AS accountNo,
    T_AccountUsage.usageDescription AS usageDescription,
    T_AccountUsage.amountLimit AS amountLimit
FROM
    T_Party,
    T_PartyAccount,
    T_AccountUsage,
    t_partyextension t_partyextension_contact,
    t_partyextension t_partyextension_contactMobileNo
WHERE
    (
        (
            T_Party.id = t_partyextension_contact.cellId
            AND t_partyextension_contact. NAME = 'contact'
            AND T_Party.id = t_partyextension_contactMobileNo.cellId
            AND t_partyextension_contactMobileNo. NAME = 'contactMobileNo'
            AND T_PartyAccount.id = T_AccountUsage.parentId
            AND T_Party.id = T_PartyAccount.parentId
        )
        AND (
            t_partyextension_contact.stringValue LIKE ?
            AND T_Party.partyName LIKE ?
```

```
                AND T_PartyAccount.accountNo =?
                AND T_AccountUsage.usageDescription =?
            )
    )
LIMIT ?
```

在该 SQL 语句中的 from 语句包含 T_Party、T_PartyAccount、T_AccountUsage、T_PartyExtension（两个别名表，分别对应 contact、contactMobileNo 两个属性）。

4. 场景四，以 partyName（姓名）和联系人电话（contactMobileNo）为条件查询账户信息，返回结果属性，包括姓名（partyName）、证件号（certId）、账号（accountNo）、户名（accountName）、银行名称（bankName）、联系人（contact）、联系人电话（contactMobileNo），并且返回当事人账户 id。这个查询条件属性位于 partyDna 上，返回结果属性既有位于 partyDna 上的，也有位于 partyAccountDna 上的，并且返回 partyAccountDna 的实例账户 id。SQL 查询语句如下：

```
SELECT
    T_PartyAccount.parentId AS parentId,
    T_PartyAccount.id AS id,
    T_PartyAccount.accountNo AS accountNo,
    T_PartyAccount.accountName AS accountName,
    T_PartyAccount.bankName AS bankName,
    T_Party.partyCode AS partyCode,
    T_Party.partyName AS partyName,
    T_Party.certId AS certId,
    t_partyextension_contact.stringValue AS contact,
    t_partyextension_contactMobileNo.stringValue AS contactMobileNo
FROM
    T_PartyAccount,
    T_Party,
    t_partyextension t_partyextension_contact,
    t_partyextension t_partyextension_contactMobileNo
WHERE
    (
        (
            T_Party.id = t_partyextension_contact.cellId
            AND t_partyextension_contact. NAME = 'contact'
            AND T_Party.id = t_partyextension_contactMobileNo.cellId
            AND t_partyextension_contactMobileNo. NAME = 'contactMobileNo'
            AND T_PartyAccount.parentId = T_Party.id
        )
        AND (T_Party.partyName LIKE ?)
```

```
        )
        LIMIT ?
```

在该 SQL 语句中的 from 语句中包含着两个表的连接操作，并与扩展表 T_PartyExtension 做了连接操作，返回部分扩展表中的字段。

通过以上四个场景的分析，按条件查询实例时，查询条件属性和返回结果属性都有可能位于 Dna 的任何节点，还要确定返回哪一层 Dna 的实例，有可能从 Dna 根节点的实例返回，也有可能从位于中间层或者叶子层 Dna 的实例返回。

4.2 基本数据结构

本节介绍查询服务的相关数据结构和查询相关树的概念，是后面要介绍的查询服务的基础。

4.2.1 查询条件数据结构

一个通用查询服务不但允许配置 Dna 哪些节点的属性作为查询条件属性，哪些节点的属性作为查询返回结果属性，而且允许返回某一个 Dna 节点的实例。类 InstFilterCondition 来描述查询条件，声明如下：

```java
//path:com.dna.instance.filter.bo.InstFilterCondition
public class InstFilterCondition{
    private String businessType;
    private String dnaCode;//目标 Dna
    private String resultBusinessType;//返回结果业务类型
    private String resultDnaCode;//如果为空，表示以查询目标 Dna 实例返回
    private String returnDnaCode;//表示以哪个层次返回
    private List<FilterVd> fillterVds = new ArrayList<FilterVd>();//字段
    private List<ResultVd> resultVds = new ArrayList<ResultVd>();
    private int count = -1;
    private int startNo = 0;
}
```

关于该类的说明：

（1）businessType 和 dnaCode 唯一定位一个 Dna，确定查询哪一个 Dna 的实例。

（2）returnDnaCode 表示将返回哪一个节点 Dna（Dna 是一棵树，存在多个节点）的实例。注意，returnDnaCode 大部分情况下与 dnaCode 相同，在某些场景下，可能不相同。例如，查询当事人账户信息，那么 dnaCode 是 partyDna.getDnaCode()，而 returnDnaCode 是 partyAccountDna. getDnaCode()。

（3）resultBusinessType 和 resultDnaCode 可以唯一定位一个 Dna，表示使用哪一个 Dna 的实例装载查询结果。例如，要查询 partyDna 的实例，返回结果属性除了 partyDna 部分属性，可能还有 partyAccountDna 部分属性，但是 partyDna 的实例装载不了查询返回结果属性值列表。因此，需要单独配置一个 Dna，它的实例用于存放查询结果。存放查询结果的 Dna 通常是单节点 Dna，不需要孩子节点 Dna。

（4）List<FilterVd> filterVds 表示查询条件属性信息列表。

（5）List<ResultVd> resultVds 表示查询结果属性信息列表。

（6）startNo、count 用于分页查询，分别表示从哪一个记录开始（开始为零）、一次返回多少条。若 count 为-1，则表示无须分页查询。

InstFilterCondition 嵌套了 List<FilterVd> filterVds，表示作为查询条件属性相关的信息。FilterVd 类声明如下：

```
//path:com.dna.instance.filter.bo.FilterVd
public class FilterVd{
    private String dnaCode;
    private String dnaName;
    private String vdName;
    private String dataType;
    private String logicalOperator=LogicalOperator.EQUAL;
    private Object value;
    private String expression = null;
    private List<String> dependencyVdNames = null;
    private String tableVdName;
}
```

关于该类的说明：

（1）dnaCode 和 dnaName 表示当前条件属性位于哪一个 Dna。作为入参时，两者赋值其中一个即可。

（2）vdName 表示当前作为查询条件的属性名，该属性位于 dnaCode 代表的 Dna 上。

（3）dataType 表示属性数据类型，这是一个中间结果，作为入参无须赋值，在处理过程中系统自动赋值。

（4）logicalOperator 表示查询条件属性的匹配逻辑操作符，常见的操作符有大于、小于、等于、大于等于、小于等于和 like 等操作符。

（5）value 表示当前查询条件属性的匹配值。

（6）expression 表示当前查询条件属性不是普通属性，而是多个属性组合在一起的表达式，在数据库层表达式执行结果为布尔类型：true 或者 false。

（7）dependencyVdNames 表示依赖属性名列表，只在 expression 非空时才有效。expression 包含哪些属性名，dependencyVdNames 就表示哪些属性名。虽然对 expression 文本分析可以得到依赖的哪些属性名，为了避免文本分析复杂度，特设置该属性。

（8）tableVdName 表示属性名对应的数据库表字段名字。这个属性是根据 DnaDbMap 自动计算出来的，作为入参不用赋值，是中间结果。

InstFilterCondition 嵌套了 List<ResultVd> resultVds，表示返回哪些查询结果属性的信息。类 ResultVd 声明如下：

```
//path: com.dna.instance.filter.bo.ResultVd
public class ResultVd {
    private String dnaCode;
    private String dnaName;
    private String vdName;
    private String dataType;
    private String expression=null;//表达式，如果非空，那么 vdName 设为返回名字
    private List<String> dependencyVdNames = null;//依赖的 vd 名称
    private String tableVdName;
}
```

关于该结构的说明：

（1）dnaCode 和 dnaName 表示结果属性位于哪一个 Dna 上。作为入参时，两者赋值其中一个即可。

（2）vdName 表示结果属性的名称。

（3）dataType 表示结果属性的数据类型，可以自动计算出来，作为入参，无须赋值。

（4）expression 表示返回结果是多个属性组合在一起的表达式。

（5）dependencyVdNames：当 expression 非空时，该值有效，表示 expression 依赖哪些属性。

（6）tableVdName 表示属性对应的数据表字段名字，该属性自动计算，作为入参，无须赋值。

4.2.2 查询相关树概念

Dna 是树形结构，Dna 的实例也是树形结构，Dna 每一个节点的列表属性 vds 中任何一个元素都可以作为查询条件属性和查询结果属性，并且返回的实例可能是根节点，也可能是中间节点和叶子节点，查询目标就是按照条件将实例树转换为一个二维表格，最终体

现在一条 SQL 语句中。例如，图 4-1 是某个 Dna 对象，由 5 个节点组成。

图 4-1　某个 Dna 对象结构

根据这个 Dna 对象可以产生多个实例，每一个实例的节点数可以非常多。图 4-2 是一个具体实例（为了方便解释，忽略 Inst 对象只列出 cell 对象的结构），所谓查询就是将给定 Dna 各个节点上全部或者部分的属性作为查询条件属性，找到符合条件的实例清单。

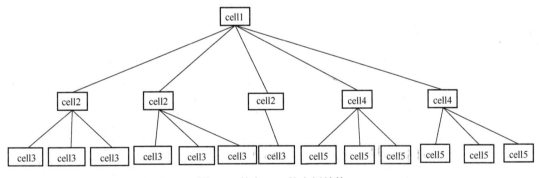

图 4-2　某个 Dna 的实例结构

上述介绍的 InstFilterCondition 结构，表示哪些属性作为查询条件，哪些属性作为返回结果。最极端的情况是可以将 Dna 的所有节点和每个节点上的所有属性同时作为查询条件属性和查询结果属性。下面是一些场景举例：

（1）基于 dna1 的属性 vd1、vd2，dna2 的 vd3 作为查询条件属性，返回 dna1 的属性 vd1、vd2 值，从 dna1 上返回实例。根据这个条件，查询条件只与 dna1 和 dna2 的实例相关，与 dna3、dna4、dna5 的实例无关，可以忽略 dna3、dna4、dna5 的实例，查询结果包含 dna1 的实例，其他 Dna 的实例可以忽略。

（2）基于 dna2 的属性 vd3、vd4，dna4 的 vd8、vd9 作为查询条件属性，返回 dna1 的属性 vd1、vd2 值，从 dna1 上返回实例。根据这个条件，查询条件只与 dna1、dna2、dna4 的实例相关，与 dna3、dna5 的实例无关，可以忽略 dna3 和 dna5，查询结果只包含 dna1 的实例，其他 Dna 的实例可忽略。

（3）基于 dna1、dna3 的部分属性作为查询条件属性，返回结果属性只包含 dna1 上的 vd1、vd2。根据这个条件，查询条件虽然只与 dna1、dna3 相关，但是在 Dna 树上，dna1 和 dna3 之间隔着 dna2，dna3 作为 dna2 的孩子，查询时，只有通过 dna2 的实例的数据库表做连接操作才能建立 dna1 和 dna3 的实例的联系，不能忽略 dna2，可以忽略 dna4、dna5。

（4）基于 dna1、dna3 的属性作为查询条件属性，从 dna4 上返回所有结果属性，那么查询将与 dna1、dna2、dna3、dna4 的实例相关，与 dna5 的实例无关。

综合上述四个场景，总结出一个概念：查询相关树。在查询目标 Dna 对象树中，根据给定一个查询条件，由查询条件属性和返回结果属性所在的 Dna 对象节点和查询返回 Dna 对象节点，以及连接它们的必要中间节点，以查询返回节点为树根，组成最小连通子树，称为查询相关树。其他不属于查询相关树上的节点与该查询条件和查询结果都无关。以上四个查询场景的查询相关树如图 4-3 所示。

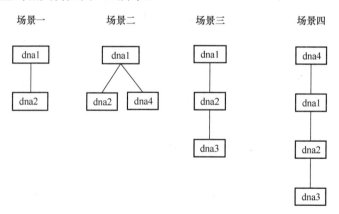

图 4-3　查询相关树举例

注意上面最后一个场景，dna4 作为根节点，因为查询条件要求返回节点为 dna4。查询相关树节点类声明如下：

```
//path: com.dna.instance.filter.FilterTreeNode
public class FilterTreeNode {
    private String dnaCode;
    private String dnaName;
    private String multipleType;
```

```
    List<ResultVd> resultVds = new ArrayList<ResultVd>();
    List<FilterVd> filterVds = new ArrayList<FilterVd>();
    private DnaDbMap dnaDbMap;
    private boolean isFilter = false;// 是否属于查询条件节点
    private boolean isResult = false;// 是否属于返回属性系节点
    private List<FilterTreeNode> children = new ArrayList<FilterTreeNode>();
}
```

类 FilterTreeNode 是一个树形结构，下面是关于各个属性的说明：

（1）dnaCode、dnaName 是 dna 的代码和名称，表示查询树节点关联的是哪个 Dna 节点。

（2）multipleType 表示查询相关树节点间的关系，有三个可选值，对应到三个常量定义：

```
//path: com.dna.instance.filter.FilterMultipleType
    public static final String oneToOne ="1";
    public static final String oneToOneParent ="2";
    public static final String oneToMany ="3";
```

解释如下：

- oneToOne 表示父亲和孩子关系为一对一的关系，当孩子的属性作为查询条件属性时，可以通过父表与子表做连接操作。

- oneToOneParent 表示父亲和孩子关系为一对一的关系，但是查询相关树两个节点与 Dna 对象之间的父子关系恰好倒置，Dna 对象作为父节点，经过倒置之后变成查询相关树上孩子节点，Dna 对象孩子节点倒置变成查询相关树的父节点。当孩子的属性作为查询条件时，通过父表和子表做连接操作，但是连接字段名与 oneToOne 不同。

- oneToMany 表示父亲和孩子关系为一对多的关系，以孩子的属性作为查询条件，通过 SQL 的 in 语句进行查询。

（3）filterVds 表示该节点上的查询条件属性信息。

（4）resultVds 表示该节点上的查询结果属性信息。

（5）isFilter 表示当前节点是否参与查询条件的处理。与查询条件相关的 Dna 节点的前提是要么该节点有查询条件属性（filterVds.size()>0），要么其孩子的 isFilter==true，或者两者都满足。isResult 表示当前节点是否参与返回结果属性的处理。与返回结果相关的前提是要么该节点有查询结果属性（resultVds.size()>0），要么孩子节点 isResult==true，或者两者都满足。isFilter 和 isResult 默认都为 false，只有当 isResult==true || isFilter == true 的时候才会更新，代码如下：

```
//path: com.dna.instance.filter.FilterTreeNode
    public void updateResultFilterFlag(boolean isResult,boolean isFilter) {
        if ( isResult == true )
```

```
                this.isResult = isResult;
        if ( isFilter == true)
                this.isFilter = isFilter;
    }
```

（6）children 表示孩子节点，通过 children 属性构成递归结构的查询相关树。

4.2.3 构造查询相关树

方法 buildFilterTree 基于查询条件构造查询相关树，代码如下：

```
//path: com.dna.instance.filter.service.impl.InstFilterServiceImpl
    private FilterTreeNode buildFilterTree(InstFilterCondition condition) {
        Dna dna = this.dnaCacheService.getDna(condition.getBusinessType(),
condition.getDnaCode());
        Dna returnDna = dna.getDnaByCode(condition.getReturnDnaCode());
        FilterTreeNode tree = FilterTreeBuilder.buildTreeByCondition
(condition, returnDna);
        makeupFilterTree(tree, condition.getBusinessType());
        return tree;
    }
```

方法 buildFilterTree 调用 FilterTreeBuilder.buildTreeByCondition 来创建查询相关树，然后调用 makeupTableTreeNode 补全查询相关树节点部分信息。buildTreeByCondition 代码如下：

```
//path: com.dna.instance.filter.FilterTreeBuilder
    public static FilterTreeNode buildTreeByCondition(InstFilterCondition
condition, Dna returnDna) {
        Map<String, List<ResultVd>> resultGroupBy = condition.getResultVds().
stream().collect(Collectors.groupingBy(ResultVd::getDnaCode));
        Map<String, List<FilterVd>> filterGroupBy = condition.getFillterVds().
stream().collect(Collectors.groupingBy(FilterVd::getDnaCode));
        String dnaCode = returnDna.getDnaCode();
        if (!resultGroupBy.keySet().contains(dnaCode))
            resultGroupBy.put(dnaCode, new ArrayList<ResultVd>());
        return buildTree(returnDna, resultGroupBy, filterGroupBy);
    }
```

方法 buildTreeByCondition 将 Condition 的查询条件信息和查询结果信息分别以 dnaCode 进行分组，将属性分到每一个 Dna 对象上，并且强制 returnDna 的 dnaCode 必须属于返回结果属性分组，如果不存在这个分组，将自动为其创建。buildTreeByCondition 之后调用 buildTree 方法，后者代码如下：

```
//path: com.dna.instance.filter.FilterTreeBuilder
```

第 4 章　元数据实例查询

```java
        private static FilterTreeNode buildTree(Dna dna, Map<String,
List<ResultVd>> resultGroupBy,Map<String, List<FilterVd>> filterGroupBy) {
            FilterTreeNode belowFilterTreeNode = buildBelowTree(dna,
resultGroupBy, filterGroupBy);
            belowFilterTreeNode.setMultipleType(FilterMultipleType.oneToOne);
            FilterTreeNode upFilterTreeNode = buildUpTree(dna, dna.getParent(),
resultGroupBy, filterGroupBy);
            if (upFilterTreeNode != null) {
                upFilterTreeNode.setMultipleType(FilterMultipleType.
oneToOneParent);
                belowFilterTreeNode.getChildren().add(upFilterTreeNode);
    belowFilterTreeNode.updateResultFilterFlag(upFilterTreeNode.isResult(),
upFilterTreeNode.isFilter());
            }
            return belowFilterTreeNode;
        }
```

buildTree 先调用 buildBelowTree 创建低位查询相关树，构造查询返回节点以下（含查询返回节点）的查询相关树（一部分），然后调用 buildUpTree 创建高位查询相关树，构造查询返回节点的父节点的查询相关树（一部分）。在高位查询相关树非空时，将高位查询相关树作为低位查询相关树根节点的孩子，根据其下是否包含查询结果属性和是否包含查询条件属性分别更新低位查询相关树根节点的 isResult 和 isFilter 两个标记，实现树倒置，使得查询返回节点成为根节点。方法 buildBelowTree 的代码如下：

```java
//path: com.dna.instance.filter.FilterTreeBuilder
        private static FilterTreeNode buildBelowTree(Dna dna, Map<String,
List<ResultVd>> resultGroupBy, Map<String, List<FilterVd>> filterGroupBy) {
            List<FilterTreeNode> childFilterTreeNodes = new ArrayList<Filter
TreeNode>();
            for (Dna childDna : dna.getChildren()) {
                FilterTreeNode childFilterTreeNode = buildBelowTree(childDna,
resultGroupBy, filterGroupBy);
                if (childFilterTreeNode != null) {
                    childFilterTreeNodes.add(childFilterTreeNode);
                    if (childDna.getMaxCount() > 1)
                        childFilterTreeNode.setMultipleType(FilterMultipleType.
oneToMany);
                    else
                        childFilterTreeNode.setMultipleType(FilterMultipleType.
oneToOne);
                }
            }
            FilterTreeNode filterTreeNode = null;
```

```java
            if (childFilterTreeNodes.size() > 0 || resultGroupBy.containsKey(dna.getDnaCode())
                || filterGroupBy.containsKey(dna.getDnaCode())) {
                filterTreeNode = new FilterTreeNode(dna.getDnaCode(),
dna.getDnaName(), resultGroupBy.get(dna.getDnaCode()), filterGroupBy.get(dna.getDnaCode()));
                filterTreeNode.getChildren().addAll(childFilterTreeNodes);
                filterTreeNode.updateResultFilterFlag(resultGroupBy.containsKey(dna.getDnaCode()), filterGroupBy.containsKey(dna.getDnaCode()));
            }
            for (FilterTreeNode childTreeNode : childFilterTreeNodes) {
                filterTreeNode.updateResultFilterFlag(childTreeNode.isResult(), childTreeNode.isFilter());
            }
            return filterTreeNode;
        }
```

方法 buildBelowTree 为递归函数, 只要孩子或者当前 Dna 对象 (指入参 dna) 存在查询条件或者查询结果属性, 就创建 FilterTreeNode 对象返回, 否则返回空, 要注意更新节点的 isFilter 和 isResult 的标记, 根据孩子 Dna 实例个数 (maxCount) 设置多样性 (setMultipleType), 是一对一还是一对多, 这将影响到后续生成查询条件 SQL 时, 采用连接操作还是 in 语句。

buildUpTree 函数的代码如下:

```java
//path: com.dna.instance.filter.FilterTreeBuilder
    private static FilterTreeNode buildUpTree(Dna dna, Dna parentDna,
Map<String, List<ResultVd>> resultGroupBy, Map<String, List<FilterVd>> filterGroupBy) {
        if (parentDna == null)
            return null;
        List<FilterTreeNode> childFilterTreeNodes = new ArrayList<FilterTreeNode>();
        for (Dna childDna : parentDna.getChildren()) {
            if (childDna == dna) continue;
            FilterTreeNode childFilterTreeNode = buildBelowTree(childDna, resultGroupBy, filterGroupBy);
            if (childFilterTreeNode != null) {
                if (childDna.getMaxCount() > 1)
                    childFilterTreeNode.setMultipleType(FilterMultipleType.oneToMany);
                else
                    childFilterTreeNode.setMultipleType(FilterMultipleType.oneToOne);
```

```
                    childFilterTreeNodes.add(childFilterTreeNode);
                }
            }
            FilterTreeNode  parentFilterTreeNode  =  buildUpTree(parentDna,
parentDna.getParent(), resultGroupBy, filterGroupBy);
            if (parentFilterTreeNode != null) {
                parentFilterTreeNode.setMultipleType(FilterMultipleType.
oneToOneParent);
                childFilterTreeNodes.add(parentFilterTreeNode);
            }
            FilterTreeNode  filterTreeNode = null;
            if (childFilterTreeNodes.size() > 0 || resultGroupBy.containsKey
(parentDna.getDnaCode())
                    || filterGroupBy.containsKey(parentDna.getDnaCode())) {
                filterTreeNode = new FilterTreeNode(parentDna.getDnaCode(),
parentDna.getDnaName(),
                    resultGroupBy.get(parentDna.getDnaCode()),filterGroupBy.get
(parentDna.getDnaCode()));
                filterTreeNode.updateResultFilterFlag(resultGroupBy.containsKey
(parentDna.getDnaCode()),
                        filterGroupBy.containsKey(parentDna.getDnaCode()));
                filterTreeNode.getChildren().addAll(childFilterTreeNodes);
                for (FilterTreeNode childNode : childFilterTreeNodes)
                    filterTreeNode.updateResultFilterFlag(childNode.isResult(),
childNode.isFilter());
            }
            return filterTreeNode;
        }
```

方法 buildUpTree 目的是将 Dna 对象 dna 节点（从查询返回节点 Dna 对象的父节点开始）向上构造查询条件属性和查询结果属性的相关查询树，并且将 Dna 对象向上直系父亲和直系祖先节点倒置。"倒置"体现在查询相关树中，即 Dna 对象父节点变成孩子节点，Dna 对象子节点变成父节点，但是非直系节点继续保持原来的父子关系。每一个直系父亲 Dna 对象节点，继续调用 buildBelowTree 构造相关节点树，但是要避免直系父亲 Dna 对象重复调用孩子 Dna 对象的 buildBelowTree，语句 if (childDna == dna) continue 就是避免发生死递归。孩子构造完毕，接着递归调用继续构造上一层节点。在递归调用返回之后，设置节点的 multipleType。

方法 buildTreeByCondition 调用 buildFilterTree 返回 FilterTreeNode 对象 tree，接着调用函数 makeupFilterTree 补充完整信息，代码如下：

```
//com.dna.instance.filter.service.impl.InstFilterServiceImpl
```

```java
    private void makeupFilterTree(FilterTreeNode filterTreeNode, String businessType) {
        Dna dna = this.dnaCacheService.getDna(businessType, filterTreeNode.getDnaCode());
        DnaDbMap dbMap = dbMapCacheService.getDnaDbMap(businessType, dna.getDbMapCode());
        filterTreeNode.setDbMap(dbMap);
        for (ResultVd resultVd : filterTreeNode.getResultVds()) {
            if (! resultVd.isExpression()) {
                Vd vd = dna.getVdByName(resultVd.getVdName());
                resultVd.setDataType(vd.getDataType());
            }
            String tableVdName = explainSqlResultExpression(dbMap, resultVd);
            if (tableVdName == null)
                continue;
            resultVd.setTableVdName(tableVdName);
        }
        for (FilterVd filterVd : filterTreeNode.getFilterVds()) {
            if (! filterVd.isExpression()) {
                Vd vd = dna.getVdByName(filterVd.getVdName());
                filterVd.setDataType(vd.getDataType());
            }
            String tableVdName = explainSqlFilterExpression(dbMap, filterVd);
            filterVd.setTableVdName(tableVdName);
        }
        for(FilterTreeNode childFilterTreeNode : filterTreeNode.getChildren()){
            makeupFilterTree(childFilterTreeNode, businessType);
        }
    }
```

方法 makeupFilterTree 首先补全 FilterTreeNode 对象上 DnaDbMap 对象 dbMap。然后为查询条件属性和查询结果属性分别设置相应的数据库字段名，方便后续使用。调用 explainSqlResultExpression 返回查询结果属性的数据库字段名，为 ResultVd 对象补充数据库字段名，调用方法 explainSqlFilterExpression 返回查询条件属性的数据库字段名，为 FilterVd 对象补充数据库字段名。最后递归调用，继续补全孩子节点。explainSqlResultExpression 的代码如下：

```java
//com.dna.instance.filter.service.impl.InstFilterServiceImpl
    private String explainSqlResultExpression(DnaDbMap dbMap, ResultVd resultVd) {
        if (!resultVd.isExpression()) {
            if (dbMap.isCellVd(resultVd.getVdName()))
                return dbMap.getTableVdName(resultVd.getVdName());
```

```
                else if (dbMap.isVaVd(resultVd.getVdName()))
                    return  DnaDbMap.getVdDbNameByDataType(resultVd.getData
Type());
            } else {
                if (resultVd.getDependencyVdNames() == null || resultVd.
getDependencyVdNames().size() == 0)
                    return resultVd.getExpression();
                boolean isCellVd = true;
                String expression = resultVd.getExpression();
                for (String vdName : resultVd.getDependencyVdNames())
                    if (dbMap.isVaVd(vdName))
                        isCellVd = false;
                if (isCellVd)
                    for (String vdName : resultVd.getDependencyVdNames())
                        expression = expression.replaceAll(vdName,
                            dbMap.getCellTableName() + "." + dbMap.getTable
VdName(vdName));
                else
                    for (String vdName : resultVd.getDependencyVdNames())
                        expression = expression.replaceAll(vdName,
                            dbMap.getVaTableName() + "." + DnaDbMap.
getVdDbNameByDataType(vdName));
                return expression;
            }
            throw new RuntimeException("程序逻辑错误！");
    }
```

方法 explainSqlResultExpression 分别处理不同类型的查询结果属性。当返回结果属性是非表达式时，属性若保存在主表上，则从 dnaDbMap 上找数据库字段名；若保存在扩展表中，则根据属性的数据类型找到对应扩展表上的数据库字段名。当返回结果是数据库表达式时，需要将表达式中依赖的相关属性名替换成数据库字段名返回，以主表中的字段或扩展表中的字段分别替换。函数 explainSqlFilterExpression 的代码基本类似，不再赘述。

以上已介绍完查询相关树的构造函数，下一节介绍查询服务的实现。

4.3 查询服务的实现

本节介绍查询服务的实现。

4.3.1 查询服务接口

类 InstFilterService 包含查询接口方法 Inst filterInstWithTotal （InstFilterCondition

condition），以 InstFilterCondition 对象为参数，支持分页查询，同时返回符合条件的总记录数。下面是查询服务的代码实现：

```
//path: com.dna.instance.filter.service.impl.InstFilterServiceImpl
    @Override
    public Inst filterInstWithTotal(InstFilterCondition condition) {
        FilterTreeNode tree = buildFilterTree(condition);
        SqlCompound  sqlCompound = InstFilterAlgorithm.buildSqlCompound(tree);
        String sql = sqlCompound.generateSql();
        String totalSql = sqlCompound.generateTotalSql();
        Dna dna = this.dnaCacheService.getDna(condition.getBusinessType(), condition.getDnaCode());
        Dna resultDna = null;
        if (condition.getResultDnaCode() != null)
            resultDna = this.dnaCacheService.getDna(condition.getResultBusinessType(), condition.getResultDnaCode());
        else
            resultDna = createDefaultResultDna(dna, condition);
        return  instFilterDMService.filterInstWithTotal(sql, totalSql, condition, dna, resultDna);
    }
```

下面详细介绍整个 filterInstWithTotal 的详细代码。方法总体上分为三步：

（1）第一步，构造查询相关树，filterInstWithTotal 调用方法 buildFilterTree 创建一个查询相关树 tree。

（2）第二步，基于查询相关树 tree 创建 SQL 组合器，后者生成查询 SQL 和生成查询总条数 SQL。filterInstWithTotal 将 tree 用于创建 SqlCompound 对象，该对象表示将查询结果和查询条件的属性组合在一起，创建用于查询的 SQL 和返回符合查询条件总记录数的 SQL。调用 SqlCompound 对象上 generateSql 创建查询 SQL 语句，调用 SqlCompound 对象 generateTotal 创建返回总条数的 totalSql。

（3）第三步，调用 DM 层的分页查询。filterInstWithTotal 最后将 sql、totalSql、查询参数 condition，被查询实例的 Dna 对象 dna，以及装载查询结果的实例的 Dna 对象 resultDna，作为参数调用 DM 层服务 instFilterDMService.filterInstWithTotal。

4.3.2　构造 SQL 组合对象

filterInstWithTotal 调用 buildFilterTree 返回查询相关树之后，接着调用 InstFilterAlgorithm.buildSqlCompound(tree, condition)，创建一个 SQL 组合对象。先介绍两

个 InstFilterAlgorithm 的公共方法。第一个为 joinResultVd，用于将两个字符串拼接在一起，以逗号隔开。

```java
//path: com.dna.instance.filter.InstFilterAlgorithm
    private static String joinResultVd(String returnVds1, String returnVds2) {
        if (returnVds1 == null)
            return returnVds2;
        else if (returnVds2 == null)
            return returnVds1;
        else
            return returnVds1 + "," + returnVds2;
    }
```

另外一个方法为 joinWhere，将两个 SQL 的 where 条件，用 and 连接，代码如下。

```java
//path: com.dna.instance.filter.InstFilterAlgorithm
    private static String joinWhere(String where1, String where2) {
        if (where1 == null)
            return where2;
        else if (where2 == null)
            return where1;
        else
            return where1 + " and " + where2;
    }
```

方法 buildSqlCompound 将根据 tree 和 condition 生成 SQL 语句的各个组成部分：查询结果字段清单、关联的表名、表连接条件和查询条件。代码如下：

```java
//path: com.dna.instance.filter.InstFilterAlgorithm
    public static SqlCompound buildSqlCompound(FilterTreeNode tree) {
        String resultSql = buildResultAlgorithm(tree);
        if (!tree.containResultKey())
            resultSql = joinResultVd(tree.getCellTableName() + "." + tree.getDbMap().getKeyVdDbName() + " as "+ tree.getDbMap().getKeyVdName(), resultSql);
        if (tree.hasResutParentKey() && !tree.containResultParengKey())
            resultSql = joinResultVd(tree.getCellTableName() + "." + tree.getDbMap().getParentKeyVdDbName()+ " as " + tree.getDbMap().getParentKeyVdName(), resultSql);
        String whereSql = buildConditionAlgorithm(tree);
        List<String> joins = buildJoinAlgorithm(tree);
        String tables = null;
        for (String tableName : tree.getResultTableNames())
            tables = tables == null ? tableName : tables + "," + tableName;
        for (String tableName : tree.getFilterJoinTableNames())
            tables = tables == null ? tableName : tables + "," + tableName;
        return new SqlCompound(resultSql, tables, whereSql, joins);
    }
```

上述代码首先调用 buildResultAlgorithm 返回结果字段清单，如果返回 Dna 对象不包含 id 和 parentId 属性，强制返回两个固化属性。然后调用 buildConditionAlgorithm 生成查询条件语句，接着调用 buildJoinAlgorithm 生成多表连接条件语句，最后返回结果属性相关的表名，以及参加连接操作的表名，将这些所有相关参数准备好之后，作为 SqlCompound 类构造函数的参数，创建 SqlCompound 对象返回。下面是生成结果字段语句的方法 buildResultAlgorithm 的代码：

```
//path: com.dna.instance.filter.InstFilterAlgorithm
    private static String buildResultAlgorithm(FilterTreeNode treeNode) {
        String returnVds = null;
        if (!treeNode.isResult())
            return returnVds;
        for (ResultVd resultVd : treeNode.getResultVds()) {
            String nodeReturnVds = buildResultVd(treeNode, resultVd);
            returnVds = joinResultVd(returnVds, nodeReturnVds);
        }
        for (FilterTreeNode childNode : treeNode.getChildren()) {
            if (childNode.isResult()) {
                String childReturnVds = buildResultAlgorithm(childNode);
                returnVds = joinResultVd(returnVds, childReturnVds);
            }
        }
        return returnVds;
    }
```

方法 buildResultAlgoritm 从查询相关树的根节点开始，先将自身的 resultVds 组织成返回语句的字符串，然后递归调用遍历标记 isResult==true 的孩子，组织返回语句的字符串，最后将所有字段拼接在一起返回。方法调用了 buildResultVd，其代码如下：

```
//path: com.dna.instance.filter.InstFilterAlgorithm
    private static String buildResultVd(FilterTreeNode treeNode, ResultVd resultVd) {
            if (resultVd == null)
                throw new RuntimeException("无效返回字段定义");
            String vdName = resultVd.getVdName();
            if (resultVd.isExpression()) {
                return resultVd.getTableVdName() + " as " + vdName;
            } else {
                if (treeNode.getDbMap().isCellVd(vdName))
                    return treeNode.getCellTableName() + "." + resultVd.getTableVdName() + " as " + vdName;
                else if (treeNode.getDbMap().isVaVd(vdName))
                    return treeNode.getVaTableName() + "_" + vdName + "." +
```

```
resultVd.getTableVdName() + " as " + vdName;
        }
        return null;
    }
```

buildResultVd 方法将查询结果属性转换为 SQL 的一部分，对主表中属性字段，返回结果类似于 T_Party.partyName as partyName，对于扩展表中的字段，返回类似 T_PartyExtension_contact.stringValue as contact，对于表达式，返回类似 sum(T_AccountUsage.amountLimit) as amountLimit 等。而 buildResultAlgorithm 将 buildResultVd 方法的每一项字符串拼接成以逗号隔开的字段列表，返回类似 T_Party.partyName as partyName, T_Party.gender as gender, T_PartyAccount.accountNo as accountNo……

buildSqlCompound 方法接着调用 InstFilterAlgorithm.buildConditionAlgorithm，返回查询 SQL 的 where 语句部分，但是不含多表连接条件的子语句，其代码如下：

```
//path: com.dna.instance.filter.InstFilterAlgorithm
    private static String buildConditionAlgorithm(FilterTreeNode treeNode) {
        String whereSql = buildSelfCondition(treeNode);
        for (FilterTreeNode childNode : treeNode.getChildren()) {
            String childWhere = buildConditionAlgorithm(childNode);
            whereSql = joinWhereWithChild(treeNode,childNode,whereSql,childWhere);
        }
        return whereSql;
    }
```

方法 buildConditionAlgorithm 先调用方法 buildSelfCondition，构造基于自身节点 SQL where 条件，然后递归为每一个孩子调用 buildConditionAlgorithm，返回每一个孩子的 SQL where 条件，最后调用方法 joinWhereWithChild，将它们拼接在一起。buildSelfCondition 代码如下：

```
//path: com.dna.instance.filter.InstFilterAlgorithm
    private static String buildSelfCondition(FilterTreeNode treeNode) {
        String sql = null;
        for (FilterVd filterVd : treeNode.getFilterVds()) {
            String partWhere = buildVdCondition(treeNode, filterVd);
            sql = joinWhere(sql, partWhere);
        }
        return sql;
    }
```

buildSelfCondition 的代码实现比较简单，只是一个简单循环，对于每一个查询条件属性，分别调用方法 buildVdCondition 返回 where 语句的每一个字段条件表达式，然后将其拼接在一起即可。buildVdCondition 的代码如下：

```java
//path: com.dna.instance.filter.InstFilterAlgorithm
    private static String buildVdCondition(FilterTreeNode treeNode,
FilterVd filterVd) {
        if (filterVd == null)
            throw new RuntimeException("查询条件定义错误");
        if (filterVd.isExpression())
            return buildExpressionCondition(treeNode, filterVd);
        String vdName = filterVd.getVdName();
        boolean isCellVd = treeNode.getDbMap().isCellVd(vdName);
        boolean isVaVd = treeNode.getDbMap().isVaVd(vdName);
        if (!isCellVd && !isVaVd)
            throw new RuntimeException("该字段不是持久化字段: " + vdName);
        else if (isCellVd && isVaVd)
            throw new RuntimeException("该字段同时持久化主表和扩展表,不符合逻辑: " + vdName);
        else if (isCellVd)
            return buildCellVdCondition(treeNode, filterVd);
        else
            return buildVaVdCondition(treeNode, filterVd);
    }
```

方法 buildVdCondition 将查询条件属性分为三类：表达式、主表属性和扩展表属性，分别调用三个方法返回字段条件子语句。产生表达式的条件方法 buildExpressionCondition 的代码如下：

```java
//path: com.dna.instance.filter.InstFilterAlgorithm
    private static String buildExpressionCondition(FilterTreeNode treeNode,
FilterVd filterVd) {
        if (!filterVd.isExpression())
            throw new RuntimeException("非表达式属性！");
        boolean isCellVd = false;
        boolean isVaVd = false;
        if (filterVd.getDependencyVdNames() == null || filterVd.getDependencyVdNames().size() == 0)
            isCellVd = true;
        else
            for (String dependencyVd : filterVd.getDependencyVdNames()) {
                if (treeNode.getDbMap().isVaVd(dependencyVd))
                    isVaVd = true;
                else if (treeNode.getDbMap().isCellVd(dependencyVd))
                    isCellVd = true;
                if (isCellVd && isVaVd)
                    throw new RuntimeException("该字段同时持久化横主表和扩展表,不
```

符合逻辑: " + dependencyVd);
                else if (!isCellVd && !isVaVd)
                    throw new RuntimeException("非法字段,主表和扩展表中都不存在:" + dependencyVd);
            }
        if (isCellVd)
            return filterVd.getTableVdName();
        else
            return treeNode.getCellTableName() + "." + treeNode.getKeyVdDbName() + " in (select " + treeNode.getVaTableName() + ".cellId from " + treeNode.getVaTableName() + " where name='" + filterVd.getVdName() + "' and (" + filterVd.getTableVdName() + "))";
    }
```

方法 buildExpressionCondition 代码实现假设：条件表达式依赖的属性,必须全部位于主表或者扩展表上,如果依赖属性在扩展表上,只能依赖一个属性,不能依赖多个属性,表达式本身的返回值类型就是布尔类型。这个假设比较苛刻,不是那么理想。但是由于用到查询表达式的场景很少,为了简化程序,姑且认为这个假设合理。程序首先判断表达式依赖属性位于哪一个表上,若位于主表上,则直接返回该表达式即可；若位于扩展表上,则查询条件将作为 in 语句出现。

如果条件属性是普通属性,并且位于主表上,调用 buildCellVdCondition 生成查询条件，buildCellVdCondition 又调用了 buildVdFilter,两个方法的代码如下：

```
//path: com.dna.instance.filter.InstFilterAlgorithm
    private static String buildCellVdCondition(FilterTreeNode treeNode, FilterVd filterVd) {
        String prefix = treeNode.getCellTableName() + "." + filterVd.getTableVdName();
        return prefix + buildVdFilter(filterVd);
    }
    private static String buildVdFilter(FilterVd filterVd) {
        String vdName = filterVd.getVdName();
        String logicalOperator = filterVd.getLogicalOperator();
        if (logicalOperator.equals(LogicalOperator.EQUAL))
            return "=:" + vdName;
        else if (logicalOperator.equals(LogicalOperator.LARGER))
            return ">:" + vdName;
        else if (logicalOperator.equals(LogicalOperator.LARGER_EQUAL))
            return ">=:" + vdName;
        else if (logicalOperator.equals(LogicalOperator.LESS))
            return "<:" + vdName;
        else if (logicalOperator.equals(LogicalOperator.LESS_EQUAL))
            return "<=:" + vdName;
```
```

```
        else if (logicalOperator.equals(LogicalOperator.LIKE))
            return " like :" + vdName;
        else
            throw new RuntimeException("不支持的逻辑操作符:" + filterVd.getLogicalOperator());
}
```

方法 buildCellVdCondition 根据不同操作符，分别生成不同的字段条件表达式返回。方法先生成前缀，然后调用方法 buildVdFilter 返回包含逻辑操作符的后缀，拼接在一起返回该查询条件属性的字段条件查询表达式。

如果属性位于扩展表上，则调用 buildVaVdCondition 生成字段条件查询表达式，实现代码如下：

```
//path: com.dna.instance.filter.InstFilterAlgorithm
    private static String buildVaVdCondition(FilterTreeNode treeNode, FilterVd filterVd) {
        if ( treeNode.resultContain(filterVd.getVdName())) {
            ResultVd resultVd = treeNode.getResultVdByName(filterVd.getVdName());
            String vaTableName = treeNode.getVaTableName();
            String prefix = vaTableName + "_" + filterVd.getVdName() + "." + resultVd.getTableVdName();
            return prefix + buildVdFilter(filterVd);
        }
        else {
            String vaTableName = treeNode.getDbMap().getVaTableName();
            String vdName = filterVd.getVdName();
            String prefix = treeNode.getCellTableName() + "." + treeNode.getKeyVdDbName() + " in (select " + vaTableName + ".cellId from " + vaTableName + " where name='" + vdName + "' and " + filterVd.getTableVdName();
            return prefix + buildVdFilter(filterVd) + ")";
        }
    }
}
```

方法 buildVaVdCondition 判断如果属性属于查询结果属性，那么将采用连接表方式来查询。如果扩展字段不是查询结果属性，那么通过 in 语句实现查询。

方法 buildConditionAlgorithm 调用方法 buildSelfCondition 之后，递归调用每一个孩子，然后孩子和自己的 where 语句调用方法 joinWhereWithChild 进行拼接，代码如下：

```
//path: com.dna.instance.filter.InstFilterAlgorithm
    private static String joinWhereWithChild( FilterTreeNode treeNode, FilterTreeNode childNode, String whereSql,String childWhere ) {
        if (!childNode.isResult()) {
```

```
            if(childNode.getMultipleType().equals(FilterMultipleType.oneToMany)){
                if (childWhere != null) {
                    childWhere = treeNode.getCellTableName() + "." + treeNode.getKeyVdDbName() + " in ( select " + childNode.getParentKeyVdDbName() + " from " + childNode.getCellTableName() + " where " + childWhere+ ")";
                    whereSql = joinWhere(whereSql, childWhere);
                }
            }
            else if (childNode.getMultipleType().equals(FilterMultipleType.oneToOne)
                ||childNode.getMultipleType().equals(FilterMultipleType.oneToOneParent)) {
                whereSql = joinWhere(whereSql, childWhere);
                if ( childNode.isFilter()) {
                    String joinWhere = null;
                    if ( childNode.getMultipleType().equals(FilterMultipleType.oneToOne)){
                        joinWhere = childNode.getCellTableName() + "." + childNode.getParentKeyVdDbName() + "=" + treeNode.getCellTableName() + "." + treeNode.getKeyVdDbName();
                    }
                    else if ( childNode.getMultipleType().equals(FilterMultipleType.oneToOneParent)) {
                        joinWhere = childNode.getCellTableName() + "." + childNode.getKeyVdDbName() + "=" + treeNode.getCellTableName() + "." + treeNode.getParentKeyVdDbName();
                    }
                    whereSql = joinWhere(joinWhere,whereSql);
                }
            }
        else if ( childNode.isResult()) {
            if (childNode.getMultipleType().equals(FilterMultipleType.oneToOne)
                || childNode.getMultipleType().equals(FilterMultipleType.oneToMany)
                ||childNode.getMultipleType().equals(FilterMultipleType.oneToOneParent)) {
                whereSql = joinWhere(whereSql, childWhere);
            }
        }
    }
    return whereSql;
}
```

方法 joinWhereWithChild 根据孩子条件标记（isFilter）、结果标记（isResult）和

multipleType 进行分类处理，分为如下两种情况：

1）当孩子节点不属于查询结果属性的节点时，判断 multipleType，若 multipleType 是 oneToMany，则生成 in 语句；若是 oneToOne 或者 oneToParent，则表示这是一个连接操作，并且需要将连接条件也拼接进来。

2）当孩子节点属于查询结果属性的节点时，直接拼接自身与孩子节点的 where 语句，但是不要拼接连接条件。因为在这种情况下，应在处理表连接条件的时候拼接两表的连接条件。

方法 buildSqlCompound 调用 buildConditionAlgorithm 之后，继续调用 buildJoinAlgorithm 方法，创建表连接条件。下面是该方法的实现代码：

```
//path: com.dna.instance.filter.InstFilterAlgorithm
    public static List<String> buildJoinAlgorithm(FilterTreeNode treeNode) {
        List<String> joins = new ArrayList<String>();
        if (treeNode.isResultLeaf() && treeNode.getVaResultVds().size() == 0 )
            return joins;
        for (ResultVd resultVd : treeNode.getVaResultVds()) {
            String join = treeNode.getCellTableName() + "." + treeNode.getKeyVdName() + "=" + treeNode.getVaTableName()+ "_" + resultVd.getVdName() + "." + CellFixedName.CELL_ID + " and " + treeNode.getVaTableName()+ "_" + resultVd.getVdName() + ".name='" + resultVd.getVdName() + "'";
            joins.add(join);
        }
        for (FilterTreeNode childNode : treeNode.getChildren()) {
            if ( !childNode.isResult() ) continue;
            List<String> childJoins = buildJoinAlgorithm(childNode);
            if (childNode.getChildResultTableNames().size() > 0) {
                joins.addAll(childJoins);
                if (childNode.getMultipleType().equals(FilterMultipleType.oneToOne)||            (childNode.getMultipleType().equals(FilterMultipleType.oneToMany) ))
                        joins.add(treeNode.getCellTableName()    +    "."    +  treeNode.getKeyVdDbName() + " = "+ childNode.getCellTableName() + "." + childNode.getParentKeyVdDbName());
                    else if (childNode.getMultipleType().equals(FilterMultipleType.oneToOneParent))
                        joins.add(treeNode.getCellTableName()    +    "."    +  treeNode.getParentKeyVdDbName()  + " = "+ childNode.getCellTableName() + "." + childNode.getKeyVdDbName());
            }
        }
        return joins;
    }
```

连接条件语句来自两个场景。一个是查询结果属性位于扩展表上，需要将扩展表与主表做连接操作，可能有多个属性位于扩展表上，因此，扩展表需要设置别名，设置扩展表名+"_"+属性名。另外一个场景是查询结果属性位于主表上，它所在的孩子及子孙节点需要与当前节点做连接操作。

因此，该方法首先判断如果查询结果属性位于叶子节点，并且不位于扩展表，就说明不需要与孩子节点连接操作，然后遍历每一个位于扩展表的结果属性，为每一个结果属性引入一个连接表，加入表连接条件 joins 中。接着，递归调用每一个孩子产生连接表条件返回，并加入 joins 中，然后根据 multipleType 不同，为每一个孩子，分别创建不同连接条件，加入 joins 中。尤其注意到，类型为 FilterMultipleType.oneToOneParent 时，需改变连接键。

方法 buildSqlCompound 接着继续拼接查询结果属性所在的连接表，由如下代码片段实现：

```
//com.dna.instance.filter.InstFilterAlgorithm 的 buildSqlCompound 方法
    for (String tableName : tree.getResultTableNames())
        tables = tables == null ? tableName : tables + "," + tableName;
```

这个代码片段调用 FilterTreeNode 上的 getResultTableNames 函数，返回所有需要表连接操作拼接在一起的表名，其代码如下：

```
//path: com.dna.instance.filter.FilterTreeNode
    public List<String> getResultTableNames() {
        List<String> resultTables = new ArrayList<String>();
        if (this.isResult) {
            resultTables.add(this.getCellTableName());
            for (FilterTreeNode childFilterTreeNode : this.children)
                if (childFilterTreeNode.isResult)
                    resultTables.addAll(childFilterTreeNode.getResultTableNames());
        }
        for (ResultVd resultVd : this.getVaResultVds())
            resultTables.add(this.getVaTableName() + " " + this.getVaTableName() + "_" + resultVd.getVdName());
        return resultTables;
    }
```

方法 getResultTableNames 前面部分递归访问孩子，返回所有需要连接操作的连接表名，然后为位于扩展表中的当前节点的每一个查询结果属性，建立有别名的连接表名。代码调用了方法 getVaResultVds，得到所有保存于扩展表中的查询结果属性列表，代码如下：

```
//path: com.dna.instance.filter.FilterTreeNode
    public List<ResultVd>getVaResultVds(){
```

```java
        List<ResultVd> vaVds = new ArrayList<ResultVd>();
        for (ResultVd vaVd : this.resultVds) {
            if (this.dnaDbMap.isVaVd(vaVd.getVdName()))
                vaVds.add(vaVd);
        }
        return vaVds;
    }
```

方法 buildSqlCompound 继续拼接查询条件属性所在的连接表，代码片段如下：

```java
//com.dna.instance.filter.InstFilterAlgorithm 的 buildSqlCompound 方法
        for (String tableName : tree.getFilterJoinTableNames())
            tables = tables == null ? tableName : tables + "," + tableName;
```

在该代码片段中，调用方法 getFilterJoinTableNames，其代码如下：

```java
//path: com.dna.instance.filter.FilterTreeNode
    public List<String> getFilterJoinTableNames(){
        List<String> joinTableNames = new ArrayList<String>();
        for (FilterTreeNode childTreeNode : this.children) {
            if ( childTreeNode.isFilter && !childTreeNode.isResult &&
(childTreeNode.getMultipleType().equals(Filter    MultipleType.oneToOne) ||
childTreeNode.getMultipleType().equals(FilterMultiple Type.oneToOneParent)
                    )) {
                joinTableNames.add(childTreeNode.getCellTableName());
                joinTableNames.addAll(childTreeNode.getFilterJoinTableNames());
            }
        }
        return joinTableNames;
    }
```

方法 getFilterJoinTableNames 判断孩子节点为 isFilter==true&&isResult==false 的节点，并且与父亲之间关系为 oneToOne 或者 oneToOneParent 才需要连接操作。

方法 buildSqlCompound 最后创建 SqlCompound 对象，将前面得到的各种中间结果，作为 SqlCompound 构造方法的参数。SqlCompound 的构造函数如下：

```java
//path: com.dna.instance.filter.SqlCompound
    public SqlCompound( String returnVds,String table, String where,
List<String> joinWheres ){
        String joinWhere = null;
        for (String temp : joinWheres )
            joinWhere = joinWhere == null ? temp : joinWhere + " and " + temp;
        this.table = table;
        this.returnVds = returnVds;
        this.where = joinWhere;
```

```
        if ( this.where == null)
            this.where = where;
        else if ( where != null )
            this.where = "(" + this.where + ") and (" + where +")";
}
```

在构造方法中，将 where 和 joinWhere 拼接在一起，变成了一个内部的 where 属性。SqlCompound 提供两个方法：generateSql 用于创建查询语句，将返回字段、表名和条件拼接成 SQL。generateTotalSql 返回符合条件的总记录数的 SQL，用于分页查询返回总记录数。代码如下：

```
//path: com.dna.instance.filter.SqlCompound
    public String generateSql() {
        return "select " + returnVds + " from " + table
            + (where==null||where.equals("")?"":" where (" + where +")");
    }
    public String generateTotalSql() {
        return "select count(*) as total from " + table +
            (where==null||where.equals("")?"":" where (" + where +")");
    }
```

4.3.3 DAO 层条件查询服务

至此，已经介绍完如何生成 SQL 的完整过程。重新回顾一下 filterInstWithTotal 代码，如下：

```
//path: com.dna.instance.filter.service.impl.InstFilterServiceImpl
    @Override
    public Inst filterInstWithTotal(InstFilterCondition condition) {
        FilterTreeNode tree = buildFilterTree(condition);
        SqlCompound sqlCompound = InstFilterAlgorithm.buildSqlCompound(tree);
        String sql = sqlCompound.generateSql();
        String totalSql = sqlCompound.generateTotalSql();
        Dna dna = this.dnaCacheService.getDna(condition.getBusinessType(), condition.getDnaCode());
        Dna resultDna = null;
        if (condition.getResultDnaCode() != null)
            resultDna = this.dnaCacheService.getDna(condition.getResultBusinessType(), condition.getResultDnaCode());
        else
            resultDna = createDefaultResultDna(dna, condition);
        return  instFilterDMService.filterInstWithTotal(sql, totalSql, condition, dna, resultDna);
    }
```

服务 filterInstWithTotal 调用 InstFilterAlgorithm.buildSqlCompound(tree)返回 SqlCompound 对象，然后调用 generateSql 和 generateTotalSql，生成两条 SQL 语句，接着返回查询目标的 Dna 和返回用于放置查询结果的 resultDna。如果在入参 condition 中不提供结果 resultDnaCode，那么系统调用方法 createDefaultResultDna 自动创建一个默认 Dna 对象 resultDna。createDefaultResultDna 函数代码如下：

```
//path: com.dna.instance.filter.service.impl.InstFilterServiceImpl
    private Dna createDefaultResultDna(Dna targetDna, InstFilterCondition condition) {
        SimpleDnaBuilder simpleBuilder = SimpleDnaBuilder.newDnaBuilder(targetDna);
        for (ResultVd resultVd : condition.getResultVds()) {
            if (!resultVd.isExpression())
                simpleBuilder.addVd(resultVd.getDnaName(), resultVd.getVdName());
            else
                simpleBuilder.createVd(resultVd.getVdName(), resultVd.getDataType());
        }
        return simpleBuilder.simpleDna();
    }
```

在该代码中，根据 condition 上的 resultVds 创建相应的属性对象，如果是一般属性，向构造器添加属性，否则，就临时创建一个属性。

filterInstWithTotal 最后调用 DMSevice 层的 filterInstWithTotal，代码如下：

```
//path:com.dna.filter.dm.impl.InstFilterDMServiceImpl
    @Override
    public Inst filterInstWithTotal(String sql, String totalSql, InstFilterCondition condition, Dna targetDna, Dna resultDna) {
        return instFilterDAO.filterInstWithTotal(sql, totalSql, condition, targetDna, resultDna);
    }
```

DMService 层服务实现非常简单，直接转调 DAO 的 filterInstWithTotal，代码如下：

```
//path: com.dna.instance.filter.dao.impl.InstFilterDAOImpl
    public Inst filterInstWithTotal(String sql, String totalSql, InstFilterCondition condition, Dna targetDna, Dna resultDna) {
        Query q = entityManager.createNativeQuery(totalSql);
        q.unwrap(SQLQuery.class).setResultTransformer(Transformers.ALIAS_TO_ENTITY_MAP);
        for (FilterVd filterVd : condition.getFillterVds()) {
            if    (filterVd.getLogicalOperator().equals(LogicalOperator.
```

```
LOGGICAL_EXPRESSION))
                        continue;
                else if (!filterVd.getLogicalOperator().equals(LogicalOperator.
LIKE))
                        q.setParameter(filterVd.getVdName(), filterVd.getValue());
                else
                        q.setParameter(filterVd.getVdName(), filterVd.getValue()
+ "%");
            }
            Map<String, Object> record = (Map<String, Object>)
q.getSingleResult();
            int total = ((BigInteger) record.get("total")).intValue();
            if ( total == 0 || (total < condition.getStartNo()+1 &&
condition.getCount() > 0)) {
                Inst inst = new Inst(condition.getResultBusinessType(),
CodeDefConst.INST_TYPE_FILTER_RESULT, resultDna.getDnaCode(),resultDna.
getDnaName());
                inst.setTotal(total);
                return inst;
            }
            else {
                Inst inst = this.filterInst(sql, condition, targetDna,
resultDna);
                inst.setTotal(total);
                return inst;
            }
        }
```

filterInstWithTotal 首先创建查询总条数的 Query 对象，然后为该对象设置查询条件中的参数。对于表达式类型的查询条件，因为本身就返回布尔值，所以无须设置参数。对于普通字段属性，需要设置参数值。对于操作符为 like 的操作，需要增加一个后缀"%"，接着执行该 Query，返回总条数。如果返回总条数等于 0 或者小于开始记录数+1，不用执行条件语句，立刻返回。否则，调用分页查询方法 filterInst，返回查询结果。filterInst 的代码如下：

```
//path: com.dna.instance.filter.dao.impl.InstFilterDAOImpl
    @Override
    public Inst filterInst(String sql,InstFilterCondition condition, Dna
targetDna, Dna resultDna) {
        Query q = entityManager.createNativeQuery(sql);
        q.unwrap(SQLQuery.class).setResultTransformer(Transformers.ALIAS_
TO_ENTITY_MAP);
        for (FilterVd filterVd : condition.getFillterVds()) {
```

```java
            if (filterVd.isExpression())
                continue;
            else if (!filterVd.getLogicalOperator().equals(LogicalOperator.LIKE))
                q.setParameter(filterVd.getVdName(), filterVd.getValue());
            else
                q.setParameter(filterVd.getVdName(), filterVd.getValue() + "%");
        }
        if (condition.getCount() > 0) {
            q.setFirstResult(condition.getStartNo());
            q.setMaxResults(condition.getCount());
        }
        List results = q.getResultList();
        int count = results.size();
        Dna returnDna = targetDna.getDnaByCode(condition.getReturnDnaCode());
        DnaDbMap dnaDbMap= this.dbMapCacheService.getDnaDbMap(returnDna.getBusinessType(), returnDna.getDbMapCode());
        Inst inst = new Inst(condition.getResultBusinessType(), CodeDefConst.INST_TYPE_FILTER_RESULT, resultDna.getDnaCode(),resultDna.getDnaName());
        for (Object row : results) {
            Map<String, Object> record = (Map<String, Object>) row;
            Cell cell = InstDAOUtil.filterRow2Cell(returnDna,
                CodeDefConst.INST_TYPE_FILTER_RESULT, resultDna,dnaDbMap,record);
            inst.addCell(cell);
        }
        return inst;
    }
```

方法 filterInst 前面部分为查询条件赋值，然后判断 condition.getCount()是否大于 0，决定是否分页查询，如要分页，就设置分页信息。接着执行 Query 查询，创建 Inst 对象，将数据库查询返回的每一条记录转换为 Cell 对象，放入 Inst 对象的 cells 中返回。传入 filterRow2Cell 的参数有五个：第一个参数返回 returnDna；第二个参数 instType，用于标记这是查询结果返回 Inst 对象，要求设置 Cell 对象的 dnaCode 属性，使得不同 Cell 对象可以有不同 dnaCode；第三个参数用于装载返回结果 Dna 对象 resultDna；第四个参数是 DnaDbMap 对象，是 returnDna 对应的 DnaDbMap 对象，非 resultDna 对应的 DnaDbMap 对象，因为 resultDna 的实例对象仅仅用来装载查询返回属性值，resultDna 可能没有配置 dbMapCode，所以，需要借用 returnDna 上 DnaDbMap 对象用于为固化属性赋值；第五个参数是数据库表查询语句执行返回结果的记录。将查询结果记录转换为 Cell 对象的方法

InstDAOUtil.filterRow2Cell 的代码如下：

```java
//path: com.dna.instance.dao.impl.InstDAOUtil
    public static Cell filterRow2Cell(Dna returnDna, String instType, Dna resultDna, DnaDbMap dnaDbMap, Map<String, Object> record) {
        Cell cell = DnaTool.singleDna2Cell(instType, resultDna);
        DnaTool.initSingleCellWithFixedValue(cell, dnaDbMap);
        cell.setDnaCode(returnDna.getDnaCode());
        setCellFixedValue(cell,dnaDbMap, record);//这部分设置固定属性
        for ( Vd vd : resultDna.getVds()) {
            String name = vd.getVdName();
            Object value = record.get(name);
            if ( vd.getDataType().equals(DataType.DATA_TYPE_LONG)) {
                long longValue = 0;
                if (value != null)
                    longValue = ((BigInteger) value ).longValue();
                cell.setVaByName(name, longValue);
            }
            else
                cell.setVaByName(name, value);
        }
        return cell;
    }
```

方法 filterRow2Cell 调用 singleDna2Cell，创建 Cell 对象，再调用 initSingleCellWithFixedValue，先设置默认 dnaCode，然后在后续调用 setCellFixedValue 方法中被重新设置，使得不同 Cell 对象可以有不同 dnaCode，最后循环设置 Cell 对象上来自 resultDna 的 vds 中的属性值，resultDna 返回属性列表和 returnDna 上的 vds 不同，resultDna 的 vds 有可能来自多个 Dna 的属性列表。因此，这里使用 resultDna 下的 vds 作为查询返回的属性列表。

查询相关的服务已经介绍完毕，总结一下，在 InstFilterService 服务接口定义 Inst public filterInstWithTotal(InstFilterCondition condition)，该服务支持分页查询返回，同时返回了符合条件的总条数。InstFilterService 还有一个服务：public Inst filterInst(InstFilterCondition condition)，支持分页查询，但是不返回总条数。除此之外，没有其他差别。虽然只有一个入参，类型为 InstFilterCondition 类，但是该类包含信息多，按此类来组织参数，使用起来比较复杂。

第 2 章介绍过系统技术分层，DM 层负责实现从业务模型到 SQL 之间的转换，但是本章介绍的 filterInstWithTotal 和 filterInst 服务违反了该规范，在 Service 层将查询条件转换为

SQL 语句，然后传递给 DM 层，后者直接传递给了 DAO 层。读者已经发现了，将服务入参 InstFilterCondition condition 转换为 SQL 的算法非常复杂，可以理解为业务逻辑，不是从业务模型到数据库 SQL 的简单转换，将业务逻辑保留在 Service 层，正是 Service 独立分层的本意。如果未来涉及更换数据库系统，那么需要重写一套算法，这也是业务逻辑的一部分。

4.3.4 查询服务调用示例

前面介绍 InstFilterService 的服务实现，本节以当事人查询为例，说明该接口的使用。下面的代码是直接调用该接口进行 party 查询的。

```
//path: com.dna.party.dna.controller.PartyInstController
    @RequestMapping(value = "/filterParties2", method = {RequestMethod.GET})
    public ReturnMessage<Inst> filterParty() {
        InstFilterCondition condition = new InstFilterCondition(null, CodeDefConst.DNA_CODE_PARTY);
        condition.setBusinessType(CodeDefConst.BUSINESS_TYPE_PARTY);
        condition.setResultDnaCode(CodeDefConst.DNA_CODE_FILTER_RESULT_PARTY);
        condition.setResultBusinessType(CodeDefConst.BUSINESS_TYPE_DEFAULT);
        condition.setReturnDnaCode(CodeDefConst.DNA_CODE_PARTY);
        FilterVd filterVd = new FilterVd(CodeDefConst.DNA_CODE_PARTY, "partyName", "张三");
        condition.getFillterVds().add(filterVd);
        filterVd = new FilterVd(CodeDefConst.DNA_CODE_PARTY, "certId", "0030204569090");
        condition.getFillterVds().add(filterVd);
        ResultVd resultVd = new ResultVd(CodeDefConst.DNA_CODE_PARTY, "partyCode");
        condition.getResultVds().add(resultVd);
        resultVd = new ResultVd(CodeDefConst.DNA_CODE_PARTY, "partyName");
        condition.getResultVds().add(resultVd);
        resultVd = new ResultVd(CodeDefConst.DNA_CODE_PARTY, "certType");
        condition.getResultVds().add(resultVd);
        resultVd = new ResultVd(CodeDefConst.DNA_CODE_PARTY, "certId");
        condition.getResultVds().add(resultVd);
        resultVd = new ResultVd(CodeDefConst.DNA_CODE_PARTY, "gender");
        condition.getResultVds().add(resultVd);
        resultVd = new ResultVd(CodeDefConst.DNA_CODE_PARTY, "birthday");
        condition.getResultVds().add(resultVd);
```

```
        Inst inst = filterService.filterInst(condition);
        return new ReturnMessage<Inst>(inst);
    }
```

该示例以姓名（partyName）和证件号（certId）为条件进行查询，结果属性包括姓名（partyName）、证件类型（certType）、证件号（certId）、性别（gender）、出身日期（birthday），另外，returnDna 上的 id 和外键 parentId（如果存在）自动返回。该示例最终触发执行如下 SQL 语句：

```
SELECT
    T_Party.id AS id,
    T_Party.partyCode AS partyCode,
    T_Party.partyName AS partyName,
    T_Party.certType AS certType,
    T_Party.certId AS certId,
    T_Party.gender AS gender,
    T_Party.birthday AS birthday
FROM
    T_Party
WHERE
    (
        T_Party.partyName =?
        AND T_Party.certId =?
    )
```

对这个代码稍微修改，增加一个查询条件，在前面程序设置查询条件的语句后面增加如下代码：

```
        filterField = new FilterField(PartyNdCode.DNA_CODE_PARTY, "contact", "YYYYY");
        condition.getFillterFields().add(filterField);
```

由于属性：联系人（contact）保存在扩展表中，为了实现以属性:联系人（contact）为查询条件，增加了 in 语句的条件查询，实际执行查询 SQL 语句如下：

```
SELECT
    T_Party.id AS id,
    T_Party.partyCode AS partyCode,
    T_Party.partyName AS partyName,
    T_Party.certType AS certType,
    T_Party.certId AS certId,
    T_Party.gender AS gender,
    T_Party.birthday AS birthday
FROM
    T_Party
WHERE
```

```
    (
        T_Party.partyName =?
        AND T_Party.certId =?
        AND T_Party.id IN (
            SELECT
                t_partyextension.cellId
            FROM
                t_partyextension
            WHERE
                NAME = 'contact'
            AND t_partyextension.stringValue =?
        )
    )
```

继续上面例子，增加返回属性：联系人（contact）和联系人电话（contactMobileNo），代码如下：

```
        resultVd = new ResultVd(CodeDefConst.DNA_CODE_PARTY, "contact");
        condition.getResultVds().add(resultVd);
        resultVd = new ResultVd(CodeDefConst.DNA_CODE_PARTY, "contactMobileNo");
        condition.getResultVds().add(resultVd);
```

联系人（contact）和联系人电话（contactMobileNo）这两个属性都保存在扩展表中，并且联系人（contact）既是查询条件属性，又是查询结果属性，这时作为查询条件，不再采用 in 语句，而是采用连接语句。实际执行的 SQL 语句如下：

```
SELECT
    T_Party.id AS id,
    T_Party.partyCode AS partyCode,
    T_Party.partyName AS partyName,
    T_Party.certType AS certType,
    T_Party.certId AS certId,
    T_Party.gender AS gender,
    T_Party.birthday AS birthday,
    t_partyextension_contact.stringValue AS contact,
    t_partyextension_contactMobileNo.stringValue AS contactMobileNo
FROM
    T_Party,
    t_partyextension t_partyextension_contact,
    t_partyextension t_partyextension_contactMobileNo
WHERE
    (
        (
            T_Party.id = t_partyextension_contact.cellId
```

```
                AND t_partyextension_contact.NAME = 'contact'
                AND T_Party.id = t_partyextension_contactMobileNo.cellId
                AND t_partyextension_contactMobileNo.NAME = 'contactMobileNo'
            )
            AND (
                T_Party.partyName =?
                AND T_Party.certId =?
                AND t_partyextension_contact.stringValue =?
            )
        )
```

继续将上述代码稍加修改，将 condition.setReturnDnaCode(CodeDefConst.DNA_CODE_PARTY)修改为 condition.setReturnDnaCode(CodeDefConst.DNA_CODE_PARTY_ACCOUNT)，表示查询返回 Dna 对象 partyAccountDna 的实例，实际执行的 SQL 语句如下：

```
SELECT
    T_PartyAccount.parentId AS parentId,
    T_PartyAccount.id AS id,
    T_Party.partyCode AS partyCode,
    T_Party.partyName AS partyName,
    T_Party.certType AS certType,
    T_Party.certId AS certId,
    T_Party.gender AS gender,
    T_Party.birthday AS birthday,
    t_partyextension_contact.stringValue AS contact,
    t_partyextension_contactMobileNo.stringValue AS contactMobileNo
FROM
    T_PartyAccount,
    T_Party,
    t_partyextension t_partyextension_contact,
    t_partyextension t_partyextension_contactMobileNo
WHERE
    (
        (
            T_Party.id = t_partyextension_contact.cellId
            AND t_partyextension_contact.NAME = 'contact'
            AND T_Party.id = t_partyextension_contactMobileNo.cellId
            AND t_partyextension_contactMobileNo.NAME = 'contactMobileNo'
            AND T_PartyAccount.parentId = T_Party.id
        )
        AND (
            T_Party.partyName =?
            AND T_Party.certId =?
            AND t_partyextension_contact.stringValue =?
```

```
                )
        )
```

该 SQL 语句实际上是 T_PartyAccount、T_Party 和扩展表的多表连接查询，返回了 T_PartyAccount 表上 id 和 parentId 两个字段，不再是 T_Party 上 id 和 parentId 字段。

4.3.5 查询条件构造器

上一节的查询例子通过创建 InstFilterCondition 对象，调用服务层 filterInst 或者 filterInstWithTotal 进行查询，程序设置查询条件比较烦琐，即使只查询一个 Dna 节点对应的数据库表，也要写上一大段代码。为了快速构造出相关查询条件，系统提供一个工具类：InstFilterBuilder，帮助开发者设置一些默认值。下面是该工具类实现代码：

```
//path: com.dna.instance.filter.InstFilterBuilder
public class InstFilterBuilder {
    private Dna dna;
    private InstFilterCondition filterCondition;
    public static InstFilterBuilder newInstFilterBuilder(String businessType, Dna dna) {
        return new InstFilterBuilder(businessType, dna);
    }
    public static InstFilterBuilder newInstFilterBuilder(String businessType, Dna dna, String returnDnaCode, String resultBusinessType, String resultDnaCode) {
        return new InstFilterBuilder(businessType, dna, returnDnaCode, resultBusinessType, resultDnaCode);
    }
    public static InstFilterBuilder newInstFilterBuilderDefaultReturn(String businessType,Dna dna) {
        return new InstFilterBuilder(businessType, dna, dna.getDnaCode(), businessType, dna.getDnaCode());
    }
    //…
```

在 InstFilterBuilder 上有多个静态方法，为创建 InstFilterCondition 对象提供改变默认参数值的机会，将这些参数传递给了构造函数。InstFilterBuilder 的构造函数实现如下：

```
//path: com.dna.instance.filter.InstFilterBuilder
    private InstFilterBuilder(String businessType, Dna dna) {
        this.dna = dna;
        this.filterCondition = new InstFilterCondition(businessType, dna.getDnaCode());
        this.filterCondition.setResultBusinessType(businessType);
        this.filterCondition.setResultBusinessType(businessType);
```

```
            this.filterCondition.setResultDnaCode(this.dna.getDnaCode());
            this.filterCondition.setReturnDnaCode(this.dna.getDnaCode());
    }
    private InstFilterBuilder( String businessType, Dna dna, String returnDnaCode,String resultBusinessType, String resultDnaCode) {
        this.dna = dna;
        this.filterCondition = new InstFilterCondition(businessType, dna.getDnaCode());
        this.filterCondition.setResultBusinessType(resultBusinessType);
        this.filterCondition.setResultDnaCode(resultDnaCode);
        this.filterCondition.setReturnDnaCode(returnDnaCode);
    }
    //…
```

第一个构造函数将查询结果和返回 Dna 节点全都设置为相同。第二个构造函数按一般参数设置查询条件。InstFilterBuilder 提供一些辅助方法，如 createFilterVd 方法，创建过程中做一些检查操作，代码如下：

```
//path: com.dna.instance.filter.InstFilterBuilder
    private FilterVd createFilterVd( String dnaName, String vdName, String logicalOperator, Object value ) {
        Dna childDna = this.dna.getDnaByName(dnaName);
        if ( childDna == null )
            throw new RuntimeException("不存在 dnaName:" + dnaName);
        Vd vd = childDna.getVdByName(vdName);
        if ( vd == null )
            vd = CellFixedName.getFixedVds().get(vdName);
        if ( vd == null )
            throw new RuntimeException("不存在 VdName:" + vdName);
        FilterVd filterVd = new FilterVd();
        filterVd.setDnaCode(childDna.getDnaCode());
        filterVd.setDnaName(dnaName);
        filterVd.setDataType(vd.getDataType());
        filterVd.setVdName(vdName);
        filterVd.setLogicalOperator(logicalOperator);
        filterVd.setValue(value);
        return filterVd;
    }
```

在此方法基础上，提供不同参数的 addFilterVd 的方法，代码如下：

```
//path: com.dna.instance.filter.InstFilterBuilder
    public InstFilterBuilder addFilterVd( String dnaName, String vdName, Object value) {
```

```java
            FilterVd    filterVd   =   createFilterVd(dnaName,    vdName,
LogicalOperator.EQUAL, value);
        this.filterCondition.getFillterVds().add(filterVd);
        return this;
    }
    public InstFilterBuilder addFilterVd( String dnaName, String vdName,
String logicalOperator, Object value) {
        FilterVd filterVd = createFilterVd(dnaName, vdName, logicalOperator,
value);
        this.filterCondition.getFillterVds().add(filterVd);
        return this;
    }
    public InstFilterBuilder addExpressFilterVd ( String dnaName,String
vdName, String expression) {
        FilterVd    filterVd   =   createFilterVd( dnaName,   vdName,
LogicalOperator.LOGGICAL_EXPRESSION, (Object)null);
        filterVd.setExpression(expression);
        this.filterCondition.getFillterVds().add(filterVd);
        return this;
    }
    public InstFilterBuilder addExpressionFilterVd( String dnaName, String
vdName, String expression, List<String> dependencyVdNames, String logicalOperator,
Object value) {
        FilterVd    filterVd   =   createFilterVd(   dnaName,    vdName,
logicalOperator, value);
        filterVd.setExpression(expression);
        filterVd.setDependencyVdNames(dependencyVdNames);
        this.filterCondition.getFillterVds().add(filterVd);
        return this;
    }
    public InstFilterBuilder addFilterVd ( FilterVd filterVd ) {
        this.filterCondition.getFillterVds().add(filterVd);
        return this;
    }
```

然后提供创建 ResultVd 的返回结果属性，以及增加 ResultVd 的方法，代码如下：

```java
//path: com.dna.instance.filter.InstFilterBuilder
    private ResultVd createResultVd( String dnaName, String vdName) {
        Dna childDna = this.dna.getDnaByName(dnaName);
        if ( childDna == null )
            throw new RuntimeException("不存在 dnaName:" + dnaName);
        Vd vd = childDna.getVdByName(vdName);
```

```java
        if ( vd == null )
            throw new RuntimeException("不存在VdName:" + vdName);
        ResultVd resultVd = new ResultVd();
        resultVd.setDnaCode(childDna.getDnaCode());
        resultVd.setDnaName(childDna.getDnaName());
        resultVd.setVdName(vd.getVdName());
        resultVd.setDataType(vd.getDataType());
        return resultVd;
    }
    public InstFilterBuilder addResultVd( String dnaName, String vdName) {

        ResultVd resultVd = createResultVd( dnaName, vdName);
        this.filterCondition.getResultVds().add(resultVd);
        return this;

    }
    public InstFilterBuilder addExpressionResultVd( String dnaName, String vdName, String expression, List<String> dependencyVdNames) {
        ResultVd resultVd = createResultVd( dnaName, vdName);
        resultVd.setExpression(expression);
        resultVd.setDependencyVdNames(dependencyVdNames);
        this.filterCondition.getResultVds().add(resultVd);
        return this;

    }
```

最后通过下面方法返回查询条件:

```java
    public SnFilterCondition filter() {
        return this.filterCondition;
    }
```

4.4 简单查询

服务 .filterInstWithTotal 查询条件比较复杂，查询条件属性和查询结果属性可以位于多个 Dna 对象上，查询逻辑操作符可以有多种选择。在很多场景中，实际上都没那么复杂，假设查询结果 Dna 和返回结果 Dna 都是同一个 Dna，并且查询逻辑操作符都是"等于"，那么可以简化查询参数。如下代码声明一个简单查询条件类 SimpleInstFilterCondition：

```java
//path: com.dna.instance.filter.bo.SimpleInstFilterCondition
public class SimpleInstFilterCondition {
    String targetBusinessType;
    String targetDnaCode;
    String returnDnaName;
    String filterVdNames[];
```

```
    Object values[];
}
```

类 SimpleInstFilterCondition 的属性说明如下。

（1）targetBusinessType 和 targetDnaCode：表示将要查询哪一个 Dna 的实例。

（2）returnDnaName：表示从哪一个 Dna 对象节点上返回实例，如果为空，则表示从根节点上返回，同时，returnDnaName 也表示以哪一个 Dna 的实例对象来装载查询返回结果，这表示查询返回和查询结果的 Dna 对象为同一个 Dna。

（3）filterVdNames：表示以哪些属性作为查询条件属性。注意，如果查询条件属性名中包含"."，那么表示"."前面部分为属性所在 Dna 名称，后面部分为属性名，否则，它就是 returnDnaName 上的属性名称。

（4）values：表示查询条件属性对应的匹配值数组。

引入一个新查询服务，接口入参类型为 SimpleInstFilterCondition，对服务 filterInst 进行包装，代码如下：

```
//path: com.dna.instance.filter.service.impl.InstFilterServiceImpl
@Override
public Inst filterInstBySimple (SimpleInstFilterCondition condition) {
    Dna    targetDna   =   this.dnaCacheService.getDna(condition.getTarget
BusinessType(),condition.getTargetDnaCode());
    Dna returnDna = null;
    if ( condition.getReturnDnaName()!= null && !condition.getReturnDna
Name().equals(""))
        returnDna = targetDna.getDnaByName(condition.getReturnDnaName());
    else
        returnDna = targetDna;
    InstFilterBuilder   sfb   =   InstFilterBuilder.newInstFilterBuilder
(condition.getTargetBusinessType(),    targetDna,    returnDna.getDnaCode(),
condition.getTargetBusinessType(), returnDna.getDnaCode());
    String vdNames[] = condition.getFilterVdNames();
    Object values[] = condition.getValues();
    String localVdName[];
    for ( int i =0; i< vdNames.length; i++ ) {
        localVdName = vdNames[i].split(".");
        if ( localVdName.length == 0 )
            sfb.addFilterVd(targetDna.getDnaName(), vdNames[i], values[i]);
        else if ( localVdName.length == 2 )
            sfb.addFilterVd(localVdName[0], localVdName[1], values[i]);
        else
```

```
            throw new RuntimeException("vdName 的格式不对: " + vdNames[i]);
    }
    for ( Vd vd : returnDna.getVds() )
        sfb.addResultVd(returnDna.getDnaName(), vd.getVdName());
    Inst inst = this.filterInstWithTotal(sfb.filter());
    return inst;
}
```

方法 filterInstBySimple 判断 returnDnaName 为空时，设置 returnDna 为 targetDna，然后根据 filterVdNames 数组来设置查询条件属性，将 returnDna 的所有属性设置为查询结果属性，通过 sfb.filter 返回 InstFilterCondition 对象作为参数调用 filterInstWithTotal 返回查询结果。

第 5 章
主数据

前面介绍 Dna 被用于控制实例的生成和管理，DnaDbMap 对象用于数据库映射管理，它们自身逻辑并不复杂，都属于主数据应用的范畴。本章将介绍如何利用 Dna 的实例管理主数据，以及主数据在菜单、实例查询方面的应用。这一章介绍的内容是后续章节的基础。

5.1 主数据 Dna

几乎所有的应用系统都会提供各种主数据管理服务。主数据由两部分组成：主数据类型和主数据值。例如，数据字典："性别"是一类主数据，它的值有"男""女""不确定"等多个；数据字典"证件类型"是一类主数据，它的值有"身份证""军人证""驾驶证"等。

第 1 章已经介绍过默认主数据 Dna。本节将进一步介绍主数据的应用。每一类主数据的数据结构通过 Dna 描述，定义属性有代码（code）、名称（name）、描述（description），以及描述该主数据的 Dna 的 dnaCode。每一个主数据值的数据结构通过主数据 Dna 下 Dna 子对象描述。创建默认数据字典的 Dna 的代码如下：

```
//path: com.dna.md.MdDnaTool
public static Dna getMdDna()    {
    Dna   mdDna  =   new   Dna(CodeDefConst.BUSINESS_TYPE_MD,CodeDefConst.DNA_CODE_DEFAULT_MD, CodeDefConst.DNA_NAME_DEFAULT_MD,"主数据结构 Dna");
    mdDna.setCategory(CodeDefConst.CATEGORY_MD);
    mdDna.setMultiple(0, 9999);
    mdDna.setDbMapCode(CodeDefConst.DNA_DB_MAP_CODE_DEFAULT_MD);
    mdDna.setCursive(false);
    mdDna.setLastTime(DateTool.parseDatetime("2020-01-01 00:00:00"));
    mdDna.addVd( new Vd("code","代码",DataType.DATA_TYPE_STRING));
    mdDna.addVd( new Vd("name","名称",DataType.DATA_TYPE_STRING));
    mdDna.addVd( new Vd("description","描述",DataType.DATA_TYPE_STRING));
    mdDna.addVd( new Vd(CellFixedName.DEF_DNA_CODE,"Dna 代码",DataType.DATA_TYPE_STRING));
```

```
        Dna    mvDna   =   new    Dna(CodeDefConst.BUSINESS_TYPE_MD,CodeDefConst.
DNA_CODE_DEFAULT_MV, CodeDefConst.DNA_NAME_DEFAULT_MV,"主数据值结构 Dna");
        mvDna.setCategory(CodeDefConst.CATEGORY_MD);
        mvDna.setMultiple(0, 999);
        mvDna.setDbMapCode(CodeDefConst.DNA_DB_MAP_CODE_DEFAULT_MV);
        mvDna.setLastTime(DateTool.parseDatetime("2020-01-01 00:00:00"));
        mvDna.addVd( new Vd("code","代码",DataType.DATA_TYPE_STRING));
        mvDna.addVd( new Vd("name","名称",DataType.DATA_TYPE_STRING));
        mvDna.addVd( new Vd("description","描述",DataType.DATA_TYPE_STRING));
        mdDna.addChild(mvDna);
        return mdDna;
    }
```

方法 getMdDna 创建一个包含父子节点的 Dna 对象,根节点包含的属性有 code、name、description、defDnaCode,子节点包含的属性有 code、name、description。根节点中 defDnaCode 表示当前主数据的 Dna 对象的代码,当从数据库加载主数据实例时,defDnaCode 用来确定由哪一个 Dna 装载该实例。当多个主数据 Dna 的实例根节点都保存在同一个表中时,如果没有 defDnaCode,那么从表中获取根节点实例时,就无法确定用哪一个 Dna 的实例来装载数据库表记录。采用默认 Dna 的主数据,每一类主数据都是 Dna 对象 mdDna 的一个实例,而主数据值是 mdDna 对象下的子 Dna 的实例。为了数据库持久化,它们的 DnaDbMap 对象创建代码如下:

```
    //path: com.dna.md.MdDnaTool
    public static DnaDbMap getDefaultMdDnaDbMap() {
        DnaDbMapBuilder builder = DnaDbMap.createDbMapBuilder(CodeDefConst.
DNA_DB_MAP_CODE_DEFAULT_MD, "T_Md","T_MdExtension", new String[] {"id","code",
"name","description",CellFixedName.DEF_DNA_CODE},null,null,true);
        builder.setDnaMapType(DnaMapType.ROOT_MULTIPLE_NO_REPEAT);
        builder.setRequireRootId(false);
        builder.setVersion(VersionType.NONE, EdrVersionType.NONE, LogVersion
Type.NONE);
        builder.setLastTime(DateTool.parseDatetime("2020-01-01 00:00:00"));
        builder.setKeyVdNameType(KeyTypeConst.ID);
        return builder.getDnaDbMap();
    }
    public static DnaDbMap getDefaultMvDnaDbMap() {
        DnaDbMapBuilder builder = DnaDbMap.createDbMapBuilder(CodeDefConst.
DNA_DB_MAP_CODE_DEFAULT_MV,"T_MdValue","T_MdValueExtension",new String[] {"id",
"parentId","code","name","description"},null,null,true);
        builder.setDnaMapType(DnaMapType.SIMPLE);
        builder.setRequireRootId(false);
        builder.setVersion(VersionType.NONE, EdrVersionType.NONE, LogVersionType.
NONE);
```

```
    builder.setLastTime(DateTool.parseDatetime("2020-01-01 00:00:00"));
    builder.setKeyVdNameType(KeyTypeConst.ID);
    return builder.getDnaDbMap();
}
```

方法 getDefaultMdDnaDbMap 返回主数据 Dna 根节点上的 DnaDbMap 对象，用于将 code、name、description 和 defDnaCode（常量 CellFixedName.DEF_DNA_CODE）持久化到主表 T_Md，将其他属性持久化到扩展表 T_MdExtension 表中。语句 builder.setDnaMapType(DnaMapType.ROOT_MULTIPLE_NO_REPEAT)，表示根节点主键映射比较特殊，除了 id，还需要持久化 defDnaCode。方法 getDefaultMvDnaDbMap 返回主数据值 Dna 上的 DnaDbMap 对象，它除了将上述定义的基本属性映射到主表，将其他属性映射到扩展表 T_MvExtension，但是不用区分 defDnaCode，因为通过实例根节点的 defDnaCode，就可以找到孩子实例的 Dna 对象。这两个 DnaDbMap 对象具有一定通用性，对于其他类型主数据，虽然结构有所不同，但是可以重用这两个 DnaDbMap 对象，将不同类型主数实例保存到同一套主数据相关的表中。

主数据是频繁访问的数据对象，为了性能考虑，应加载到内存中。而且，为了使用便利性，经常采用 POJO Java 对象来装载主数据。下面是通用主数据 Java 类的声明：

```
//path: com.dna.md.bo.Md
public class Md<T> {
    private long id;
    private String code;
    private String name;
    private String description;
    private List<T> values = new ArrayList<T>();
    private Map<String,T> valueMap = new HashMap<String,T>();
}
```

类 Md 描述一个主数据的数据结构，泛型 T 表示值的 class。id、code、name 和 description 比较容易理解，List<T> values 指主数据值的列表，而 Map<Stirng,T> valueMap 是冗余结构，建立主数据值代码和主数据值对象之间 HashMap，通过它根据值代码可以快速找到值对象。在类 Md 中，没有对应 Dna 上的 defDnaCode 属性，是因为 Dna 的实例转换成 Md 对象之后，不再需要 defDnaCode。

主数据值 Dna 对象是主数据 Dna 对象下的子对象，不同类型的主数据，主数据值 Dna 不同，值对应的 Java class 也不相同，但是都要实现接口 MvInf，代码如下：

```
//path: com.dna.md.bo.MvInf
public interface MvInf {
    String getCode();
    String getCodeVdName();
```

```
    String [] getCodeVdNames();
    boolean matchKey( Object key);
    boolean matchKeys( Object[] keys);
}
```

MvInf 是接口声明，方法说明如下。

（1）getCode：返回主数据值的代码。

（2）getCodeVdName：返回唯一表示主数据值的属性名，一般约定都是"code"。

（3）getCodeVdNames：如果唯一表示主数据值的属性名个数超过 1，则返回属性名数组。

（4）matchKey：将当前属性值的代码与给定 key 进行比较，若匹配，则返回 true，否则，返回 false。

（5）matchKeys：比较多个属性值，若匹配，则返回 true，否则，返回 false。

默认主数据值的类 Mv 实现了 MvInf 接口，代码如下：

```
//path: com.dna.md.bo.Mv
public class Mv implements MvInf {
    private String code;
    private String name;
    private String description;
    @Override
    public String getCode() {
        return this.code;
    }
    public String getName() {
        return name;
    }
    public void setName(String name) {
        this.name = name;
    }
    public String getDescription() {
        return description;
    }
    public void setDescription(String description) {
        this.description = description;
    }
    public void setCode(String code) {
        this.code = code;
    }
    @Override
    public String getCodeVdName() {
        return "code" ;
```

```
    }
    @Override
    public String[] getCodeVdNames() {
        return new String[] { "code" };
    }
    @Override
    public boolean matchKey(Object key) {
        return this.getCode().equals(key);
    }
    @Override
    public boolean matchKeys(Object[] keys) {
        return this.getCode().equals(keys[0]);
    }
}
```

类 Mv 有三个属性，即 code、name 和 description，并实现了接口 MvInf，重载了接口方法 getCode，返回属性 code 的值作为代码值。

所有主数据的管理方式都类似，由 Dna 描述主数据结构，由实例统一管理主数据，根据使用便利性决定是否设计单独的 POJO 类来装载主数据实例。

5.2 查询定义主数据

前面介绍查询服务的接口定义为 public Inst filterInstWithTotal(InstFilterCondition condition)，入参只有一个，类型为 InstFilterCondition，这个参数比较复杂，需要组织查询条件的每一个查询条件属性和查询结果属性。为了简化查询服务调用者组织参数的复杂度，考虑将接口声明改为 public Inst filterInstByDef(InstFilterDef filterDef, Inst conditionInst)。这个接口有两个参数，第一个参数类型为 InstFilterDef，类声明如下：

```
//path: com.dna.instance.filter.bo.InstFilterDef
public class InstFilterDef {
    String filterDefCode;
    int startNo = -1;
    int count;
}
```

类 InstFilterDef 中有三个属性，说明如下。

（1）filterDefCode：主数据值代码，代表某个主数据值 Cell 对象。

（2）startNo：分页查询的开始记录。

（3）count：分页查询要返回的条件。

第 5 章　主数据

filterInstByDef 的第二个参数为存放查询条件属性匹配值的 Inst 对象。与 filterInst 接口相比，这个接口减少大量信息，包括：查询目标为哪一个 Dna 的实例、查询条件属性名和逻辑操作符、查询结果属性名等，以及哪一个 Dna 的实例装载查询结果，等等。这些减少的信息通过 filterDefCode 对应的主数据值来补充。查询定义主数据的值结构 Java class 声明如下：

```java
//path: com.dna.md.bo.InstFilterDefMv
public class InstFilterDefMv implements MvInf {
    long id;
    String code;
    String name;
    String description;
    String businessType;
    String dnaCode;
    String returnDnaCode;
    String layoutCode;
    String conditionBusinessType;
    String conditionDnaCode;
    String conditionLayoutCode;
    String resultBusinessType;
    String resultDnaCode;
    String resultLayoutCode;
    List<InstFilterVd> filterVds = new ArrayList<InstFilterVd>();
    List<InstResultVd> resultVds = new ArrayList<InstResultVd>();
}
```

类 InstFilterDefMv 属性有 id、code、name 和 description，对所有主数据类型值含义都一样，关于其他属性说明如下：

（1）businessType 和 dnaCode 表示要哪一个 Dna 的实例。

（2）returnDnaCode 表示查询返回 Dna 对象上哪一个节点 Dna 的实例。

（3）layoutCode 表示用于展现实例详情的布局代码，用于前台展现，后面有介绍。

（4）conditionBusinessType、conditionDnaCode 表示前台展现查询条件的 Dna。

（5）conditionLayoutCode 表示展现前台查询条件录入界面的布局代码，用于前台展现，后面有介绍。

（6）resultBusinessType、resultDnaCode 表示以哪一个 Dna 的实例来装载查询结果。

（7）resultLayoutCode 表示查询结果清单展现的布局代码，用于前台展现，后面有介绍。

（8）filterVds 表示查询条件属性配置清单。

（9）resultVds 表示查询结果属性配置清单。

类 InstFilterVd 声明如下：

```
//path: com.dna.md.bo.InstFilterVd
public class InstFilterVd {
    private String dnaName;
    private String vdName;
    private String vdAlias;
    private String logicalOperator = LogicalOperator.EQUAL;
    private String expression;
    private String dependencyVdNames;
}
```

该 Java 类定义了作为查询条件属性的信息，dnaName、vdName 表示以哪一个 Dna 的属性作为查询条件属性，vdAlias 是属性的别名，解决同一个属性多次作为查询条件属性的问题，例如，在按照某个属性区间查询时，一个属性条件为大于等于，另一个相同属性条件是小于等于，同一个属性两次作为查询条件属性，就要使用两个别名来区分。logicalOperator 是查询逻辑操作符，expression 用于表达更加复杂的查询条件，允许以某些属性的表达式作为查询条件。dependencyVdNames 说明以查询条件属性为表达式时，依赖哪些属性名，可以是多个属性名，以逗号隔开。

类 InstResultVd 用于描述查询结果属性，类声明如下：

```
//path: com.dna.md.bo.InstResultVd
public class InstResultVd {
    String dnaName;
    String vdName;
    String vdAlias;
}
```

该类代码中的 dnaName 和 vdName 表示返回哪一个 Dna 的实例的哪一个属性，vdAlias 为该查询结果属性别名，用于表示返回的结果属性名和被查询属性名不一致的情况。

重新回顾一下整个查询定义主数据类 Md<InstFilterDefMv>，该结构有三层：Md 下面有一个 List< InstFilterDefMv> values，InstFilterDefMv 下有 List<InstFilterVd> 和 List<InstResultVd>。为了管理整个主数据，需要创建相应 Dna。创建描述类 InstResultDef 的 Dna 对象的代码如下：

```
//path: com.dna.md.MdDnaTool
private static Dna getInstResultVdDna() {
    Dna resultVdDna = new Dna(CodeDefConst.BUSINESS_TYPE_MD,CodeDefConst.
DNA_CODE_FILTER_DEF_RESULT_VD, CodeDefConst.DNA_NAME_FILTER_DEF_RESULT_VD, "
查询条结果属性定义结构");
```

```
        resultVdDna.setCategory(CodeDefConst.CATEGORY_MD);
        resultVdDna.setMultiple(0, 999);
        resultVdDna.setDbMapCode(CodeDefConst.DNA_DB_MAP_CODE_FILTER_DEF_RES
ULT_VD);
        resultVdDna.setLastTime(DateTool.parseDatetime("2020-01-01 
00:00:00"));
        resultVdDna.addVd(new Vd("vdDnaName","返回查询结果的 dna 名称",DataType.
DATA_TYPE_STRING));
        resultVdDna.addVd(new Vd("vdName","查询结果属性名称",DataType.DATA_
TYPE_STRING));
        resultVdDna.addVd(new Vd("vdAlias","查询结果属性别名",DataType.DATA_
TYPE_STRING));
        return resultVdDna;
    }
```

方法 getInstResultVdDna 返回查询结果属性定义的 Dna 对象，有三个属性：vdDnaName、vdName 和 vdAlias。创建描述类 InstFilterVd 的 Dna 对象的代码如下：

```
//path: com.dna.md.MdDnaTool
    private static Dna getInstFilterVdDna() {
        Dna filterVdDna = new Dna(CodeDefConst.BUSINESS_TYPE_MD,CodeDefConst.
DNA_CODE_FILER_DEF_FILTER_VD, CodeDefConst.DNA_NAME_FILTER_DEF_FILTER_VD,"查
询条件属性");
        filterVdDna.setCategory(CodeDefConst.CATEGORY_MD);
        filterVdDna.setMultiple(0, 999);
        filterVdDna.setDbMapCode(CodeDefConst.DNA_DB_MAP_CODE_FILER_DEF_FILT
ER_VD);
        filterVdDna.setLastTime(DateTool.parseDatetime("2020-01-01 
00:00:00"));
        filterVdDna.addVd(new Vd("vdDnaName","查询条件的 Dna 名称",DataType.
DATA_TYPE_STRING));
        filterVdDna.addVd(new Vd("vdName","查询条件属性名称",DataType.DATA_
TYPE_STRING));
        filterVdDna.addVd(new Vd("vdAlias","查询条件属性别名",DataType.DATA_
TYPE_STRING));
        filterVdDna.addVd(new Vd("logicalOperator","逻辑操作符", DataType.DATA_
TYPE_STRING,CodeDefConst.LOGICAL_OPERATOR));
        filterVdDna.addVd(new Vd("expression","表达式",DataType.DATA_TYPE_
STRING));
        filterVdDna.addVd(new Vd("dependencyVdNames","依赖的字段名称列表
",DataType.DATA_TYPE_STRING));
        return filterVdDna;
    }
```

方法 getInstFilterVdDna 返回查询条件属性定义的结构 Dna 对象，有属性 vdDnaName、

vdName、vdAlias、logicalOperator、expression 和 dependencyVdNames。

以上两个 Dna 是查询定义主数据的第三级子对象。在它们的基础上构建二级主数据值 Dna 对象，代码如下：

```java
//path: com.dna.md.MdDnaTool
private static Dna getInstFilterMvDna() {
    Dna mvDna = new Dna(CodeDefConst.BUSINESS_TYPE_MD,CodeDefConst.DNA_CODE_FILER_DEF_MV, CodeDefConst.DNA_NAME_FILER_DEF_MV,"查询参数值结构 Dna");
    mvDna.setCategory(CodeDefConst.CATEGORY_MD);
    mvDna.setMultiple(0, 999);
    mvDna.setDbMapCode(CodeDefConst.DNA_DB_MAP_CODE_DEFAULT_MV);
    mvDna.setLastTime(DateTool.parseDatetime("2020-01-01 00:00:00"));
    mvDna.addVd( new Vd("code","代码",DataType.DATA_TYPE_STRING));
    mvDna.addVd( new Vd("name","名称",DataType.DATA_TYPE_STRING));
    mvDna.addVd( new Vd("description","描述",DataType.DATA_TYPE_STRING));
    mvDna.addVd( new Vd("targetBusinessType","查询目标业务类型", DataType.DATA_TYPE_STRING,CodeDefConst.BUSINESS_TYPE));
    mvDna.addVd( new Vd("targetDnaCode","查询目标 Dna 代码",DataType.DATA_TYPE_STRING));
    mvDna.addVd( new Vd("returnDnaCode","查询返回 Dna 代码",DataType.DATA_TYPE_STRING));
    mvDna.addVd( new Vd("layoutCode","实例详情布局代码",DataType.DATA_TYPE_STRING));
    mvDna.addVd( new Vd("conditionBusinessType","条件 Dna 的业务类型",DataType.DATA_TYPE_STRING,CodeDefConst.BUSINESS_TYPE));
    mvDna.addVd( new Vd("conditionDnaCode","条件 Dna 代码",DataType.DATA_TYPE_STRING));
    mvDna.addVd( new Vd("conditionLayoutCode","条件显示布局代码",DataType.DATA_TYPE_STRING));
    mvDna.addVd( new Vd("resultBusinessType","查询结果 Dna 的业务类型",DataType.DATA_TYPE_STRING,CodeDefConst.BUSINESS_TYPE));
    mvDna.addVd( new Vd("resultDnaCode","查询结果 Dna 代码",DataType.DATA_TYPE_STRING));
    mvDna.addVd( new Vd("resultLayoutCode","查询结果显布局代码",DataType.DATA_TYPE_STRING));
    mvDna.addChild(getInstFilterVdDna());
    mvDna.addChild(getInstResultVdDna());
    return mvDna;
}
```

方法 getInstFilterMvDna 返回查询定义主数据值的 Dna 对象。类 InstFilterDefMv 的两个属性：businessType 和 dnaCode，对应到 Dna 对象属性名时，需要修改一下名称，分别为

targetBusinessType 和 targetDnaCode，以避免名字冲突。代码调用了 getInstFilterVdDna 和 getInstResultVdDna 返回下一层 Dna 对象，作为子节点。接着创建主数据根节点，代码如下：

```java
//path: com.dna.md.MdDnaTool
public static Dna getInstFilterMdDna() {
    Dna mdDna = new Dna(CodeDefConst.BUSINESS_TYPE_MD,CodeDefConst.DNA_CODE_FILTER_DEF_MD, CodeDefConst.DNA_NAME_FILTER_DEF_MD,"查询结构 Dna");
    mdDna.setCategory(CodeDefConst.CATEGORY_MD);
    mdDna.setMultiple(0, 9999);
    mdDna.setDbMapCode(CodeDefConst.DNA_DB_MAP_CODE_FILTER_DEF_MD);
    mdDna.setCursive(false);
    mdDna.setLastTime(DateTool.parseDatetime("2020-01-01 00:00:00"));
    mdDna.addVd( new Vd("code","代码",DataType.DATA_TYPE_STRING));
    mdDna.addVd( new Vd("name","名称",DataType.DATA_TYPE_STRING));
    mdDna.addVd( new Vd("description","描述",DataType.DATA_TYPE_STRING));
    mdDna.addVd( new Vd(CellFixedName.DEF_DNA_CODE,"Dna 代码",DataType.DATA_TYPE_STRING));
    mdDna.addChild(getInstFilterMvDna());
    return mdDna;
}
```

方法 getInstFilterMdDna 创建查询定义根节点 Dna 对象，调用了 getFilterMvDna 返回主数值 Dna 对象作为孩子节点。整个 Dna 对象描述了查询定义参数的结构。Dna 实例对象转换为 InstFilterDefMv 对象的代码如下：

```java
//path: com.dna.md.cache.InstFilterMdTool
public static List inst2FilterDefMd( Inst inst ){
    Map<String,String> classNameMap = new HashMap<String,String>();
    Map<String,String> vdNameMap = new HashMap<String,String>();
    classNameMap.put(CodeDefConst.DNA_NAME_FILTER_DEF_RESULT_VD, InstResultVd.class.getName());
    classNameMap.put(CodeDefConst.DNA_NAME_FILTER_DEF_FILTER_VD, InstFilterVd.class.getName());
    classNameMap.put(CodeDefConst.DNA_NAME_FILER_DEF_MV, InstFilterDefMv.class.getName());
    vdNameMap.put("targetBusinessType", "businessType");
    vdNameMap.put("targetDnaCode", "dnaCode");
    vdNameMap.put("vdDnaName", "dnaName");
    vdNameMap.put(CodeDefConst.DNA_NAME_FILER_DEF_MV, "values");
    vdNameMap.put(CodeDefConst.DNA_NAME_FILTER_DEF_RESULT_VD, "resultVds");
    vdNameMap.put(CodeDefConst.DNA_NAME_FILTER_DEF_FILTER_VD, "filterVds");
    List<Md> results =DnaTool.inst2Object(inst, Md.class, classNameMap, vdNameMap);
```

```
        return results;
}
```

5.3 根据定义查询

上一节创建了查询定义 Dna 对象，并且给出根据主数据定义来查询实例的接口 filterInstByDef，它是对 filterInstWithTotal 的服务包装，简化了接口参数组织的复杂性，前台分页查询功能将调用该服务。filterInstByDef 的代码如下：

```
//path: com.dna.instance.filter.service.impl.InstFilterServiceImpl
public Inst filterInstByDef(InstFilterDef filterDef, Inst conditionInst) {
    String filterDefCode = filterDef.getFilterDefCode();
    InstFilterDefMv filterDefMv = (InstFilterDefMv) this.mdCacheService.
getMdValue(InstFilterDefMv.class,CodeDefConst.FILTER_DEF_CODE, filterDefCode);
    Dna targetDna = this.dnaCacheService.getDna(filterDefMv.getBusiness
Type(), filterDefMv.getDnaCode());
    InstFilterBuilder builder = InstFilterBuilder.newInstFilterBuilder
(filterDefMv.getBusinessType(),   targetDna,filterDefMv.getReturnDnaCode(),
filterDefMv.getResultBusinessType(), filterDefMv.getResultDnaCode());
    String conditionDnaCode = filterDefMv.getConditionDnaCode();
    if (!conditionDnaCode.equals(conditionInst.getDnaCode()))
        throw new RuntimeException("条件 DnaCode 和参数不符合");
    Dna    conditionDna    =    this.dnaCacheService.getDna(filterDefMv.
getConditionBusinessType(), conditionDnaCode);
    Cell conditionCell = conditionInst.getSingleCell();
    for (String vdName : conditionDna.getVdSet()) {
        if ( CellTool.isVaNull(conditionCell.getVaByName(vdName) ) )
            continue;
        Object value = conditionCell.getVaByName(vdName).getValue();
        InstFilterVd filterVd = filterDefMv.getFilterVdByVdName(vdName);
        builder.addFilterVd(filterVd.getDnaName(),  vdName, filterVd.get
LogicalOperator(), value);
    }
    if (conditionCell.getParentId() > 0) {
        InstFilterVd filterVd = filterDefMv.getFilterVdByVdName(CellFixedName.
PARENT_ID);
        builder.addFilterVd(filterVd.getDnaName(), CellFixedName.PARENT_
ID, filterVd.getLogicalOperator(),conditionCell.getParentId());
    }
    for (InstResultVd resultVd : filterDefMv.getResultVds())
        builder.addResultVd(resultVd.getDnaName(), resultVd.getVdName());
    InstFilterCondition condition = builder.filter();
```

```
        if ( filterDef.getStartNo() >=0 && filterDef.getCount() > 0)
            condition.setPageFilterInfo(filterDef.getCount(), filterDef.getStart
No());
        return this.filterInstWithTotal(condition);
    }
```

方法 filterInstByDef 将入参 filterDef 和 condtionInst 转换为 filterInstWithTotal 的参数，然后转调 filterInstWithTotal 返回查询结果。服务处理逻辑如下：

（1）根据 filterDef.filterDefCode 从缓存中得到查询定义的主数据值对象。

（2）创建 InstFilterBuilder 对象，用于将主数据值对象和查询条件实例 conditionInst 转换到 InstFilterCondition 对象，只使用 conditionCell 中非空值属性作为查询条件属性。

（3）如果查询条件中 conditionCell 的 parentId 大于 0，则固定属性 parentId 作为查询属性之一。

（4）根据查询定义主数据值设置查询返回结果属性。

（5）获取 filterDef.startNo 和 filterDef.count，以设置分页查询信息。

（6）最后从 InstFilterBuilder 中得到 InstFilterCondition 对象，然后将其作为参数调用 filterInstWithTotal 返回查询结果。

通过分析 filterInstByDef 服务得知，查询定义主数据本质上还是通过调用 filterInstWithTotal 服务返回结果，简化查询参数的组织，方便前台构建通用查询功能界面，通过查询条件 Dna、查询结果 Dna 对象及页面布局配置，实现通用的查询功能。后面介绍的前台查询功能将会从前台发起 filterInstByDef 服务的调用。

第 6 章
元数据实例的界面展现

前面介绍了元数据实例相关服务，以及实例到数据库的映射。本章继续介绍元数据实例的界面展现。本章先介绍菜单管理，它是进入操作界面的入口，接着介绍普通当事人的界面展现，然后逐步重构当事人界面，抽取共性，将其转换为一个比较通用的可用于展现实例的框架，最后介绍各种界面展现组件。

6.1 菜单主数据管理

本节介绍如何利用 Dna 的实例来管理菜单。应用系统都有登录的入口，登录成功之后，系统显示工作台界面，在工作台上显示用户可以操作相关的菜单树。每一个叶子菜单项都关联到一个功能，称为功能菜单项；其他中间层非叶子菜单项用于组织功能菜单项。每一个功能菜单项都会关联到一个具体功能，当用户单击一个功能菜单项之后，系统将打开一个具体功能的界面。一般应用在程序代码中根据菜单的编码打开对应功能。利用元数据模型管理实例对象，无论是各种主数据实例管理，还是当事人的实例管理等，都是同一个功能，对应于后台的同一套服务，只是配置信息不同而已。

因此，当通过一个菜单项打开一个功能时，需要更多配置信息。实例管理要有两个基本功能：录入功能（创建和修改）和查询功能。录入功能允许对新建实例或者已存在实例进行修改。而查询功能用于查询实例清单，当用户选择其中一个具体查询结果时，可以链接到录入功能，查看和修改选中实例的详情。由于功能不同，菜单配置信息也不同。描述菜单数据结构的 Java 类 InstMenu 声明如下：

```
//path: com.dna.menu.bo.InstMenu
public class InstMenu {
    private String code;
    private String name;
    private String description;
    private String functionCode;
```

```
    private String mdCode;
    private String mvCode;
    private boolean leaf;
    private MenuExtension extension;
    private List<InstMenu> children = new ArrayList<InstMenu>();
}
```

类 InstMenu 是一个比较简单的递归结构，每个菜单项有一个功能代码 functionCode，前台根据 functionCode 打开具体的功能组件。每一个菜单项有一个属性 MenuExtension extension，MenuExtension 是基类，具体子类从该基类继承。类 MenuExtension 代码如下，只有一个属性 type。

```
//path: com.dna.menu.bo.InstMenuExtension
public class InstMenuExtension {
    protected String type;
}
```

不同功能的扩展信息不相同，InstMenuExtesion 具体子类由具体功能决定。录入和查询两个基本功能，分别对应扩展类 CellEntryExtension 和 CellFilterExtension。Dna 可以描述数据结构，但是无法描述继承关系。因此，为每一类扩展信息创建一类主数据，一个菜单项将关联到一个主数据和主数据值，通过主数据值来扩展菜单配置信息。InstMenu 的属性 mdCode 和 mvCode 分别代表主数据类型和主数据值代码。描述菜单结构类 InstMenu 的 Dna 对象创建如下所示：

```
//path: com.dna.menu.dna.MenuDnaTool
public static Dna getMenuDna(){
    Dna menuDna = new Dna(CodeDefConst.BUSINESS_TYPE_MENU, CodeDefConst.DNA_CODE_MENU,CodeDefConst.DNA_NAME_MENU,"menu 结构 Dna");
    menuDna.setCategory(CodeDefConst.CATEGORY_MENU);
    menuDna.setMultiple(0, 999);
    menuDna.setDbMapCode(CodeDefConst.DNA_DB_MAP_CODE_MENU);
    menuDna.setCursive(true);
    menuDna.setLastTime(DateTool.parseDatetime("2020-01-01 00:00:00"));
    menuDna.getVds().add( new Vd("code","菜单代码",DataType.DATA_TYPE_STRING));
    menuDna.getVds().add( new Vd("name","菜单名称",DataType.DATA_TYPE_STRING));
    menuDna.getVds().add( new Vd("description","菜单描述",DataType.DATA_TYPE_STRING));
    menuDna.getVds().add( new Vd("functionCode","functionCode","功能代码",DataType.DATA_TYPE_STRING,CodeDefConst.MENU_FUNCTION_CODE));
    menuDna.getVds().add( new Vd("mdCode","扩展主数据代码",DataType.DATA_TYPE_STRING));
```

```
        menuDna.getVds().add( new Vd("mvCode","扩展主数据值代码",DataType.DATA_
TYPE_STRING));
        menuDna.getVds().add( new Vd("leaf","是否叶子",DataType.DATA_
TYPE_BOOLEAN));
        return menuDna;
    }
```

方法 getMenuDna 创建 Dna 对象 menuDna，以描述一个递归树形菜单结构，menuDna.setCursive(true)表示 Dna 的实例是一个递归结构，说明如下：

1）code：代码。

2）name：菜单名称。

3）description：描述，即在界面上显示的菜单项文字。

4）functionCode：决定了使用哪一个功能，前台根据 functionCode 决定使用哪一个功能界面。

5）mdCode 和 mvCode 定位到某个主数据下的某个主数据值代码，从该主数据中获取菜单扩展配置信息，前台在根据 functionCode 打开一个功能的同时，将 mdCode 和 mvCode 确定的主数据值扩展信息作为参数传递给该功能，由具体功能程序来解释 mdCode 和 mvCode 所对应主数据值关于菜单扩展配置信息的含义。

6）leaf 表示是否是叶子节点。如果是叶子节点，则可以设置 functionCode、mdCode 和 mvCode，对于中间节点，不需要设置这三个值。

menuDna.setDbMapCode 设置了菜单到数据库映射代码，创建其 DnaDbMap 对象的代码如下：

```
//path: com.dna.menu.dna.MenuDnaTool
    public static DnaDbMap getMenuDnaDbMap() {
        DnaDbMapBuilder builder = DnaDbMap.createDbMapBuilder(CodeDefConst.
DNA_DB_MAP_CODE_MENU,    "T_Menu","T_MenuExtension",new   String[]   {"id",
"parentId","code","name","description","functionCode","mdCode","mvCode","lea
f"},null,null,false);
        builder.setDnaMapType(DnaMapType.SIMPLE);
        builder.setRequireRootId(false);
        builder.setVersion(VersionType.NONE, EdrVersionType.NONE, LogVersion
Type.NONE);
        builder.setLastTime(DateTool.parseDatetime("2020-01-01 00:00:00"));
        return builder.getDnaDbMap();
    }
```

通过以下代码将菜单的实例转换为菜单对象。

```java
//path: com.dna.menu.service.MenuTool
public static List<InstMenu> inst2Menu( Inst inst ){
    Map<String,String> classNameMap = new HashMap<String,String>();
    Map<String,String> vdNameMap = new HashMap<String,String>();
    classNameMap.put(CodeDefConst.DNA_NAME_MENU, InstMenu.class.getName());
    vdNameMap.put(CodeDefConst.DNA_NAME_MENU, "children");
    List<InstMenu> results =DnaTool.inst2Object(inst, InstMenu.class, classNameMap, vdNameMap);
    return results;
}
```

目前系统提供了两个基本功能：录入和查询。录入功能扩展信息定义在主数据中，描述该主数据结构的 Dna 对象创建如下：

```java
//path: com.dna.md.MdDnaTool
public static Dna getInstEntryDna() {
    Dna mdDna = new Dna(CodeDefConst.BUSINESS_TYPE_MD,CodeDefConst.DAN_CODE_INST_ENTRY_MD, CodeDefConst.DNA_NAME_INST_ENTRY_MD,"录入功能主数据 Dna");
    mdDna.setCategory(CodeDefConst.CATEGORY_MD);
    mdDna.setMultiple(0, 9999);
    mdDna.setDbMapCode(CodeDefConst.DNA_DB_MAP_CODE_DEFAULT_MD);
    mdDna.setCursive(false);
    mdDna.setLastTime(DateTool.parseDatetime("2020-01-01 00:00:00"));
    mdDna.addVd(new Vd("code","代码",DataType.DATA_TYPE_STRING));
    mdDna.addVd( new Vd("name","名称",DataType.DATA_TYPE_STRING));
    mdDna.addVd( new Vd("description","描述",DataType.DATA_TYPE_STRING));
    mdDna.addVd( new Vd(CellFixedName.DEF_DNA_CODE,"Dna 代码",DataType.DATA_TYPE_STRING));

    Dna mvDna = new Dna (CodeDefConst.BUSINESS_TYPE_MD, CodeDefConst.DNA_CODE_INST_ENTRY_MV,CodeDefConst.DNA_NAME_INST_ENTRY_MV,"录入功能主数据值 Dna");
    mvDna.setCategory(CodeDefConst.CATEGORY_MD);
    mvDna.setMultiple(0, 9999);
    mvDna.setDbMapCode(CodeDefConst.DNA_DB_MAP_CODE_DEFAULT_MV);
    mvDna.setCursive(false);
    mvDna.addVd( new Vd("code","代码",DataType.DATA_TYPE_STRING));
    mvDna.addVd( new Vd("name","名称",DataType.DATA_TYPE_STRING));
    mvDna.addVd( new Vd("description","描述",DataType.DATA_TYPE_STRING));
    mvDna.addVd( new Vd("targetBusinessType","目标业务类型", DataType.DATA_TYPE_STRING,CodeDefConst.BUSINESS_TYPE));
    mvDna.addVd( new Vd("targetDnaCode","目标 Dna 代码",DataType.DATA_TYPE_STRING));
    mvDna.addVd( new Vd("layoutCode","布局代码",DataType.DATA_TYPE_STRING));
    mvDna.addVd( new Vd("templateLayout","是否模板",DataType.DATA_TYPE_BOOLEAN));
```

```
    mvDna.addVd( new Vd("cellCode","实例代码",DataType.DATA_TYPE_STRING));
    mvDna.addVd( new Vd("parentCellCode","父实例代码",DataType.DATA_TYPE_
STRING));
    mdDna.addChild(mvDna);
    return mdDna;
}
```

该主数据描述打开录入功能时，菜单项应向录入功能传送的参数包括录入实例的 Dna 代码和界面展现布局代码等，关于里面每一个属性的描述，请参照后面关于类 CellEntryExtension 的说明。通过如下代码可以将录入功能扩展信息的实例转换为 CellEntryExtension 对象。

```
//path:com.dna.menu.service.MenuTool
public static CellEntryExtension inst2EntryExtension(Cell cell){
    Map<String,String> classNameMap = new HashMap<String,String>();
    Map<String,String> vdNameMap = new HashMap<String,String>();
    vdNameMap.put("targetDnaCode", "dnaCode");
    vdNameMap.put("targetBusinessType", "businessType");
    CellEntryExtension result =DnaTool.cell2Object(CodeDefConst.DNA_NAME_
INST_ENTRY_MV,cell, CellEntryExtension.class, classNameMap, vdNameMap);
    return result;
}
```

查询功能涉及的扩展信息，就是前面介绍的查询定义的主数据。而查询功能的扩展信息 Dna 就是上一章介绍的方法 getInstFilterMdDna 中创建的 Dna 对象。类 CellFilterExtension 描述了在打开查询功能时菜单项应向查询功能传送哪些参数。如下代码将 Cell 对象转换为 CellFilterExtension 对象：

```
//path: com.dna.menu.service.MenuTool
public static CellFilterExtension cell2FilterExtension(Cell cell){
    Map<String,String> classNameMap = new HashMap<String,String>();
    Map<String,String> vdNameMap = new HashMap<String,String>();
    vdNameMap.put("targetDnaCode", "dnaCode");
    vdNameMap.put("targetBusinessType", "businessType");
    vdNameMap.put("code", "filterDefCode");
    CellFilterExtension result   =DnaTool.cell2Object(CodeDefConst.DNA_
NAME_FILER_DEF_MV,cell, CellFilterExtension.class, classNameMap, vdNameMap);
    return result;
}
```

当用户登录之后,调用后台服务 getInstMenu,从系统中获取菜单清单。方法 getInstMenu 的代码如下：

```
//path: com.dna.menu.service.impl.MenuServiceImpl
public InstMenu getInstMenu( CommonInfo commonInfo) {
```

```java
        Inst inst = this.filterService.filterInstByUnqiueCode(CodeDefConst.
BUSINESS_TYPE_MENU,   CodeDefConst.DNA_CODE_MENU,   CodeDefConst.GLOBAL_CONST_
ROOT_MENU_CODE);
        ReturnMessage<Inst> instMessage = this.instService.getInst(commonInfo,
CodeDefConst.BUSINESS_TYPE_MENU, CodeDefConst.DNA_CODE_MENU, inst.getSingeId());
        if ( !instMessage.isSuccess())
            throw new RuntimeException(instMessage.getMessage());
        Inst menuInst = instMessage.getValue();
        List<InstMenu> menus = MenuTool.inst2Menu(menuInst);
        complementMenuExtension(menus);
        menus.get(0).addChild(createDefaultMenu());
        return menus.get(0) ;
    }
```

方法 getInstMenu 得到菜单实例，调用 MenuToo.inst2Menu 将菜单转换为 List<InstMenu> 对象，然后调用方法 complementMenuExtension 补充叶子菜单项的扩展配置信息。complementMenuExtension 的代码如下：

```java
//path: com.meta.menu.service.impl.MenuServiceImpl
    private void complementMenuExtension( List<InstMenu> menus ) {
        InstMenuExtension extension;
        for ( InstMenu menu : menus ) {
            if ( menu.getMdCode() != null && !menu.getMdCode().equals("")) {
                Cell mv = this.mdCacheService.getAndVerifyMv(menu.getMdCode(),
menu.getMvCode());
                if(menu.getMdCode().equals(CodeDefConst.MENU_EXTESNION_TYPE_
CELL_ENTRY)) {
                    CellEntryExtension  entryExtension = MenuTool.inst2Entry
Extension(mv);
                    if (entryExtension.getParentCellCode()!= null &&
                        !entryExtension.getParentCellCode().equals("") ) {
                        Inst parentInst = this.filterService.filterParentInst
ByParentCode(entryExtension.getBusinessType(),   entryExtension. getDnaCode(),
entryExtension.getParentCellCode());
                        entryExtension.setParentCellId(parentInst.getSingeId());
                    }
                    menu.setExtension(entryExtension);
                }
                else if ( menu.getMdCode().equals(CodeDefConst.MENU_EXTESNION_
TYPE_CELL_FILTER)) {
                    extension = MenuTool.cell2FilterExtension(mv);
                    menu.setExtension(extension);
                }
            }
            complementMenuExtension(menu.getChildren());
```

```
    }
}
```

complementMenuExtension 是一个递归方法,判断每一个菜单项的扩展类型:如果是录入功能扩展,就调用方法 MenuTool.inst2EntryExtension;如果是查询功能扩展,就调用 MenuTool.cell2FilterExtension,来补全菜单扩展配置信息。

6.2 当事人录入界面实现

Dna 决定了实例的结构,但是 Dna 没有解决实例如何展现的问题。对实例的界面展现有两种方式:一种方式是界面开发者事先理解实例的 Dna,相当于理解了实例的数据结构,就可以像传统开发界面一样,将实例中需要展现的属性摆放在界面上,并与实例绑定,这是界面定制开发,不具有通用性;另一种方式是为界面配置页面布局,根据配置来展现实例。无论采用哪一种方式,都需要理解实例转换为 JSON 的格式。

回顾一下实例的 JSON 格式,以当事人 Dna 对象 partyDna 的实例为例,预习一下 JSON 字符串片段(不完整),具体如下:

```
{
    "businessType": "04",
    "dnaCode": "10001",
    "dnaName": "partyDna",
    "instType": "1",
    "total": -1,
    "parentId": 0,
    "cells": [{
        "id": 1559,
        "operationFlag": "4",
        "rootId": 0,
        "parentId": 0,
        "dnaCode": null,
        "birthday": "2020-03-06",
        "certType": "01",
        "partyCode": "3",
        "contact": null,
        "partyName": "张三",
        //省略部分属性
        "partyAccountDna": {
            "businessType": "04",
            "dnaCode": "10002",
            "dnaName": "partyAccountDna",
            "instType": "1",
```

```
            "total": -1,
            "parentId": 1559,
            "cells": [{
                "id": 1560,
                "operationFlag": "4",
                "rootId": 0,
                "parentId": 1559,
                "dnaCode": null,
                "address": null,
                "accountName": "张三",
                "accountNo": "62148051ddddd",
                "bankName": "中国银行",
                "postCode": null,
                "accountUsageDna": {
                    "businessType": "04",
                    "dnaCode": "10105",
                    "dnaName": "accountUsage",
                    "instType": "1",
                    "total": -1,
                    "parentId": 1560,
```

该 JSON 串将前台 JavaScript 对象转换为 partyInst，partyInst 的属性 partyInst.dnaCode 是该实例的 Dna 代码。单个当事人的数据存放在 partyInst.cells 数组的第一个元素中。访问当事人姓名的 JavaScript 表达式为 partyInst.cells[0].partyName。访问当事人下账户的 JavaScript 表达式为 partyInst.cells[0].partyAccountDna.cells，这是一个数组，可以有零到多个账户，该表达式中的 "partyAccountDna" 是一个变量名，代表当事人 Cell 对象下的子实例账户，该变量名恰好是账户 Dna 对象 partyAccountDna 的 dnaName。

如果要继续访问某一个账户下面的账户用途，那么可以使用 partyInst.cells[0].partyAccountDna.cells[i].accountUsageDna.cells 数组，表示第 i 个账户的多个用途，其中的 "accountUsageDna" 是一个变量名，代表账户 Cell 对象下的子实例对象，该变量名恰好是账户用途 Dna 对象 accountUsageDna 的 dnaName。

理解前台实例的 JavaScript 结构之后，可以通过前台硬写代码开发出当事人的界面展现。本书前台代码采用 Vue 技术和 Element-UI 作为界面开发工具。在介绍当事人录入代码之前，先看一下录入界面，如图 6-1 所示。

界面上面部分是一个表单（form），用于展现当事人基本信息，接着是一个表格（grid），展现一个当事人拥有的多个账户。表格右边是增加和删除账户的按钮。下面是暂存和提交的两个按钮。暂存和提交区别在于，暂存是将当前信息保存到后台之后继续保留当前界面不清空，用户可以继续录入修改；提交是将当前信息保存到后台，清空当前界面，继续进行新当事人的录入。

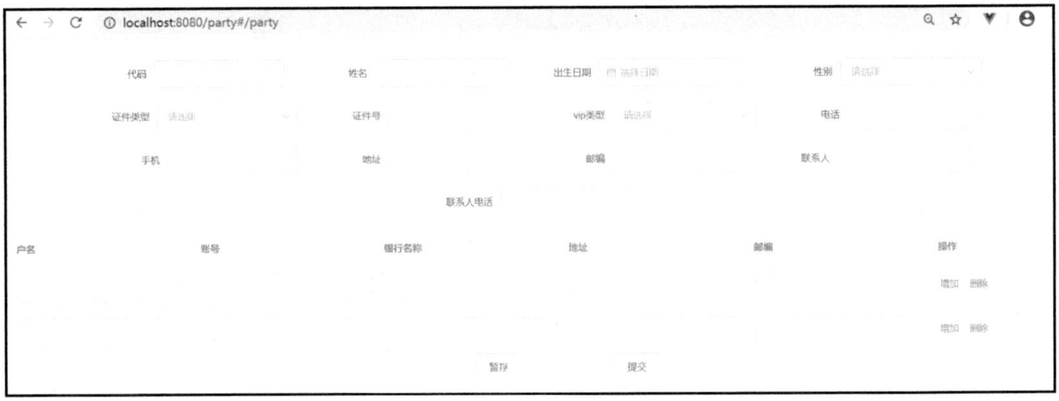

图 6-1 当事人录入界面

该界面是一个 Vue 组件。一般 Vue 组件的程序代码由两部分组成：上面为 template，下面为 script。书中部分前台 Vue 组件代码比较长，这里将其切分成多个代码片段，同时在不影响理解的情况下省略部分属性罗列。下面介绍当事人录入组件 PartyEntry 的程序实现。如下是组件 PartyEntry 的 template 代码：

```
//path: components\party\PartyEntry2.vue
<template>
  <div>
    <el-form :inline="true" label-width="120px" v-if="partyInst">
      <el-form-item :span="8" label="代码">
        <el-input v-model="partyInst.cells[0].partyCode"></el-input>
      </el-form-item>
      <el-form-item :span="8" label="姓名">
        <el-input v-model=" partyInst.cells[0].partyName"></el-input>
      </el-form-item>
      <el-form-item :span="8" label="出生日期">
        <el-date-picker placeholder="选择日期" type="date" v-model="partyInst.cells[0].birthday"></el-date-picker>
      </el-form-item>
      <el-form-item :span="8" label="性别">
        <MdSelect :dictionaryCode="CodeDefConst.GENDER_CODE" :value-object="partyInst.cells[0]" vdName="gender"> </MdSelect>
      </el-form-item>
      <el-form-item :span="8" label="证件类型">
        <MdSelect :dictionaryCode="CodeDefConst.CERT_TYPE" :value-object="partyInst.cells[0]" vdName="certType"></MdSelect>
```

```
        </el-form-item>
        <!--省略部分属性-->
      </el-form>
      <el-table :data="partyInst.cells[0].partyAccountDna.cells" >
        <!-- 多 el-table-column 的设置 -->
        <el-table-column label="操作" prop="operation" width="180">
          <template slot-scope="scope">
            <el-button @click='addAccount()' type='text'>增加</el-button>
            <el-button @click='deleteAccount(scope.row)' type='text'>删除</el-button>
          </template>
        </el-table-column>
      </el-table>
      <el-button @click="save()">保存</el-button>
      <el-button @click="commit()">提交</el-button>
    </div>
  </template>
```

在 PartyEntry 组件的 template 中,上面部分是一个表单 el-form,展现的 partyInst.cells[0] 是当事人基本信息。根据不同数据类型,分别使用不同的 Vue 组件展现每一个属性。例如,字符串类型使用 el-input 展现,日期类型使用 el-date-picker 展现,对于数据字典值的录入使用自开发的 MdSelect 组件(下拉列表框)展现。下面部分是一个表格 el-table,其属性 data 绑定了数组 partyInst.cells[0].partyAccountDna.cells,表格每一行最后有两个按钮,即增加和删除,在表格的下面是两个按钮,即保存和提交。

PartyEntry 的表单 form 的每一个组件,如<el-input v-model="partyInst.cells[0].partyCode"></el-input>,通过标签属性 v-model 绑定 partyInst.cells[0]对象的一个属性 partyCode。界面上摆放哪些组件,和实例的哪些属性绑定,在软件设计阶段都已确定,开发者只需要编写每一个录入框组件,并建立与 partyInst.cells[0]之间的数据绑定即可。

但是由于 partyInst 的数据结构是由 Dna 决定的,如果 Dna 发生变化(例如,在列表属性 vds 中增加部分新属性,或者删除部分属性),那么开发人员不得不重新修改组件。这种做法和传统开发非常类似,先确定当事人的数据结构,然后基于该结构进行开发,不需要 Dna 这些额外信息。

接着前面的 template 代码,PartyEntry 表格 el-table 详细代码如下:

```
//path: components\party\PartyEntry2.vue
<el-table :data="partyInst.cells[0].partyAccountDna.cells">
  <template slot="empty">
      <el-button @click="addCell(partyInst.cells[0].partyAccountDna)" type='text'>暂无数据,点击添加</el-button>
```

```
        </template>
      <el-table-column label="户名">
        <template slot-scope="scope"><el-input v-model="scope.row.accountName"></el-input></template>
      </el-table-column>
      <el-table-column label="账号">
        <template slot-scope="scope"><el-input v-model="scope.row.accountNo"></el-input></template>
      </el-table-column>
      <el-table-column label="银行名称">
        <template slot-scope="scope"><el-input v-model="scope.row.bankName"></el-input></template>
      </el-table-column>
      <el-table-column label="地址">
        <template slot-scope="scope"> <el-input v-model="scope.row.address"></el-input></template>
      </el-table-column>
      <el-table-column label="邮编">
        <template slot-scope="scope"> <el-input v-model="scope.row.postCode"></el-input> </template>
      </el-table-column>
      <el-table-column label="操作" prop="operation" width="180">
      <template slot-scope="scope">
        <el-button @click='addAccount()' type='text'>增加 </el-button>
        <el-button @click='deleteAccount(scope.row)' type='text'> 删除</el-button>
      </template>
      </el-table-column>
  </el-table>
```

el-table 组件展现多个账户信息，表格由多列组成，每一个属性都是固定的，el-table 的属性 data 绑定账户数据 partyInst.cells[0].partyAccountDna.cells，每一列都映射到对应账户的属性。这种程序开发方式，与一般应用没有本质差别，都在数据结构确定的基础上定制界面。在表格的每一行中有两个按钮：增加和删除。它们的单击事件对应增加和删除函数，即可增加或者删除 partyInst.cells[0].partyAccountDna.cells 数组元素。

当事人录入组件 PartyEntry 的 script 脚本的代码框架如下所示：前面部分是 import，接着就是 export 部分。

```
//path: components\party\PartyEntry2.vue
<script>
    import instService from '../../js/instService.js'
    import CodeDefConst from "../../js/CodeDefConst";
```

```
    import MdSelect from "../MdSelect";
    import cacheManagement from "../../js/cacheManagement";
    export default {
        name: "PartyEntry",
        components: {MdSelect},
        data() {
            return {
                partyInst: null,
                CodeDefConst: CodeDefConst
            }
        },
        methods: {
            //忽略所有方法
        },
        mounted() {
            instService.initInst(cacheManagement.getDefaultCommonInfo(),
CodeDefConst.BUSINESS_TYPE_PARTY, CodeDefConst.Dna_CODE_PARTY, this.initParty);
        }
    }
</script>
```

函数 data 定义了数据项目：partyInst 和 CodeDefConst，前者是当前界面要录入的当事人实例，是实例在前台的 JavaScript 对象。CodeDefConst 包含常量定义，放在 CodeDefConst 独立文件中，为了在 template 中能够访问到这些常量，需要将其定义为函数 data 的数据项 CodeDefConst。在 PartyEntry 组件的初始化函数 mounted 中，调用后台服务 instService.initInst 创建一个空白实例。instService.initInst 的代码如下：

```
//path: \js\instService.js
  initInst: function (commonInfo, businessType, dnaCode, callback) {
    axios.post("/api/inst/initInst", {
      commonInfo: commonInfo,
      value1: businessType,
      value2: dnaCode
    }).then(reponse => {
      if (reponse.data.success) {
        callback(reponse.data.value);
      } else
        console.log(reponse.data.message);
    }).catch(err => {
      console.log(err);
    });
  },
```

函数 initInst 是对后台 Controller 层服务 initInst 的前台包装，异步调用成功之后，将发起回调，如果调用失败，在前台日志中输出错误结果。函数 initInst 参数说明如下。

1）commonInfo：大部分服务都有的公共参数，用于检查后台用户身份鉴权和端到端的监控管理，本书不涉及这些内容，可以忽略它。

2）businessType 和 dnaCode：定位到唯一 Dna 对象，传送到后台用于确定创建哪一个 Dna 的实例。value1 和 value2 分别接收 businessType 和 dnaCode 的传入值。

在 PartyEntry 组件的 mounted 函数中成功调用 instService.initInst 服务之后，回调了 this.initParty 函数并将返回结果赋值给函数 data 的数据项 partyInst，界面绑定 partyInst 进行展现。initParty 是 methods 中的一个方法，代码如下：

```
//path: components\party\PartyEntry2.vue
    initParty(partyInst) {
        this.partyInst = partyInst;
    },
```

在 template 的表格上有两个按钮：增加和删除，单击之后执行 methods 中的函数，代码如下：

```
//path: components\party\PartyEntry2.vue
        addAccountCallback(partyAccountInst) {
            this.partyInst.cells[0].partyAccountDna.cells.push(
                partyAccountInst.cells[0]
            );
        },
        addAccount() {
            instService.initInst(cacheManagement.getDefaultCommonInfo(),
CodeDefConst.BUSINESS_TYPE_PARTY, CodeDefConst.Dna_CODE_PARTY_ACCOUNT, this.
addAccountCallback);
        },
        deleteAccount(row) {
            for (let index in this.partyInst.cells[0].partyAccountDna.cells)
                if (row == this.partyInst.cells[0].partyAccountDna.cells
[index]) {
                    this.partyInst.cells[0].partyAccountDna.cells.splice
(index, 1);
                    break;
                }
        }
```

当单击"新增"按钮之后，调用了后台 instService.initInst 服务，创建账户 Cell 对象，通过回调函数 addAccountCallback 增加到 this.partyInst.cells[0].partyAccountDna.cells，表格

自动增加一行。当单击"删除"按钮之后，程序定位到被单击的当前行，将其从 this.partyInst.cells[0]. partyAccountDna.cells 中删除，表格自动删除一行。注意，删除方法有漏洞，如果对象在后台被保存过，那么这种方式无法从数据库中删除。

在 template 的最后有两个按钮：保存和提交，单击触发 methods 中的函数执行，代码如下：

```
//path: components\party\PartyEntry2.vue
            save() {
                instService.saveInst(cacheManagement.getDefaultCommonInfo(),
this.partyInst, this.saveCallback);
            },
            commit() {
                instService.saveInst(cacheManagement.getDefaultCommonInfo(),
this.partyInst, this.commitCallback);
            },
            saveCallback(partyInst) {
                this.partyInst = partyInst;
                alert("保存成功！");
            },
            commitCallback(partyInst) {
                alert("提交成功！");
                this.partyInst = null;
                instService.initInst(cacheManagement.getDefaultCommonInfo(),
CodeDefConst.BUSINESS_TYPE_PARTY, CodeDefConst.DNA_CODE_PARTY, this.initParty);
            },
```

save 和 commit 都调用后台服务 instService.saveInst，调用成功后分别再调用各自的回调函数，差别在于 commit 的回调函数 commitCallback 将在清空当前界面后，再次调用后台 instService.initInst 服务创建空白实例，重新初始化界面。save 的回调函数 saveCallback 重新设置从后台返回的实例（后台生成 id、parentId 等属性值，需要同步到前台）。

template 部分用到 Vue 组件 MSelect，它是对 el-select 组件的包装，代码如下：

```
//path: \components\MSelect.vue
<template>
  <div>
    <el-select v-model="valueObject[vdName]"  placeholder="请选择">
      <el-option v-for="item in options" :key="item.code" :label="item.description" :value="item.code"></el-option>
    </el-select>
  </div>
</template>
<script>
```

```
    import cacheManagement from "../js/cacheManagement.js"
export default {
   name: 'DictionarySelect',
   data() {
      return {
         options: []
      }
   },
   methods: {
      setValues: function (mdInst) {
         this.options = mdInst.cells[0].mainDataValueDna.cells;
      }
   },
   props: {
      dictionaryCode: {
         type: String
      },
      valueObject:{
         type : Object
      },
      vdName:{
         type:String
      }
   },
   mounted() {
      cacheManagement.getMdInst(this.dictionaryCode, this.setValues);
   }
}
</script>
```

在 MSelect 组件中，为了实现组件和数据 Cell 对象的属性双向绑定，提供三个组件属性，作为参数从外部传入。

1）dictionaryCode：表示下拉框中的可选项来自哪一类数据字典。在组件 mounted 函数中，调用 cacheMangement 上的方法，该属性作为入参之一。cacheMangement 用于从后台获取数据字典的值，填充到组件函数 data 的数据项 options 中，并缓存在 cacheManagement 上，下次获取该数据字典时，无须再次访问后台服务。

2）valueObject 和 vdName：表示组件将显示哪一个 JavaScript 对象（即 valueObject）的哪个属性（vdName）。将 valueObject 传进来的目的就是实现属性值与 MSelect 之间的双向绑定。如果只简单地将属性值作为参数送入组件，那么达不到双向绑定效果，也就是说，在界面上修改属性值，Cell 对象的属性值不会随之变化。在 template 中，对 MSelect

的使用,通过如下类似的代码实现。在该代码中,传送 Cell 对象 partyInst.cells[0]和属性名 gender。

```
<MdSelect :dictionaryCode="CodeDefConst.GENDER_CODE" :value-object="partyInst.cells[0]" vdName="gender"> </MdSelect>.
```

6.3 实例通用界面实现

从前面介绍的当事人录入代码可以看到,开发人员是基于对当事人的数据结构的理解进行界面定制开发的,如果当事人数据结构发生变化,那么界面程序需要做相应的修改。这样的界面程序对元数据实例展现不具有通用性,需根据 Dna 不同来单独开发实例展现界面,达不到端到端可配置的目的。而这里则希望得到一个低代码开发平台,从模型到界面均可配置,为不同 Dna 的实例配置不同的操作界面。因此,需要对上述代码进行重构,使得代码对所有 Dna 的实例具有通用性,而不仅仅只适用于当事人的录入。观察一下 script 部分的代码,先做一些简单的改造:

1)在组件函数 data 中,数据项 partyInst 更换一个通用名字"inst",没有当事人命名的特点。

2)在 mounted 函数中,instService.initInst 方法有两个调用服务的参数 businessType 和 dnaCode,分别设置为固化的参数值:codeDefConst.BUSINESS_TYPE_PARTY 和 codeDefConst.DNA_CODE_PARTY,现改为通过 Vue 组件属性从父组件送入,不同 Dna 的实例录入可以传入不同 businessType 和 dnaCode。修改之后的代码为 instService.initInst(cacheManagement.getDefaultCommonInfo(),this.businessType, this.dnaCode, this.initInst)。

3)表格有两个按钮事件函数:addAccount 和 deleteAccount。这个事件处理只能增减当事人账户。如果将事件处理函数取通用名字,那么对应事件处理逻辑也要做调整,不能只操作某个具体 Dna 的实例,而是可以操作所有 Dna 的实例。可以为增加和删除这两个函数添加参数,将 inst 作为参数传递进来,变成通用的函数。在前面的 template 中,el-table 中属性 data 设置为 inst 下的子实例,同时将该变量放到事件 add,以及 delete 按钮的 click 事件中。

经过上述处理,PartyEntry 组件的 script 部分就变成完全通用的代码,和具体领域当事人模型无关了。改造后的 script 部分的框架代码如下:

```
//path: components\party\PartyEntry.vue
<script>
    //省略 import
    export default {
```

```
            name: "PartyEntry",
            components: {MdSelect},
            props: {businessType: {type: String, default:null}, dnaCode: {type:
String, default: null}},
            data() {
                return {
                    inst: null,
                    CodeDefConst: CodeDefConst
                }
            },
            methods: {
              //省略 methods
            },
            mounted() {
                instService.initInst(cacheManagement.getDefaultCommonInfo(),
this.businessType, this.dnaCode, this.initInst);
            }
    }
    </script>
```

相比于前面版本，上述框架代码修改如下几个方面：

（1）增加 props 的两个属性：businessType 和 dnaCode。

（2）把 data 中的名字"partyInst"修改为"inst"。

（3）在 mounted 函数中，调用 initService.initInst 函数时，传入 this.businesType 和 this.dnaCode，与当事人无关，并且回调函数为 this.initInst，不再是 this.initParty。

在 methods 部分，保存和提交两个按钮对应的事件处理函数的代码修改如下：

```
    //path: components\party\PartyEntry.vue
          methods: {
              initInst(inst) {
                  this.inst = inst;
              },
              save() {
                  instService.saveInst(cacheManagement.getDefaultCommonInfo(),
this.inst, this.saveCallback);
              },
              commit() {
                  instService.saveInst(cacheManagement.getDefaultCommonInfo(),
this.inst, this.commitCallback);
              },
              saveCallback(inst) {
                  this.inst = inst;
```

```
            alert("保存成功！");
        },
        commitCallback(inst) {
            alert("提交成功！");
            this.inst = null;
            instService.initInst(cacheManagement.getDefaultCommonInfo(),
this.businessType, this.dnaCode, this.initInst);
        },
        //省略……
}
```

在 save 和 commit 函数，以及回调函数 saveCallback 和 commitCallback 中，都去掉了与当事人相关的代码，仅与 this.inst、this.businessType 和 this.dnaCode 相关，与具体当事人模型无关。

在 methods 部分，表格部分增加和删除按钮对应的事件处理函数的代码修改如下：

```
//path: components\party\PartyEntry.vue
    methods: {
        addCell(inst) {
            function addCellCallback(newInst) {
                inst.cells.push(
                    newInst.cells[0]
                );
            }
            instService.initInst(cacheManagement.getDefaultCommonInfo(),
inst.businessType, inst.dnaCode, addCellCallback);
        },
        deleteCell(inst, row) {
            for (let index in inst.cells)
                if (row == inst.cells[index]) {
                    inst.cells.splice(index, 1);
                    break;
                }
        }
    },
```

上述增加和删除的代码已经和当事人模型没有任何关系了，addAccount 和 deleteAccount 名字修改为 addCell 和 deleteCell，并且都增加了入参 inst。该入参表示增加或者删除 inst.cells 数组的元素。在函数 addCell 中，inst 的属性 businessType 和 dnaCode 恰好可以用来调用 instService.initInst 函数的入参。经过修改之后，script 部分的代码已经变成通用代码，不再是面向具体当事人的录入程序，而是能够支持任何实例录入的通用程序，只要传给 Vue 组件的 businessType 和 dnaCode 不同，就可以支持不同 Dna 的实例录入。

以上已经重构了组件 PartyEntry 的 script 部分的程序代码，接下来继续重构组件 template，部分代码如下：

```
//path: components\party\PartyEntry.vue
<template>
  <div>
    <el-form :inline="true" label-width="120px" v-if="inst">
      <el-form-item :span="8" label="代码">
        <el-input v-model="inst.cells[0].partyCode"></el-input>
      </el-form-item>
      <el-form-item :span="8" label="姓名">
        <el-input v-model="inst.cells[0].partyName"></el-input>
      </el-form-item>
      <!-- 省略部分属性-->
    </el-form>
    <el-table :data="inst.cells[0].partyAccountDna.cells">
      <template slot="empty">
        <el-button @click="addCell(inst.cells[0].partyAccountDna)" type='text'>暂无数据，点击添加</el-button>
      </template>
      <el-table-column label="户名">
        <template slot-scope="scope">
          <el-input v-model="scope.row.accountName"></el-input>
        </template>
      </el-table-column>
      <!--省略部分列 -->
      <el-table-column label="操作" prop="operation" width="180">
        <template slot-scope="scope">
          <el-button @click='addCell(inst.cells[0].partyAccountDna)' type='text'>增加
          </el-button>
          <el-button @click='deleteCell(inst.cells[0].partyAccountDna,scope.row)' type='text'>删除
          </el-button>
        </template>
      </el-table-column>
    </el-table>
    <el-button @click="save()">暂存</el-button>
    <el-button @click="commit()">提交</el-button>
  </div>
</template>
```

相比之前的 template 代码，这里变化比较少，除了将 partyInst 改为 inst，分别调用 addCell 函数和 deleteCell 函数来增加和删除一个 Cell 对象，需要传递子实例对象：inst.cells[0].

partyAccountDna 作为参数。从 template 部分可以看出，该代码不具有通用性，主要表现在如下几个方面：

1）表单 el-form 内的 el-form-item 标签每一个双向绑定的属性名字都是与当事人相关的具体的属性名，不适用于其他 businessType 和 dnaCode 的 Dna 的实例。

2）表格 el-table 内 el-table-column 双向绑定的属性都是账户相关的属性名，不适用于其他 Dna 的实例。

3）table 的 data 属性动态绑定了 inst.cells[0].partyAccountDna.cells，这是当事人账户 Dna 的实例，不具有通用性。

4）addCell 和 deleteCell 的第一个入参为 inst.cells[0].partyAccountDna，这是当事人账户 Dna 对象 partyAccondDna 的实例，不具有通用性。

5）该 template 只能用于展现两层结构的 Dna 实例，第一层是 partyDna 的实例 inst，第二层是 partyAccounDna 的实例，无法展现更多或者更少（只有一个根 Inst 对象）的场景。

为了使 template 具有通用性，需要引入更多配置参数，逐步解决上述问题：

1）script 的函数 data 部分应该增加有关布局配置信息，包括以什么组件、什么显示顺序和显示哪些属性。

2）同样，函数 data 部分应该增加有关表格的配置信息，包括以什么组件、什么显示顺序和显示哪些属性。

3）el-button 的@click 事件中，使用 inst.cells[0].partyAccountDna.cells，与具体账户相关，应该引入一个参数 dnaName 代替 partyAccountDna，表达式可以写成 inst.cells[0][dnaName].cells，按钮事件 addCell 和 deleteCell 的第一个参数也要换成 inst.cells[0][dnaName].cells。但是这种方式只能解决在根节点 inst.cells[0]的第二层子实例的增删操作，无法解决第三层、第四层实例的增删操作。为解决这个问题，还需更加细致配置信息支持。

6.4 页面布局定义

实例多层次结构展现（如第二层和第三层的子实例）是一个递归展现的过程，展现递归结构的配置信息也应该是递归结构，应先用配置信息解决第一层级展现，然后用递归的配置信息解决第二层子实例展现。引入递归的树形结构页面配置类 Instlayout，每一个 InstLayout 对象关联到某个 dnaName，展现该 dnaName 对应实例中的 cells，而不负责 cells 下孩子实例的展现，后者由 InstLayout 对象的子 InstLayout 对象来展现，依次递归解决实例展现问题。

实例对象是 Cell 对象的容器，一个实例对象的列表属性 cells 可以含有零到多个 Cell 对象。对于实例展现有两种情况：如果只有一个 Cell 对象，适合表单平铺展现；如果是多个 Cell 对象，适合表格展现。根节点只有一个 Cell 对象，就像上述 partyInst.cells[0]适合使用表单来展现。对于第二级实例，它的列表属性 cells 可能有 0 个、1 个或者多个，程序根据某些配置信息判断使用表单还是表格来展现。因此，对实例的展现应通过配置决定以什么组件来展现。引入两个组件 InstFormLayout 和 InstGridLayout，分别用于展现表单或者表格，完整界面可能由多个表单和表格组合在一起。InstFormLayout 和 InstGridLayout 都需要配置展现哪些属性，以什么顺序、什么组件展现等。表单和表格之间的逻辑关系体现在配置类 InstLayout 对象之间的父子关系上。InstLayout 类声明如下：

```java
//path: com.dna.layout.bo.InstLayout
public class InstLayout implements Cloneable {
    private long id;
    private String code;
    private String name;
    private String businessType;
    private String dnaCode;
    private String dnaName;
    private String label;//显示标签
    private String enableType = CodeDefConst.LAYOUT_ENABLE_TYPE_WRITE;
    private String dataSource = CodeDefConst.LAYOUT_DATA_SOURCE_INST;
    private String showType;// 1 - form, 2-grid
    private String layoutUse = CodeDefConst.LAYOUT_USE_DEFAULT;
    private int showOrder=1;
    private boolean cursive = false;// 是否递归
    private List<BaseVdLayout> vdLayouts = new ArrayList<BaseVdLayout>();
    private List<LayoutControl> controls = new ArrayList<LayoutControl>();
    private List< InstLayout > children = new ArrayList<InstLayout naLayout>();
    private List< InstLayout > helperLayouts = new ArrayList< InstLayout >();
}
```

InstLayout 是在后台声明的 Java 类，前台使用时从后台获取。InstLayout 只是基类，有两个具体类 InstFormLayout 和 InstGridLayout。关于类 InstLayout 的相关属性说明如下：

（1）code：唯一标识一个 InstLayout。

（2）name：InstLayout 的名称，可以根据需要取名，不影响界面展现。

（3）businssType 和 dnaCode：唯一标识一个 Dna 对象，表示该 InstLayout 将适用于哪一个 Dna。这两个属性在配置时用于定位 Dna，在前台展现时，将通过属性 dnaName 建立页面和 Dna 之间的关系。

（4）dnaName：标识该 InstLayout 关联到哪一个 Dna 的实例，前台界面展现通过 dnaName，而非 dnaCode 来查找 Dna 的实例。这样做的目的是可以重用 InstLayout 对象，如用同一个 InstLayout 对象展现 dnaName 相同，而 dnaCode 不同的这一类 Dna 的实例。

（5）label：显示标签，无论一个表单还是表格，都是完整界面的一个逻辑分组，一般前面都有一个标签，用于界面分组说明。

（6）enableType：组件的可用性，有四种取值，即可读写、只读、不可见、不可用（禁用）。

（7）dataSource：组件的数据来源可以是多个地方，本书假设数据都来自实例，没有其他来源。

（8）showType：表示用表单还是表格显示。showType 只能取 CodeDefConst.SHOW_TYPE_FORM 和 CodeDefConst.SHOW_TYPE_GRID，分别表示表单和表格。

（9）layoutUse：布局的用途有两种，即默认、树节点明细布局。正常展现都是默认用途。当展现一棵树或用户选中一个树节点，进一步展现选中节点详情时，需要找到用途为树节点明细布局的 InstLayout 对象做进一步展现。

（10）showOrder：显示顺序，由于根节点只有一个，所以不需要显示顺序。如果 InstLayout 对象有多个孩子，它们是兄弟关系，就需要确定什么顺序来展现。

（11）cursive：是否递归，cursive 为 true 表示用树组件来展现实例，也就是说，能够用树组件来展现的实例，其 Dna 的属性 cursive 应被设置为 true。

（12）vdLayouts：这是一个列表，用于明确展现哪些属性，以什么组件展现等，分为按钮和属性组件两大类。BaseVdLayout 是基类，有两个子类 ButtonLayout 和 DnaVdLayout，分别用于配置按钮和属性组件。

（13）controls：表示当前 InstLayout 还有一些控制信息，用于在不同场景下的个性化配置。

（14）children：表示子 InstLayout 对象列表，一个 InstLayout 嵌套零个或者多个子 InstLayout 对象。例如，在上述当事人界面中，一个根 InstLayout 对象包含一个子 InstLayout 对象，根 InstLayout 对象用于展现当事人的基本信息，子 InstLayout 对象用于展现账户信息。假设当事人还包含了多个地址，那么就有两个子 InstLayout 对象，分别用于展现多地址和多账户。

（15）helperLayouts：表示当前布局的辅助布局，在后面使用时进一步介绍。

InstLayout 由 List<BaseVdLayout> vdLayouts 组成，BaseVdLayout 是基类，vdLayouts

中每一个对象类型是按钮布局类 ButtonLayout 或者属性布局类 DnaVdLayout 之一。关于三者的代码如下：

```java
//path: com.dna.layout.bo.BaseVdLayout
public class BaseVdLayout implements Cloneable{
    protected String vdLayoutType;
    protected int showOrder;
    protected String controlType;//组件类型文本框,下拉列表框,日期类型,浮点数
    protected int cols = 8;//多少列
    protected int rows;//多少行
    protected String enableType=CodeDefConst.LAYOUT_ENABLE_TYPE_WRITE;
}

//path: com.dna.layout.bo.DnaVdLayout
public class DnaVdLayout extends BaseVdLayout {
    protected String name;
    protected String label;
    protected String dataType;
    protected String dictionaryCode;
    protected InstFilterConfig filterConfig = null;
}
//path: com.dna.layout.bo.ButtonLayout
public class ButtonLayout extends BaseVdLayout {
    private String name;
    private String label;
    private String functionCode;//用于关联内置到具体功能代码
    private String gridButtonType = CodeDefConst.GRID_BUTTON_TYPE_NONE;
//行按钮还是表格整体按钮
    private String formButtonType=CodeDefConst.FORM_BUTTON_TYPE_NONE;
//用在 form 的按钮类型
}
```

BaseVdLayout 是 DnaVdLayout 和 ButtonLayout 的基类，包含以下属性：

（1）vdLayoutType：是按钮还是属性布局，在后台通过类就可以区分，在前台通过该属性区分。

（2）showOrder：显示属性布局显示顺序。

（3）controlType：展现组件类型，输入类型包括普通录入框、文本域、日期、时间、下拉框、开关等。

（4）cols：占用列数，Vue 从左至右将界面分成 24 列，表示该属性将占用多少列。

（5）rows：占用行数，一般组件只占用一行，对于文本域组件，允许占用多行。

（6）enableType：表示组件可用性。可选值包括可读写，只读，不可用（禁用）和不可见四种。

DnaVdLayout 从 BaseVdLayout 继承，包含以下额外属性：

（1）name：表示要展现 Dna 下属性 vds 中名字为 name 的 Vd 对应的 Va 对象。

（2）label：显示属性前面的标签。

（3）dataType：数据类型，该属性属于冗余属性，为了方便使用，实际上，在 Dna 下的 Vd 对象上含有此属性。

（4）dictionaryCode：表示数据字典类型，当 controlType 为下拉框时，需要配置该属性获取下拉框中的项目。

（5）filterConfig：下拉列表框来自某个查询结果，需要设置更多的查询配置。具体如何使用该属性，将在后面介绍。

ButtonLayout 从 BaseVdLayout 继承，包含以下额外属性。

（1）name：按钮的名字，不影响展现。

（2）label：按钮上的标签。

（3）functionCode：当按钮触发时，将会触发带有这个功能代码的事件，事件的接收方将根据该功能代码执行已经编写好的 JavaScript 脚本。

（4）gridButtonType：只有当该按钮位于 showType 为表格的 InstLayout 时才有效，表示按钮分类。

- 工具条按钮：放在表格上方。
- 操作按钮：放在表格每一个行的最后一列，所有这种类型按钮放在同一列中。
- 行按钮：按照表格列的顺序布局，一列一个按钮。

（5）formButtonType：只有当该按钮位于 showType 为表单的 InstLayout 时才有效，表示按钮分类。

- 正常按钮：随着 showOrder 的顺序摆放。
- 工具条按钮：摆放在整个表单的上方。

类 InstFormLayout 从 InstLayout 继承，表示它是一个表单的布局，也意味着 showType 为表单。类 InstFormLayout 的代码如下：

```
//path: com.dna.layout.bo.InstFormLayout
public class InstFormLayout extends InstLayout {
```

```
        private String emptyMode = CodeDefConst.FORM_EMPTY_MODE_NONE;
        public InstFormLayout(String code,String name,String businessType,
String dnaCode,String dnaName,String label) {
            super(code,name,dnaCode,businessType,dnaName,label,CodeDefConst.
SHOW_TYPE_FORM);
        }
    }
```

该类只有一个属性 emptyMode，表示当 showType 为表单时，实例下的列表属性 cells 的条数为 0。也就是说，前台表单没有可以展现的数据时，有几种方式可选。

（1）不处理：没有数据不展现。

（2）手动新增：显示"新增"按钮，用户单击时创建一个 Cell 对象。

（3）自动新增：自动创建一个 Cell 对象。

（4）手动新增和手动删除：如果没有数据时，显示"新增"按钮，如果有一条数据时，显示"删除"按钮，事件触发时将其删除。

（5）手动删除：如果没有数据，不处理，如有一条数据，允许删除。

类 InstGridLayout 从 InstLayout 继承，表示它是一个表格的布局，其 showType 必须为表格。InstGridLayout 的声明如下：

```
//path: com.dna.layout.bo.InstGridLayout
public class InstGridLayout extends InstLayout {
    private String checkMode = CodeDefConst.CHECK_MODE_SINGLE;
    private String emptyMode = CodeDefConst.GRID_EMPTY_MODE_NONE;
    private String pageMode = CodeDefConst.GRID_PAGE_MODE_NONE;
    private String expansionMode = CodeDefConst.GRID_EXPANSION_MODE_NONE;
    private String rowKeyMode = CodeDefConst.ROW_KEY_MODE_ID;
    public InstGridLayout() {
        this.setShowType(CodeDefConst.SHOW_TYPE_GRID);
    }
    public InstGridLayout(String code,String name,String businessType,
String dnaCode,String dnaName,String label) {
        super(code,name,dnaCode, businessType, dnaName,label,CodeDefConst.
SHOW_TYPE_GRID);
    }
}
```

InstGridLayout 相关属性说明如下。

（1）checkMode：表示表格中行的选中方式，有三个可选值，即不选择、单选和多选。

2) emptyMode：当表格数据为空，也就是当实例的 cells 的元素个数为零时，有三种处理方式。

- 默认为空表格，即只显示表格列头，其他什么都不显示，例如，实例对象查询返回后显示在空表格中。
- 提供一个创建按钮，允许用户创建第一个记录。
- 自动创建一行，适用于 Cell 必须至少一个的情况。

（3）pageMode：表格分页与否，有两种可选项，即不分页、分页。

（4）expansionMode：表格是否可扩展，有两种可选项，即支持、不支持。

（5）rowKeyMode：表示表格中行主键生成方式，有三种可选值。

- 返回实例下的 Cell 对象上的 id，在多数情况下，Cell 对象的 id 是唯一的。但是，部分后台数据库做连接操作返回之后，id 可能不是唯一的；
- 自动生成，在前台为每一行自动产生一个唯一的键值；
- 没有主键。

6.5　当事人录入页面布局

创建一个 InstFormLayout 对象 partyLayout，用于展现当事人的基本信息，其下有一个孩子 InstGridLayout 对象 partyAccountLayout，用于展现账户信息的表格，partyAccountLayout 下面还有一个孩子 InstGridLayout 对象 accountUsageLayout，用于展现选中账户信息的表格。通过程序创建展现当事人的 InstLayout 对象代码如下：

```
//path: com.dna.layout.tool.PartyLayoutTool
public static InstLayout getPartyLayout() {
    InstLayout partyLayout = new InstFormLayout(CodeDefConst.DNA_LAYOUT_PARTY, CodeDefConst.DNA_NAME_PARTY,CodeDefConst.BUSINESS_TYPE_PARTY,CodeDefConst.DNA_CODE_PARTY,CodeDefConst.DNA_NAME_PARTY,"客户信息");
    partyLayout.addVdLayout(new DnaVdLayout("partyCode", "客户代码", DataType.DATA_TYPE_STRING));
    partyLayout.addVdLayout( new DnaVdLayout("partyName", "客户姓名", DataType.DATA_TYPE_STRING));
    partyLayout.addVdLayout(new DnaVdLayout("birthday", "出生日期", DataType.DATA_TYPE_DATE,CodeDefConst.CONTROL_TYPE_DATE));
    partyLayout.addVdLayout(new DnaVdLayout("gender", "性别", DataType.DATA_TYPE_STRING,CodeDefConst.CONTROL_TYPE_LIST,CodeDefConst.GENDER_CODE));
    partyLayout.addVdLayout(new DnaVdLayout("certType", "证件类型",
```

```
DataType.DATA_TYPE_STRING,CodeDefConst.CONTROL_TYPE_LIST,CodeDefConst.CERT_T
YPE));
        partyLayout.addVdLayout(new DnaVdLayout("certId","证件号",DataType.
DATA_TYPE_STRING));
        partyLayout.addVdLayout( new DnaVdLayout("address","地址",DataType.
DATA_TYPE_STRING));
        partyLayout.addVdLayout(new DnaVdLayout("postCode","邮编",DataType.
DATA_TYPE_STRING));
        partyLayout.addVdLayout(new DnaVdLayout("telNo"," 电 话 ",DataType.
DATA_TYPE_STRING));
        partyLayout.addVdLayout(new DnaVdLayout("mobileNo","移动电话",DataType.
DATA_TYPE_STRING));
        partyLayout.addVdLayout(new DnaVdLayout("contact","联系人",DataType.
DATA_TYPE_STRING));
        partyLayout.addVdLayout(new DnaVdLayout("contactMobileNo","联系人电话
",DataType.DATA_TYPE_STRING));
        partyLayout.addVdLayout(new DnaVdLayout("vipType","Vip类型",DataType.
DATA_TYPE_STRING,CodeDefConst.CONTROL_TYPE_LIST,CodeDefConst.VIP_TYPE));
        partyLayout.addVdLayout(new DnaVdLayout("branch","分支机构",DataType.
DATA_TYPE_STRING,CodeDefConst.CONTROL_TYPE_LIST,CodeDefConst.BRANCH_CODE));
        partyLayout.addVdLayout(ButtonLayout.newFormButton("save"," 保 存 ",
CodeDefConst.HARD_FUNCTION_CODE_FILTER_SAVE,CodeDefConst.FORM_BUTTON_TYPE_TO
OL_BAR));
        partyLayout.addVdLayout(ButtonLayout.newFormButton("delete","删除",
CodeDefConst.HARD_FUNCTION_CODE_FILTER_DELETE,CodeDefConst.FORM_BUTTON_TYPE_
TOOL_BAR));
        InstGridLayout parytAaccountLayout = getParytAccountLayout();
        partyLayout.addChildLayout(parytAaccountLayout);
        return partyLayout;
    }
```

方法 getPartyLayout 创建 InstFormLayout 对象，在构造函数中，设置 dnaCode、dnaName 等参数，分别使用不同组件类型创建多个 DnaVdLayout 对象，包括客户代码（partyCode）、客户姓名（partyName）、出生日期（birthday）、证件类型（certType），等等；接着创建类型为工具条的两个按钮，即保存和修改；最后调用方法 getPartyAccountLayout，返回账户信息页面布局，作为 partyLayout 的子页面布局。方法 getPartyAccountLayout 的代码如下：

```
//path: com.dna.layout.tool.PartyLayoutTool
    private static InstGridLayout getParytAccountLayout() {
        InstGridLayout partyAccountLayout = new InstGridLayout(CodeDefConst.
DNA_LAYOUT_PARTY_ACCOUNT, CodeDefConst.DNA_NAME_PARTY_ACCOUNT,CodeDefConst.
BUSINESS_TYPE_PARTY,CodeDefConst.DNA_CODE_PARTY_ACCOUNT,CodeDefConst.DNA_NAM
```

```java
E_PARTY_ACCOUNT,"账户信息");
        partyAccountLayout.setEmptyMode(CodeDefConst.GRID_EMPTY_MODE_ADD);
        partyAccountLayout.addVdLayout(new DnaVdLayout("accountNo", "账号",
DataType.DATA_TYPE_STRING));
        partyAccountLayout.addVdLayout(new DnaVdLayout("bankName","银行名称",
DataType.DATA_TYPE_STRING));
        partyAccountLayout.addVdLayout(new DnaVdLayout("accountName", "户名",
DataType.DATA_TYPE_STRING));
        partyAccountLayout.addVdLayout(new DnaVdLayout("address","银行地址",
DataType.DATA_TYPE_STRING));
        partyAccountLayout.addVdLayout(new DnaVdLayout("postCode", "邮 编",
DataType.DATA_TYPE_STRING));
        partyAccountLayout.addVdLayout(ButtonLayout.newGridButton("add", "增
加 ", CodeDefConst.HARD_FUNCTION_CODE_ADD,CodeDefConst.GRID_BUTTON_TYPE_
OPERATION));
        partyAccountLayout.addVdLayout(ButtonLayout.newGridButton("delete",
"删除", CodeDefConst.HARD_FUNCTION_CODE_DELETE, CodeDefConst.GRID_BUTTON_
TYPE_OPERATION));
        InstGridLayout accountUsageLayout = getAccountUsageLayout();
        partyAccountLayout.addChildLayout(accountUsageLayout);
        return partyAccountLayout;
    }
```

方法 getPartyAccountLayout 创建 InstGridLayout 对象，这是一个表格页面布局。创建表格属性列，包括账号（accountNo）、银行名称（bankName）、户名（accountName）、开户地址（address）和邮编（postCode），接着创建类型为操作的两个按钮，即增加和删除，最后调用方法 getAccountUsageLayout 创建账户用途的页面布局，作为子页面布局。方法 getAccountUsageLayout 的代码如下：

```java
//path: com.dna.layout.tool.PartyLayoutTool
    private static InstGridLayout getAccountUsageLayout() {
        InstGridLayout usageLayout = new InstGridLayout(CodeDefConst.
DNA_LAYOUT_ACCOUNT_USAGE, CodeDefConst.DNA_NAME_ACCOUNT_USAGE,CodeDefConst.
BUSINESS_TYPE_PARTY,CodeDefConst.DNA_CODE_ACCOUNT_USAGE,CodeDefConst.DNA_NAM
E_ACCOUNT_USAGE,"账户用途信息");
        usageLayout.setEmptyMode(CodeDefConst.GRID_EMPTY_MODE_ADD);
        usageLayout.addVdLayout(new DnaVdLayout("usageDescription", "使用说明
", DataType.DATA_TYPE_STRING));
        usageLayout.addVdLayout(new DnaVdLayout("amountLimit", "金额限制",
DataType.DATA_TYPE_FLOAT));
```

```
        usageLayout.addVdLayout( ButtonLayout.newGridButton("add", "增加",
CodeDefConst.HARD_FUNCTION_CODE_ADD,
            CodeDefConst.GRID_BUTTON_TYPE_OPERATION));
        usageLayout.addVdLayout(ButtonLayout.newGridButton("delete", "删除",
CodeDefConst.HARD_FUNCTION_CODE_DELETE,CodeDefConst.GRID_BUTTON_TYPE_OPERATI
ON));
        return usageLayout;
    }
```

方法 getAccountUsageLayout 创建 InstGridLayout 对象，这是一个表格页面布局。创建表格属性列，包括使用说明（usageDescription）和金额限制（amountLimit），接着创建类型为操作的两个按钮，即增加和删除。

在上述三个页面布局中，partyLayout 是根，子布局为 partyAccountLayout，后者有一个子布局 usageLayout，组成一个三层结构的页面布局。在界面上渲染之后，从上而下出现三个布局模块，用于当事人的创建和修改。当创建当事人时，partyLayout 经渲染之后，界面如图 6-2 所示。

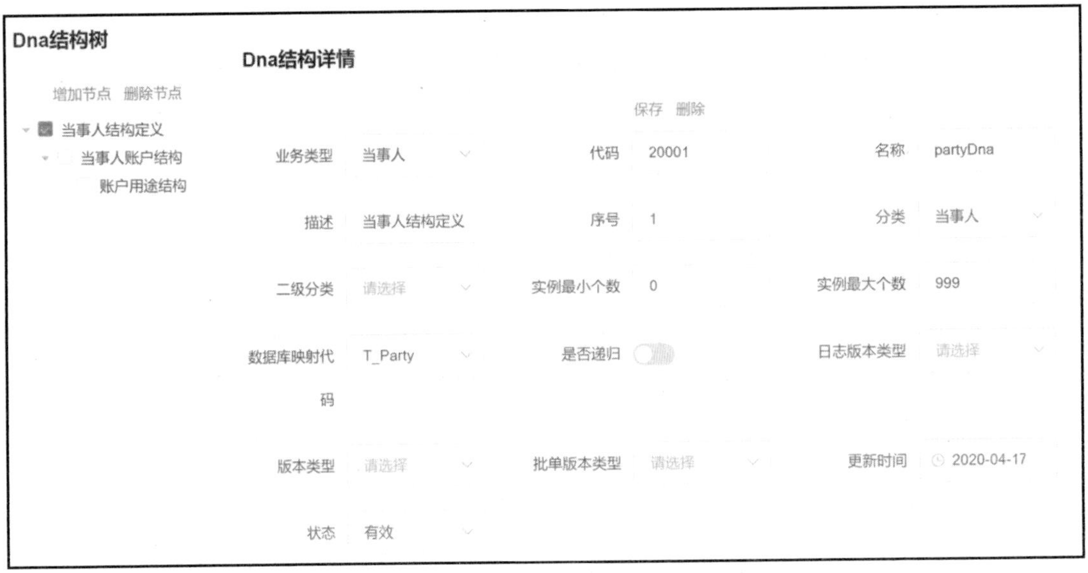

图 6-2 当事人页面布局渲染举例

该界面上面部分是一个表单，输入组件平铺其上，展现了当事人基本信息的录入界面，下面部分是一个展现账户的表格，包含五个列，由于目前还没有创建账户，其下不显示账户用途的表格。当用户单击账户表中的文字"暂无数据，点击添加"之后，界面如图 6-3 所示（上面部分的客户基本信息界面保持不变）。

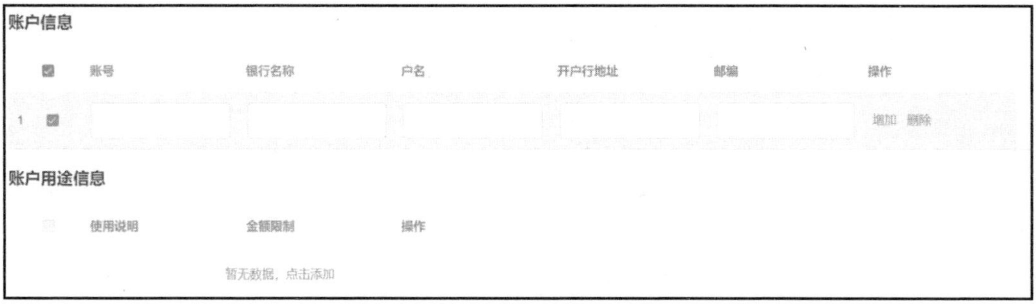

图 6-3　界面渲染当事人账户表格举例

相比图 6-2 所示的界面，图 6-3 所示界面在账户表格中新增了一行，下面展现出账户用途信息的表格。它是账户表格的子表格，用于展现账户表格中当前行的账户用途信息，当账户表格当前行发生变化时，账户用途信息将随之变化。

6.6　InstLayout 界面渲染

无论新建还是修改实例，对前台界面展现来说，几乎都相同。如果新建实例，需要参数 businessType 和 dnaCode，调用 instService.initInst 创建实例。如果实例已经存在，需要 businessType、dnaCode 和 cellKey，调用 instService.getInst 获取实例。两者除了获取实例的方式不同，后续展现方式都相同。展现实例对象依赖三个对象：实例对象 inst、结构定义 Dna 对象 dna 和页面布局 InstLayout 对象 layout（后台 Java InstLayout 对象转成前台 JavaScript 对象为 layout）。前台通过 Vue 组件 InstLayout 展现（注意，后台 InstLayout 是 Java 类名，而前台的 InstLayout 是 Vue 组件名）。为了减少依赖属性的个数，设计前台类 InstData（实际上它是一个 JavaScript 函数）将 inst、dna 和 layout 三者组合在一起，再附加其他必要额外属性，其 InstData 对象作为组件 InstLayout 的属性 instData。为了简化解释，先只考虑 InstLayout 对象自身，暂不考虑嵌套属性 children 展现。简化后的 Vue 组件 InstLayout 的代码如下：

```
//path: \components\InstLayout-V1.vue
<template>
  <div>
    <template v-if="instData && instData.inst && instData.layout && instData.dna && instData.layout.showType==CodeDefConst.SHOW_TYPE_FORM">
      <template v-for="(cell,index) in instData.inst.cells">
        <template v-if="instData.cellId == undefined || cell.id == instData.cellId">
        <FormLayout :cellData="createCellData(instData.inst,instData.dna,cell.id,instData.layout)"></FormLayout>
```

```
            </template>
          </template>
        </template>
        <template v-else-if="instData && instData.inst && instData.dna && instData.layout && instData.layout.showType==CodeDefConst.SHOW_TYPE_GRID">
            <InstGridLayout :instData="instData"></InstGridLayout>
        </template>
      </div>
    </template>
    <script>
        import InstGridLayout from "./InstGridLayout"
        import InstFormLayout from "./InstFormLayout"
        import {InstData, CellData} from "../js/instFun.js"
        import CodeDefConst from "../js/CodeDefConst";
        export default {
            name: 'InstLayout',
            components: {InstGridLayout, InstFormLayout},
            props: {instData: {default: null}},
            data() {
                return {
                    CodeDefConst: CodeDefConst
                }
            },
            methods: {
                createCellData(inst, dna, cellId, layout) {
                    return new CellData(inst, dna, cellId, layout);
                }
            }
        }
    </script>
```

上述 script 部分代码比较容易理解，Vue 组件 InstLayout 有一个属性 instData，包含 inst、dna 和 layout 三个对象。组件有一个方法 createCellData，创建一个 CellData 对象，CellData 是一个类，比 InstData 多一个属性 cellId。因为实例对象 inst 包含一个数组属性 cells，如果要展现 cells 中的一个对象，那么需要指定 cellId，用于定位其中的一个 Cell 对象。因此，CellData 适用用于展现实例对象下某一个 Cell 对象的 Vue 组件属性。

上述 template 部分代码首先判断只有当 instData、instData.inst、instData.dna、instData.layout 都非空时，才可以进行界面渲染。然后判断 showType，如果 showType == CodeDefConst.SHOW_TYPE_FORM，那么就展现 InstFormLayout 组件；如果 shwoType == CodeDefConst.SHOW_TYPE_GRID，那么就展现 InstGridLayout 组件。在这里暂时不考虑 instData.layout.children 的情况，待到后面介绍。当展现 InstFormLayout 时，外部传入的参

数中，instData 有可能是 InstData 对象，也有可能是 CellData 对象。因此，程序首先判断 instData.cellId==undefined，表示 InstData.cells 数组中每一个对象都要展现为一个表单，这意味着多个表单平铺在界面上。如果 instData.cellId!=undefined，意味着只展现 instData.inst.cells 数组对象中的 id == instData.cellId 的 Cell 对象，以表单形式展现。在这里，处理逻辑避免了 InstData.cells 只有一个对象的假设，并且支持在后续场景中，当选择一个 Grid 中的一行记录时，要求选中行以表单形式展现详情，通过设置 cellId 通知表单明确展现哪一个 Cell 对象。当 showType 为 CodeDefConst.SHOW_TYPE_FORM 时，调用函数 createCellData，以 instData.inst、instData.dna、cellId 和 instData.layout 为参数创建 CellData 对象，作为组件 InstFormLayout 的属性 cellData 值。

6.7 实例属性基础 Vue 组件

在介绍 InstFormLayout 和 InstGridLayout 之前，本节将分别介绍各个基础组件，它们一起组合构建出更高层的组件 InstFormLayout 和 InstGridLayout。每一个基础组件只能展现一个 Va 对象。所有的基础组件都有一个类型为 VaData（类似于 InstData 和 CellData）的属性：vaData。VaData 类是对 inst、cellId、dna、vdName、layout、vdLayout 的包装。

6.7.1 InstInput

组件 InstInput 用于字符串、整数、浮点数的属性值录入，是对 el-input 组件的包装，其代码如下：

```
//path:\components\InstInput.vue
<template>
  <el-input v-model="cell[vaData.vdName]"></el-input>
</template>
<script>
  export default {
    name: 'InstInput',
    props: {
      vaData: {
        default: null,
        type: Object
      }
    },
    data() {
      return {}
    },
    computed: {
```

```
        cell() {
            return this.vaData.getCell();
        }
    }
}
</script>
```

这个组件 InstInput 有一个计算属性 cell，调用 this.vaData.getCell 返回 Cell 对象。VaData 类的函数 getCell 的代码如下：

```
//path:\js\instFun.js
    this.getCell = function () {
      for (let cell of this.inst.cells) {
        if (cell.id == this.cellId)
          return cell;
      }
      return null;
    },
```

组件 InstInput 的 template 部分，嵌入 el-input，它的值绑定到 cell[vaData.vdName] 上，cell 是上述计算属性。在 vdLayout 上有一个属性 enableType，用于控制组件的可用性，该控制暂不实现。

6.7.2 InstSwitch

InstSwitch 组件用于展现布尔类型，是对 el-switch 的组件包装，代码几乎同 InstInput。组件实现代码如下：

```
//path:\components\InstSwitch.vue
<template>
  <el-switch v-model="cell[vaData.vdName]"></el-switch>
</template>
<script>
    export default {
        name: 'InstSwitch',
        props: {
            vaData: {
                default: null,
                type: Object
            }
        },
        data() {
            return {}
        },
        computed: {
```

```
                cell() {
                    return this.vaData.getCell();
                }
            }
        }
    </script>
```

类似组件有 InstDateInput 和 InstDatetimeInput，用于日期和事件输入，是对 el-date-picker 的包装，代码相似，不再赘述。

6.7.3　InstBoolSelect

InstBoolSelect 用于布尔类型属性的录入框，是对 el-select 的包装，并且允许录入为空值。有时候需要提供空值录入，例如作为查询条件属性，录入空值表示该属性不作为查询条件。InstBoolSelect 的代码如下：

```
//path:\components\InstBoolSelect
<template>
    <el-select v-model="value" placeholder="请选择">
        <el-option v-for="item in options" :key="item.code" :label="item.description" :value="item.code">
    </el-option>
    </el-select>
</template>
<script>
    export default {
        name: 'InstBoolSelect',
        props: { vaData: {type: Object, default: null} },
        computed: {
            cell() { return this.vaData.getCell(); }
        },
        data() {
            return {
                value:'',
                options: [
                    {code:'null', description:'null'}, {code:'true', descritpion:'true' }, { code:'false', description:'false'}
                ]
            }
        },
        methods: {},
        watch:{
            value: {
                handler(newValue, oldValue) {
```

```
                    if ( newValue == 'null')  this.cell[this.vaData.vdName] =
null;
                    else if (newValue == 'true') this.cell[this.vaData.vdName]
= true;
                    else if ( newValue == 'false')  this.cell[this.vaData.
vdName]=false;
                }
            }
        },
        mounted() {
            if (this.cell[this.vaData.vdName] == null)
                this.value = 'null';
            else if ( this.cell[this.vaData.vdName] )
                this.value = 'true';
            else
                this.value = 'false';
        }
    }
</script>
```

组件 InstBoolSelect 在 mounted 中，将布尔类型的数据转换成字符串类型，并在 watch 中，监控下拉框的值，实时地将字符串转换为布尔类型，更新 this.cell[this.vaData. vdName]。

6.7.4 DictionarySelect

组件 DictionarySelect 是对 el-select 组件的包装，自动根据获取的某一类数据字典值填充到下拉框的可选项中，其代码如下：

```
//path:\components\DictionarySelect.vue
<template>
  <el-select v-model="cell[vaData.vdName]" placeholder="请选择">
     <el-option v-for="item in options"  :key="item.code"  :label="item.
description" :value="item.code">
     </el-option>
  </el-select>
</template>
<script>
    import cacheManagement from "../js/cacheManagement.js"
    export default {
        name: 'DictionarySelect',
        props: {
            vaData: { type: Object, default: null }
        },
        computed: {
```

```
            cell() {
                return this.vaData.getCell();
            }
        },
        data() {
            return { options: [] }
        },
        methods: {
            setValues: function (mdInst) {
                this.options.push({ code: null, description: ""});
                for (let cell of mdInst.cells[0].mainDataValueDna.cells)
                    this.options.push({ code: cell.code, description: cell.description});
            }
        },
        mounted() {
            cacheManagement.getMdInst(this.vaData.vdLayout.dictionaryCode, this.setValues);
        }
    }
</script>
```

组件 script 部分，函数 mounted 自动调用 cacheManagement.getMdInst，参数为 this.vaData.vdLayout.dictionaryCode，然后通过回调函数 this.setValues 写到函数 data 的数据项 options 中。注意，options 中第一个元素为空值。cacheManagement 对象提供前台数据字典缓存功能，如果该数据字典数据在前台已经存在，就直接返回该对象，否则，先调用后台获取数据字典服务，然后将其缓存在前台供下次调用时使用。

6.7.5 InstButton

组件 InstButton 是对 el-button 的包装，其代码如下：

```
//path:\components\InstButton.vue
<template>
    <el-button :type='type' @click="handleClick()">{{vaData.vdLayout.label}}</el-button>
</template>
<script>
    export default {
        name: 'InstButton',
        props: {
            vaData: {type: Object},
            type : { type:String, default:'text'}
        },
```

```
        data() {
            return {}
        },
        methods: {
            handleClick() {
                this.$emit("define-event", this.vaData);
            }
        }
    }
</script>
```

组件 InstButton 的属性 vaData 中，vaData.vdName 在大部分情况下没有意义。组件 InstButton 的属性 type 用于控制 el-button 的属性 type。在 template 部分，el-button 以 vaData.vdLayout.label 作为按钮上的标签。当按钮被单击时，触发调用函数 handleClick，向父组件发送自定义事件 define-event，并将 this.vaData 作为事件参数。事件的接收方根据 vaData.vdLayout.functionCode 判断执行合适的处理逻辑，例如，组件 InstGridLayout 捕捉按钮事件后，根据 functionCode 决定执行增加新行或者删除当前行的操作，对于其他不处理的 functionCode，继续向父组件发送该事件，由其父组件接收后继续根据 functionCode 判断是否需要处理，如果不处理，父组件继续向祖先组件发送该消息，依次递归。

6.7.6　InstFilterSelect

组件 InstFilterSelect 是对 el-select 的包装，与 DictionarySelect 的差别在于下拉框中的下拉项的数据来源不同。InstFilterSelect 调用后台服务 filterInstBySimple，将查询结果的数组填充 el-select 的下拉项。因此，调用后台服务需要传送相关参数，该参数来自后台 DnaVdLayout 对象的属性 InstFilterConfig filterConfig 中。InstFilterConfig 的子类 InstSimpleFilter 用于对该组件的配置，代码如下：

```
//path: com.dna.layout.bo.InstFilterConfig
public class InstFilterConfig {
    protected String filterType;
}

//path: com.dna.layout.bo.InstSimpleFilter
public class InstSimpleFilter extends InstFilterConfig {
    String keyVdName;
    String displayName;
    String targetBusinessType;
    String targetDnaCode;
    String returnDnaName;
    String filterVdNames[] = new String[0];
```

```
        Object values[] = new Object[0];
        public InstSimpleFilter(String keyVdName, String displayName) {
            this.filterType   =  CodeDefConst.DNA_LAYOUT_FILTER_TYPE_SIMPLE_FILTER;
            this.keyVdName = keyVdName;
            this.displayName = displayName;
        }
    }
```

InstSimpleFilter 从 InstFilterConfig 继承，后者只有一个属性 filterType，被自动设置为 CodeDefConst.DNA_LAYOUT_FILTER_TYPE_SIMPLE_FILTER。InstSimpleFilter 中的属性 targetBusinessType、targetDnaCode、returnDnaName、filterVdNames 和 values，正是调用后台服务 filterInstBySimple 所需要的参数，keyVdName 和 displayName 用于填充下拉框选项中的两个属性名。

组件 InstFilterSelect 的代码如下：

```
//path:\components\InstFilterSelect.vue
<template>
    <el-select v-model="cell[vaData.vdName]" placeholder="请选择">
      <el-option v-for="item in options" :key="item.code" :label="item.description" :value="item.code">
        </el-option>
    </el-select>
</template>
<script>
    import instService from "../js/instService";
    import cacheManagement from "../js/cacheManagement";
    export default {
        name: 'InstFilterSelect',
        props: {
            vaData: { type: Object, default: null }
        },
        computed: {
            cell() {  return this.vaData.getCell(); }
        },
        data() {
            return {  options: [], simpleFilter : this.vaData.vdLayout.filterConfig }
        },
        methods: {
            filterCallback: function (inst) {
                    filterVdNames : this.simpleFilter.filterVdNames,
                    this.options = [{code:null,description:''}];
```

```
                for ( let cell of inst.cells ){
                    this.options.push({
                        code : cell[this.simpleFilter.keyVdName],
                        description:cell[this.simpleFilter.displayName]
                    });
                }
            },
            filter:function(){
                instService.filterInstBySimple(cacheManagement.getDefault
CommonInfo(),{
                    targetBusinessType: this.simpleFilter.targetBusinessType,
                    targetDnaCode : this.simpleFilter.targetDnaCode,
                    returnDnaName: this.simpleFilter.returnDnaName,
                    filterVdNames:this.simpleFilter.filterVdNames,
                    values: this.simpleFilter.values
                },this.filterCallback);
            }
        },
        mounted() {
            this.filter();
        }
    }
</script>
```

script 部分定义函数 data 的数据项 simpleFilter，初始化为 this.vaData.vdLayout.filterConfig，它是后台 InstSimpleFilter 对象传送到前台的 JavaScript 对象，包含了调用后台服务 filterInstBySimple 的相关参数。在组件 mounted 函数中，调用了函数 this.filter，后者调用后台服务 filterInstBySimple，查询成功之后，回调函数 filterCallback，从 Cell 对象中取回 this.simpleFilter.keyVdName 和 this.simpleFilter.displayVdName 的属性值为 this.opitons 数组赋值。

6.7.7　InstSlaveSelect

组件 InstSlaveSelect 也是对组件 el-select 的包装，与 InstFilterSelect 有类似之处，都是调用后台 filterInstBySimple 服务获取下拉项。区别在于 InstSlaveSelect 是一个联动的下拉框，是被动的变化，也就是说，当一个实例发生变化时，就触发组件调用服务 filterInstBySimple 重新获取下拉框的下拉项数据。后台 DnaVdLayout 的属性 filterConfig 包含有关调用后台服务 filterInstBySimple 所需参数的配置信息。InstFilterConfig 的子类 InstSlaveFilter 用于对该组件的配置。InstSlaveFilter 的代码如下：

```
//path: com.dna.layout.bo.InstSlaveFilter
public class InstSlaveFilter extends InstFilterConfig{
```

```
    String foreignDnaName;
    String foreignVdNames[];
    String keyVdName;
    String displayName;
    String targetBusinessType;
    String targetDnaCode;
    String returnDnaName;
    String filterVdNames[];
}
```

该类从 InstFilterConfig 继承，属性 filterType 将在 InstSlaveFilter 的构造函数中自动设置为 CodeDefConst. DNA_LAYOUT_FILTER_TYPE_SLAVE_SELECT。InstSlaveFilter 的属性说明如下：

（1）foreignDnaName 和 foreignVdNames 表示触发组件 InstSlaveFilter 重新刷新下拉项的属性名数组（多个），其在前台的录入值将作为调用 filterInstBySimple 的入参中的 values 数组。

（2）keyVdName 和 displayName 表示使用哪个属性值来填充下拉项的 value 和 label。

（3）targetBusinessType、targetDnaCode、returnDnaName 和 filterVdNames 是调用 filterInstBySimple 的参数，只差一个 values 数组需要前台收集回传。

组件 InstSlaveSelect 的 template 代码如下：

```
//path:\components\InstSlaveSelect
<template>
    <div><el-select v-model="cell[vaData.vdName]" placeholder="请选择">
        <el-option v-for="item in options" :key="item.code" :label="item.description" :value="item.code">
        </el-option>
    </el-select></div>
</template>
```

template 代码与 Vue 组件 InstFilterSelect 没有差别，组件的 script 分多个部分介绍。下面代码是 script 的开始部分。

```
//path:\components\InstSlaveSelect
<script>
    import cacheManagement from "../js/cacheManagement.js"
    import instService from "../js/instService";
    export default {
        name: 'InstSlaveSelect',
        props: {
            vaData: {
```

```
            type: Object,
            default: null
        }
    },
    computed: {
        cell() {
            return this.vaData.getCell();
        },
        values(){
            let cell = this.vaData.getCell();
            let values = [];
            for ( let foreignVdName of this.filterConfig.foreignVdNames){
                values.push(cell[foreignVdName]);
            }
            return values;
        }
    },
    data() {
        return {
            filterConfig : this.vaData.vdLayout.filterConfig,
            options: []
        }
    },
```

script 的 computed 的计算属性 cell 同 InstFilterSelect 的计算属性 cell，另外还有一个计算属性 values 用于计算 Cell 对象上 this.filterConfig.foreignVdNames 确定对应的属性值，放入数组 values 中，并在 watch 监控中使用。如果 values 值发生变化，就触发刷新下拉项。函数 data 数据项 options 用于保存下拉项，filterConfig 初始化为 this.vaData.vdLayout.filterConfig，记录调用后台查询服务 filterInstBySimple 有关参数的配置信息。继续分析组件的 methods 部分如下：

```
//path:\components\InstSlaveSelect
    methods: {
        filterCallback:function(inst){
            this.options = [{code:null,description:''}];
            for ( let cell of inst.cells ){
                this.options.push({
                    code : cell[this.filterConfig.keyVdName],
                    description:cell[this.filterConfig.displayName]
                });
            }
        },
        freshValues:function(){
```

```
            let cell = this.vaData.getCell();
            let values = [];
            for ( let foreignVdName of this.filterConfig.foreignVdNames){
                values.push(cell[foreignVdName]);
                if ( cell[foreignVdName] == null || cell[foreignVdName] == '')
                    return;
            }
            instService.filterInstBySimple(cacheManagement.getDefault
CommonInfo(),{
                targetBusinessType: this.filterConfig.targetBusinessType,
                targetDnaCode : this.filterConfig.targetDnaCode,
                returnDnaName: this.filterConfig.returnDnaName,
                filterVdNames : this.filterConfig.filterVdNames,
                values: values
            },this.filterCallback);
        }
    },
```

函数 freshValues 发起服务 filterInstBySimple 的调用,参数绝大部分来自 this.filterConfig,但是 values 来自计算属性 values。调用成功之后,将查询返回结果赋值给 options。script 剩余部分的代码如下:

```
//path:\components\InstSlaveSelect
    watch: {
        filterConfig: {
            handler: function (val, oldval) {
                this.freshValues();
            },
            deep: true//对象内部的属性监听
        },
        values:{
            handler: function (val, oldval) {
                this.freshValues();
            },
            deep: true//对象内部的属性监听
        }
    },
    mounted() {
        this.freshValues();
    }
}
</script>
```

上述代码监控 filterConfig 和 values,数据只要发生变化,触发调用函数 this.freshValues 刷新下拉框。在组件对象初始化之后,函数 mounted 首次调用 this.freshValues 初始化下拉框。

6.8 InstFormLayout 组件

Vue 组件 InstLayout 的 template 部分依据 showType 的取值不同，分别展现不同组件，如果 showType 为 CodeDefConst.SHOW_TYPE_FORM，那么使用 Vue 组件 InstFormLayout 展现。下面是 Vue 组件 InstFormLayout 的实现代码：

```
//path: \components\InstFormLayout.vue
<template>
  <div class="formLayout">
    <div style="text-align:left"><h3>{{cellData.layout.label}}</h3></div>
    <el-form :inline="true" label-width="100px">
      <el-row v-if="getToolBarButtons().length > 0 ">
        <div style="horiz-align: left">
          <InstButton     :vaData="createVaData(cell.id,    vdLayout.name,
vdLayout)" type="text" @define-event="handleDefineEvent($event)" v-for="(vdLayout,
index) in getToolBarButtons()">
          </InstButton>
        </div>
      </el-row>
      <el-row v-for="(vdLayouts) in getRows()">
        <el-col :span="vdLayout.cols" v-for=" (vdLayout) in vdLayouts ">
          <el-form-item   :label="vdLayout.label"v-if="vdLayout.vdLayoutType
== CodeDefConst.VD_LAYOUT_ TYPE_VD">

<component :is="getComponentName(vdLayout.controlType)" :vaData="createVaDat
a( cell.id, vdLayout.name,vdLayout)"/>
          </el-form-item>
          <el-form-item   label="      " v-else-if="vdLayout.controlType==
CodeDefConst.CONTROL_TYPE_BUTTON">
            <InstButton :vaData="createVaData(cell.id, vdLayout.name,vdLayout)"
@define-event='handleDefineEvent($event)'/>
          </el-form-item>
        </el-col>
      </el-row>
    </el-form>
  </div>
</template>
<script>
//省略 import
  export default {
    name: 'InstFormLayout',
```

```
        components: { DictionarySelect, InstInput, InstButton, InstLayout,
InstSwitch, InstDateInput, InstDatetimeInput, InstFilterInput, InstBoolSelect,
InstSlaveSelect, InstFilterSelect},
        props: {cellData: {default: null}},
        data() {
            return {
                CodeDefConst: CodeDefConst
            }
        },
        mounted() {
        },
        computed: {
            cell() {
                return this.cellData.getCell();
            }
        },
        methods: {
            //省略所有方法,后续介绍
        }
    }
</script>
```

Vue 组件 InstFormLayout 的属性 cellData,用于从外部传入参数。由于组件 InstFormLayout 只能显示 cellData.inst.cells 数组中的一个对象,因此,通过 cellData.cellId 确定要显示哪一个对象。InstFormLayout 有一个计算属性 cell,用于返回 cellId 对应的 Cell 对象,所有属性组件(指 InstFormLayout 中的小组件)绑定到该计算属性 cell。

关于组件 InstFormLayout 的 template 的逻辑的说明如下。

(1)`<div style="text-align:left"><h3>{{cellData.layout.label}}</h3></div>`展现表单标题。

(2)接着展现表单第一行:如果存在工具栏按钮,就展现按钮工具栏。调用 methods 方法 getToolBarButtons 和 createVaData 循环展现按钮并设置属性。其代码如下:

```
//path: \components\InstFormLayout.vue
        getToolBarButtons() {
            let buttons = [];
            for (let vdLayout of this.cellData.layout.vdLayouts)
                if (vdLayout.formButtonType == CodeDefConst.FORM_BUTTON_TYPE_TOOL_BAR)
                    buttons.push(vdLayout);
            return buttons;
        },
        createVaData(cellId, vdName, vdLayout) {
            return new VaData(this.cellData.inst, this.cellData.dna,
```

```
cellId, vdName, this.cellData.layout, vdLayout);
        },
```

函数 getToolBarButtons 遍历 layout.vdLayouts，选择按钮类型为 CodeDefConst. FORM_BUTTON_TYPE_TOOL_BAR 放入一个数组返回，将其展现为表单最上面一排按钮中。使用组件 InstButton 展现每一个按钮，该组件有一个属性 vaData，调用 createVaData 创建 VaData 对象为其赋值，相比于类 CellData，多了两个属性 vdName 和 vdLayout，vdName 可以定位到 Cell 对象上某个属性，而 vdLayout 是描述某个属性或者按钮的布局信息。

（3）接着分多行展现每一个属性布局 vdLayout。在哪一行中展现哪些属性是通过调用 methods 中的函数 getRows 来确认的，返回的是二维数组，第一维度代表行，第二维度代表每一行的属性布局。getRows 属于 methods 中的函数，代码如下：

```
//path: \components\InstFormLayout.vue
        getRows() {
            let length = 0;
            let rows = [];
            let rowIndex = -1;
            if (this.cellData.layout.vdLayouts.length - this.getToolBar
Buttons().length > 0) {
                rowIndex = 0;
                rows.push([]);
            }
            for (let vdLayout of this.cellData.layout.vdLayouts) {
                if (vdLayout.formButtonType == CodeDefConst.FORM_BUTTON_
TYPE_TOOL_BAR)
                    continue;
                if (vdLayout.cols > 24 || vdLayout.cols <= 0) {
                    console.log("配置错误，列数：" + vdLayout.cols);
                    break;
                }
                if (length + vdLayout.cols <= 24) {
                    length += vdLayout.cols;
                    rows[rowIndex].push(vdLayout);
                } else {
                    length = vdLayout.cols;
                    rowIndex++;
                    rows.push([vdLayout]);
                }
            }
            return rows;
        },
```

函数 getRows 采用贪心算法，用一行最大 24 列去装载每一个属性布局，只要加入属性布局之后总计不超过 24 列，就放入当前行，如果超过 24 列，就另起一个新行，直到装完为止。装载过程中需要排除已在工具栏上展现过的按钮布局。

（4）在每一行中处理每一个属性布局或者按钮布局。如果是按钮布局，使用组件 InstButton 展现。对于 BUTTON 类型组件，需要增加对自定义事件"defined-event"的监听，在 InstFormLayout 组件中，对事件监听是进一步向父组件发送该事件。代码如下：

```
//path: \components\InstFormLayout.vue
          handleDefineEvent(event) {
              this.$emit('define-event', event);
          },
```

（5）如果是属性布局，则使用组件 component 展现，并设置属性 vaData。展现每一个组件时，都要传递参数 VaData 对象作为属性，因为每一个组件都只显示 Cell 对象中的一个属性，因此，需要明确展现哪一个属性，VaData 类的属性 vdName 表示组件要显示哪一个属性。组件 component 的属性 is 将被绑定到 methods 中的函数 getComponentName。该函数的代码如下：

```
//path: \components\InstFormLayout.vue
getComponentName(controlType) {
    return instLayoutUtil.getControlName(controlType);
},
```

组件函数 getComponentName 简单转调了 instLayoutUtil.getControlName，后者代码如下：

```
//path: \js\instLayoutUtil.js
export default {
  controlNames: new Map([
    [CodeDefConst.CONTROL_TYPE_STRING_INPUT, 'InstInput'],
    [CodeDefConst.CONTROL_TYPE_SWTICH, 'InstSwitch'],
    [CodeDefConst.CONTROL_TYPE_BOOL_SELECT, 'InstBoolSelect'],
    [CodeDefConst.CONTROL_TYPE_DATE, 'InstDateInput'],
    [CodeDefConst.CONTROL_TYPE_DATETIME, 'InstDatetimeInput'],
    [CodeDefConst.CONTROL_TYPE_LIST, 'DictionarySelect'],
    [CodeDefConst.CONTROL_TYPE_BUTTON, 'InstButton'],
    [CodeDefConst.CONTROL_TYPE_SLAVE_LIST,'InstSlaveSelect'],
    [CodeDefConst.CONTROL_TYPE_SIMPLE_FILTER_LIST,'InstFilterSelect']
  ]),
  getControlName: function (controlType) {
    return this.controlNames.get(controlType);
  }
}
```

函数 getControlName 从一个 Map 中返回不同控制类型的组件名称。目前系统中支持的属性输入组件有：

（1）支持字符串和数字的录入框：InstInput。

（2）布尔类型开关：InstSwitch。

（3）布尔类型选择框：InstBooleSelect。

（4）日期组件：InstDateInput。

（5）日期时间组件：InstDatetimeInput。

（6）数据字典下拉框组件：DictionarySelect。

（7）按钮组件：InstButton。

（8）联动下拉项组件：InstSlaveSelect。

（9）查询下拉项组件：InstFilterSelect。

6.9 InstGridLayout 组件

本节介绍组件 InstGridLayout，利用表格可以展现实例下的 cells 数组中的多个 Cell 对象。InstGridLayout 是对 el-table 组件的包装，el-table 的 data 属性设置为 instData.inst.cells。组件 InstGridLayout 除了将 instData.inst.cells 展现为一个表格，还需要考虑增加、删除和选择等操作。对于选择的场景，需要考虑单选和多选情况。后台 Java 类 InstGridLayout 用于配置 Vue 组件 InstGridLayout 的信息，前台组件依赖后台 InstGridLayout 对象进行展现。

Vue 组件 InstGridLayout 前台代码比较长，需要分多页解释。为了方便解释 template 部分，先看一下 script 部分的代码：

```
//path:\components\InstGridLayout
<script>
    //省略import
    export default {
        name: 'InstGridLayout',
        components:{DictionarySelect, InstButton, InstGridButton, InstInput,
InstSwitch,InstBoolSelect,InstDateInput,  InstDatetimeInput,InstFilterSelect,
InstSlaveSelect},
        props: {instData: {type: Object, default: null}, setSelectIndex:
Function},
        data() {
            return {
                currentIndex: -1,
```

```
                CodeDefConst: CodeDefConst,
                currentAction : null
            }
        },
        computed: {
            emptyAdd() {
                let result =
                    (this.instData.layout.emptyMode == CodeDefConst.GRID_
EMPTY_MODE_ADD
                        && this.instData.inst.cells.length == 0
                        && this.instData.layout.enableType == CodeDefConst.
LAYOUT_ENABLE_TYPE_WRITE);
                return result;
            },
            check() {
                if (this.instData.layout.checkMode == CodeDefConst.CHECK_
MODE_SINGLE || this.instData.layout.checkMode == CodeDefConst.CHECK_MODE_
MULTIPLE)
                    return true;
                else
                    return false;
            }
        },
//省略 methods 及后续部分
```

关于组件 script 部分的说明：

（1）组件 InstGridLayout 的 props 部分，包含属性 instData，后者包含三个子对象：inst、dna 和 layout，以及一个回调函数属性 setSelectIndex，用于通知父组件当前选中哪一个 instData.inst.cells 数组元素序号，从 0 开始。

（2）函数 data 包含两个数据项：currentIndex 表示当前选中 instData.inst.cells 数组元素序号，如果没有选中，设置为-1；CodeDefConst 包含系统中的常量，在 template 中被引用。

（3）两个计算属性：emptyAdd 和 check。emptyAdd 用于控制在 instData.inst.cells 数组元素个数为 0 时，是否显示"暂无数据，点击添加"按钮。只有当 InstGridLayout 将 emptyMode 设置为 CodeDefConst.GRID_EMPTY_MODE_ADD 时，cells 的对象个数为零，并且在 enableType 为 CodeDefConst.ENBALT_TYPE_WRITE 的情况下，显示该按钮。条件满足时，emptyAdd 为 true，否则为 false。当 emptyAdd 为 true，表格显示效果如图 6-4 所示。

图 6-4　表格显示效果

当用户单击"暂无数据,点击添加"的文字按钮时,系统将在表格中创建一行记录,界面如图6-5所示。

图6-5 表格添加一行后的效果

另外一个计算属性为 check,表示表格每一行的前面是否要显示 checkbox,当 InstGridLayout 将 chechMode 设置为 CodeDefConst.CHECK_MODE_SINGLE(单选)或者 CodeDefConst.CHECK_MODE_MULTIPLE(多选)时,显示 checkbox,否则不显示。

介绍完属性、数据和计算属性后,接下来分多个片段介绍 template 部分的代码:

```
//path:\components\InstGridLayout
<template>
  <div>
    <div style="text-align:left"><h3>{{instData.layout.label}}</h3></div>
    <el-table
      ref="singleTable"
      :data="instData.inst.cells"
      highlight-current-row
      stripe
      :row-key="getRowKey"
      @current-change="handleCurrentChange"
      @row-click="clickRow"
      @select="selectionChange"
      @select-all="selectAll"
      style="width: 100%">
      <template slot="empty" v-if="emptyAdd">
        <el-button type='text' @click="addCell()">暂无数据,点击添加</el-button>
      </template>
      <el-table-column
        type="index"
        width="30"/>
      <el-table-column
        type="selection"
        width="55" v-if="check"/>
      <!-- 待续 -->
```

(1)第一步显示了表格前面的标签:"账户信息",内容为 instData.layout.label(注意:layout 是来自后台 Java InstGridLayout 对象转换为前台 JavaScript 对象),如图6-6所示。

账户信息						
	账号	银行名称	户名	开户行地址	邮编	操作
			暂无数据，点击添加			

图 6-6 表格前面的标签效果

（2）接着显示 el-table 表格，属性 ref 设置为"singleTable"，script 部分将会引用该名字。el-table 的属性 data 设置为 instData.inst.cells，这是一个数组。然后设置 row-key 函数为 getRowKey，位于 script 部分的 methods 部分，代码如下：

```
//path:\components\InstGridLayout
<script>
    //省略 import 部分
    export default {
        //省略 data,computed 定义
        getRowKey(row) {
            if (this.instData.layout.rowKeyMode == CodeDefConst.ROW_KEY_MODE_ID)
                return row.id;
            else if (this.instData.layout.rowKeyMode = CodeDefConst.ROW_KEY_MODE_AUTO) {
                if (row.key == undefined)
                    row.key = counterManager.getCounter();
                return row.key;
            } else {
                return null;
            }
        },
        //省略其他部分
```

getRowKey 方法根据 layout 对不同 rowKeyMode 采用不同处理方式，当为 CodeDefConst.ROW_KEY_MODE_ID 时，以 row.id 属性为 key；当为 CodeDefConst.ROW_KEY_MODE_AUTO 时，调用 conterManager.getCounter 生成唯一整数作为键，赋值给属性 row.key；否则，就返回 null。

el-table 还有几个事件处理的方法将在后面介绍，如 current-change、row-click、select、select-all 事件。el-table 嵌入一个名为 empty 的 slot，当计算属性 emptyAdd==true 时，显示一个 el-button 组件，单击事件执行 addCell 方法，新建一个 Cell 对象作为表格的第一行。addCell 方法实现如下：

```
//path:\components\InstGridLayout
    addCell() {
```

```
            let self = this;
            function callback( newCell ){
                let size = self.instData.inst.cells.length;
                self.setCurrentRow(self.instData.inst.cells[size - 1]);
                if (self.instData.layout.checkMode == CodeDefConst.CHECK_MODE_SINGLE) {
                    self.$refs.singleTable.clearSelection();
                    self.$refs.singleTable.toggleRowSelection(self.instData.inst.cells[size - 1], true);
                }
            }
            this.instData.newCell(callback);
        },
```

函数 addCell 调用 instData 的一个方法，创建一个 Cell 对象添加到 InstData.inst.cells 数组中，然后调用回调函数 callback，将新增行设置为当前行，并且对于单选模式的表格，自动将新添加的一行设置为"选中"状态。

继续介绍 template 代码，接着设置 el-table 组件的 column，将 column 分为三类来显示：第一类为 Cell 对象的属性组件，第二类为按钮，第三类为 el-table 最后操作列显示，一般表格中都将按钮排在操作列中集中显示。template 部分代码如下：

```
//path:\components\InstGridLayout
<!--    接前面 -->
      <template v-for="(vdLayout,index) in instData.layout.vdLayouts">
        <el-table-column
          :prop="vdLayout.name"
          :label="vdLayout.label"
          width="180" :key="index"
          v-if=" vdLayout.vdLayoutType == CodeDefConst.VD_LAYOUT_TYPE_VD">
          <template slot-scope="scope">
            <component :is="getComponentName(vdLayout.controlType)"
                       :vaData="createVaData(scope.row.id,vdLayout.name,vdLayout)"/>
          </template>
        </el-table-column>
        <el-table-column
          :prop="vdLayout.name"
          :label="vdLayout.label"
          width="180" :key="index"
          v-if="vdLayout.vdLayoutType == CodeDefConst.VD_LAYOUT_TYPE_BUTTON && vdLayout.gridButtonType != CodeDefConst.GRID_BUTTON_TYPE_OPERATION">
          <template slot-scope="scope">
            <InstGridLayout  :vaData="createVaData(scope.row.id,vdLayout.
```

```
name,vdLayout)"
                         @define-event='handleDefineEvent($event)'/>
          </template>
        </el-table-column>
      </template>
      <el-table-column prop="operation" label=" 操 作 " width="180" v-if=
"getOperationButtons().length > 0">
        <template slot-scope="scope">
          <template v-for="(vdLayout,index) in getOperationButtons()">
            <InstButton  :vaData="createVaData(scope.row.id,vdLayout.name,
vdLayout)" @define-event='handleDefineEvent($event)' :key="index"/>
          </template>
        </template>
      </el-table-column>
    </el-table>
    <slot name="pageControl"></slot>
  </div>
</template><!--整个组件template 结束-->
```

template 循环 instData.layout.vdLayouts，创建 el-table 的 el-table-column，如果 vdLayout.vdLayoutType == CodeDefConst.VD_LAYOUT_TYPE_VD，那么调用 getComponentName 方法，返回组件名称，进行组件显示。getComponentName 是一个 methods 中的函数，代码如下：

```
//path:\components\InstGridLayout
    getComponentName(controlType) {
        return instLayoutUtil.getControlName(controlType);
    },
```

函数 getComponentName 转调 instLayoutUtil.getControlName（前面已介绍过该函数），返回具体组件名称，然后动态显示在 el-table 的 el-table-column 中。在这些 Vue 组件中，除了 InstButton，其他组件只有一个属性 vaData，赋值都相同，因此通过语句：

```
<component :is="getComponentName(vdLayout.controlType)"
                :vaData="createVaData(scope.row.id,vdLayout.name,vdLa
yout)"/>
```

template 代码接着判断 vdLayout.vdLayoutType == CodeDefConst.VD_LAYOUT_TYPE_BUTTON && vdLayout.gridButtonType != CodeDefConst.GRID_BUTTON_TYPE_OPERATION 的 vdLayout，这表明是 Button 类型并且是 gridButtonType 不要求显示在"操作"列的 vdLayout，显示效果是在单独列中显示的按钮，设置其属性 vaData，以及自定义事件的监听。接着，template 代码通过 getOperationButtons().length 是否大于 0 来判断 instData.layout.vdLayouts

213

数组是否含有"操作"列，只有包含才会显示这一列，并且循环每一个"操作"列的按钮，生成组件 InstButton，设置其属性 vaData，以及自定义事件的监听。getOperationButtons 是一个 methods 中的函数，实现代码如下：

```
//path:\components\InstGridLayout
    getOperationButtons() {
        let buttonVdLayouts = [];
        for (let vdLayout of this.instData.layout.vdLayouts)
            if (vdLayout.vdLayoutType == CodeDefConst.VD_LAYOUT_TYPE_BUTTON && vdLayout.gridButtonType == CodeDefConst.GRID_BUTTON_TYPE_OPERATION)
                buttonVdLayouts.push(vdLayout);
        return buttonVdLayouts;
    },
```

函数 getOperationButton 将 vdLayout.vdLayoutType 设置为 CodeDefConst.VD_LAYOUT_TYPE_BUTTON，并且将 vdLayout.gridButtonType 设置为 CodeDefConst.GRID_BUTTON_TYPE_OPERATION 的 vdLayout 放入数组中返回。

在前面 template 代码中，el-table 后面的语句 <slot name="pageControl"></slot>，用于嵌入表格分页组件。由于分页组件涉及从后台获取数据，相关逻辑处理不在组件 InstGridLayout 上，而是放在使用 InstGridLayout 的父组件上。因此，在这里放置了一个 slot，外部使用者可以根据需要决定是否放入分页组件，分页获取数据的逻辑也由父组件负责实现。

到此为止，InstGridLayout 的 template 部分介绍完毕。接着继续介绍 script 部分的其他函数，大部分涉及与 InstGridLayout 中子组件 el-table 相关的事件处理。el-table 编程总体比较简单，但是控制比较多，各个事件相互影响，处理逻辑有先后顺序关系，需要仔细分析。首先，要注意一下 el-table 当前行和当前选中行的区别，当前行是指有焦点的行，当前选中行是指该行前面的 checkbox 被选中的行，这是两个不同的概念。表格可以有多行数据，既没有当前行，也没有选中行，例如，当 el-table 加载数据之后，就没有当前行，也没有选中行。el-table 的选中行可能不是当前行，也可能有多个选中行，却只有一个当前行，并且当前行可以不属于选中行。el-table 提供了多个事件，分别与当前行和选中行相关。下面是 el-table 的相关事件：

（1）current-change 是指当前行的焦点发生变化之后触发的事件，函数 handleCurrentChange 用于处理该事件。

（2）row-click 是指表格中某一行被单击之后触发的事件，函数 clickRow 用于处理该事件。

（3）select 是指表格中某一行前面的 checkbox 被选中或者取消选中之后触发的事件，

但是注意，当用户选择"全选"或者通过程序选中 checkbox 时，不会触发该事件。函数 selectionChange 用于处理 select 事件。

（4）select-all 是指表格中的全选 checkbox 被单击之后触发的事件，函数 selectAll 用于处理该事件。

表格有两个自定义事件，分别由"添加"和"删除"两个按钮触发，配置在 InstGridLayout 对象的列表属性 vdLayouts 中，列表中的每一个 vdLayout 上设置 functionCode，组件 InstGridLayout 处理两个 functionCode：CodeDefConst.HARD_FUNCTION_CODE_ADD 和 CodeDefConst.HARD_FUNCTION_CODE_DELETE 的逻辑。单击按钮后将发送 define-event 事件，当组件 InstGdridLayout 收到该事件后，执行如下代码：

```
//path:\components\InstGridLayout
        handleDefineEvent(event) {
            let vaData = event;
            let functionCode = vaData.vdLayout.functionCode;
            if (functionCode == CodeDefConst.HARD_FUNCTION_CODE_ADD) {
                this.currentAction = functionCode;
                this.addCell();
            } else if (functionCode == CodeDefConst.HARD_FUNCTION_CODE_DELETE) {
                this.currentAction = functionCode;
                this.deleteCell(vaData.getCell());
            } else {
                this.$emit("define-event", event);
            }
        }
```

函数 handleDefineEvent 调用 this.addCell()处理添加事件，该方法在上文已经介绍过，调用 this.deleteCell()处理删除事件。注意，用户单击这两个按钮，除了要触发按钮事件，还要触发 row-click 事件。在 row-click 事件中，对单选和多选有不同处理方式：单选，将当前行设置为选中状态，其他行设置为不选中状态；而多选切换选中状态。但是在添加逻辑中，需要将新增记录设置为当前行，如果是单选模式，还要将新行自动设置为选中状态。在删除逻辑中，新增或者删除后应该重设当前行和选中行，因此，需要一个标记通知 row-click 事件函数不要处理因为新增或者删除触发的 row-click 事件。该标记就是 currentAction，在增加或者删除的事件中，将 currentAction 设置为 functionCode。函数 deleteCell 的代码如下：

```
//path:\components\InstGridLayout
        deleteCell( cell ){
            let self = this;
```

215

```
                this.removeCell(cell);
                for ( let index in this.instData.inst.cells )
                    if( this.instData.inst.cells[index] == cell ){
                        this.instData.inst.cells.splice(index,1);
                        if( this.currentIndex != index )
                            break;
                        if ( this.instData.inst.cells.length > index )
                            setTimeout(function(){
                                self.setCurrentRow(self.instData.inst.cells[index]);
                                if (self.instData.layout.checkMode == CodeDefConst.CHECK_MODE_SINGLE) {
                                    self.$refs.singleTable.clearSelection();
                                    self.$refs.singleTable.toggleRowSelection(self.instData.inst.cells[index], true);
                                }
                            },300);
                        else if ( index >=1 )
                            setTimeout(function(){
                                self.setCurrentRow(self.instData.inst.cells[index-1]);
                                if (self.instData.layout.checkMode == CodeDefConst.CHECK_MODE_SINGLE) {
                                    self.$refs.singleTable.clearSelection();
                                    self.$refs.singleTable.toggleRowSelection(self.instData.inst.cells[index - 1], true);
                                }
                            },300);
                        break;
                    }
            },
```

函数 deleteCell 先调用 this.removeCell(cell)删除当前 cell，再从 this.instData.inst.cells 中找到被删除的 Cell 对象，并从数组中删除。接着判断被删除的行是不是当前行，如果 this.currentIndex == index 为 true，表示是当前行，需要重新设置当前行，还得重新设置逻辑：若当前行为最后一行，则需要将前一行设置为当前行，否则将下一行设置为当前行。对于单选的表格，进一步将当前行设置为选中状态。注意，当从记录中删除时，会引起 current-change 事件，因此，这里通过 setTimeout 来设置当前和选中状态，是为了在 current-change 的 handleCurrentChange 完成之后再调用 setTimeout 里面的回调函数，避免被重复覆盖。setCurrentRow 函数的代码如下：

```
//path:\components\InstGridLayout
        setCurrentRow(row) {
```

```
            this.$refs.singleTable.setCurrentRow(row);
        },
```

setCurrentRow 函数转调了 el-table 设置当前行的方法，并且触发 current-change 的事件，在该事件中设置 this.currentIndex。

current-change 事件在用户单击或者选中某行时触发，它的处理函数 handleCurrentChange 的实现如下：

```
//path:\components\InstGridLayout
        handleCurrentChange(val) {
            let temp = -1;
            for (let i = 0; i < this.instData.inst.cells.length; i++)
                if (val == this.instData.inst.cells[i]) {
                    temp = i;
                    break;
                }
            this.currentIndex = temp;
            if ( this.setSelectIndex != undefined && this.setSelect
Index != null )
                this.setSelectIndex(this.currentIndex);
        },
```

函数 handleCurrentChange 目的是设置属性 this.currentIndex 为当前行在数组中的索引。如果没有当前行，将 this.currentIndex 设置为-1。设置当前行之后调用 this.setSelectIndex，这是父组件上的回调方法，将当前行的索引通知给父组件。这里要注意一下，setSelectIndex 是组件属性，类型为函数，从父组件传参进来，被当前组件回调，以通知父组件。当前行变化通知父组件的机制在实现两个表格之间的联动时有用。

row-click 事件的处理函数为 clickRow，当单击某行时触发执行，代码如下：

```
//path:\components\InstGridLayout
        clickRow(row) {
            if ( this.currentAction != null ){
                this.currentAction = null;
                return;
            }
            if (this.instData.layout.checkMode == CodeDefConst.CHECK_
MODE_SINGLE) {
                this.$refs.singleTable.clearSelection();
                this.$refs.singleTable.toggleRowSelection(row, true);
                this.setCurrentRow(row);
            }
            else if (this.instData.layout.checkMode == CodeDefConst.
CHECK_MODE_MULTIPLE) {
```

```
                    this.$refs.singleTable.toggleRowSelection(row);
                    if (this.$refs.singleTable.store.states.selection.indexOf(row) >= 0)
                        this.setCurrentRow(row);
                    else if (this.$refs.singleTable.store.states.selection.length > 0) {
                        let size = this.$refs.singleTable.store.states.selection.length;
                        this.setCurrentRow(this.$refs.singleTable.store.states.selection[size-1]);
                    }
                }
            },
```

函数 clickRow 首先判断 this.currentAction 是否为空，若非空，则表示通过添加或者删除按钮触发 row-click 事件，重设 this.currentAction 为空后直接返回。否则，分为单选和多选两种方式分别处理。对于单选的表格，将被单击的行设置为选中状态，并且设置为当前行。如果是多选表格，切换当前行的选中状态，如果被单击的行不是选中行，那么将最近被选中的行设置为当前行。

select 事件在用户单击某个行最前面的 checkbox 时触发，处理函数为 selectionChange，其代码如下：

```
//path:\components\InstGridLayout
            selectionChange(selection, row) {
                if (this.instData.layout.checkMode == CodeDefConst.CHECK_MODE_SINGLE) {
                    this.$refs.singleTable.clearSelection();
                    this.$refs.singleTable.toggleRowSelection(row, true);
                    this.setCurrentRow(row);
                } else if (this.instData.layout.checkMode == CodeDefConst.CHECK_MODE_MULTIPLE) {
                    if (this.$refs.singleTable.store.states.selection.indexOf(row) >= 0)
                        this.setCurrentRow(row);
                    else if (this.$refs.singleTable.store.states.selection.length > 0) {
                        let size = this.$refs.singleTable.store.states.selection.length;
                        this.setCurrentRow(this.$refs.singleTable.store.states.selection[size-1]);
                    }
                }
            },
```

对于单选表格，只要用户单击，函数 selectionChange 就强制将其设置为选中状态，并且将该行设置为当前行；对于多选表格，若该行被选中，函数 selectionChange 就将该行设置当前行，否则将最近被选中的行设置为当前行。

事件 select-all 在用户单击列头上的 checkbox 时触发，处理函数为 selectAll，代码如下：

```
//path:\components\InstGridLayout
        selectAll(selection) {
            if (this.instData.layout.checkMode == CodeDefConst.CHECK_MODE_SINGLE) {
                this.$refs.singleTable.clearSelection();
                if (this.currentIndex >= 0) {
                    this.$refs.singleTable.toggleRowSelection(this.instData.inst.cells[this.currentIndex], true);
                    this.setCurrentRow(this.instData.inst.cells[this.currentIndex]);
                } else if (this.instData.inst.cells.length > 0) {
                    this.$refs.singleTable.toggleRowSelection(this.instData.inst.cells[0], true);
                    this.setCurrentRow(this.instData.inst.cells[0]);
                }
            }
        },
```

函数 selectAll 只处理单选表格，当全选时保持选中当前行；如果没有当前行，自动选中第一个行。

InstGridLayout 组件还提供如下几个方法，用于在其他地方调用返回信息。

```
//path:\components\InstGridLayout
        getCheckedCell() {
            if ( this.currentIndex >= 0 )
                return this.instData.inst.cells[this.currentIndex ];
            else
                return null;
        },
        getCheckedCells() {
            return this.$refs.singleTable.store.states.selection();
        },
```

InstGridLayout 在 mounted 方法中，加载初始化 el-table 的数据，代码如下：

```
//path:\components\InstGridLayout
        mounted() {
            if (this.instData.inst.cells.length == 0 &&
```

```
                    this.instData.layout.emptyMode == CodeDefConst.GRID_EMPTY_
MODE_NEW_ROW)
                    this.addCell();
                if (this.instData.inst.cells.length > 0) {
                    if (this.instData.layout.checkMode == CodeDefConst.CHECK_
MODE_SINGLE) {
                        this.$refs.singleTable.toggleRowSelection(this.instData.
inst.cells[0], true);
                        this.setCurrentRow(this.instData.inst.cells[0]);
                    }
                    this.setCurrentRow(this.instData.inst.cells[0]);
                }
            },
```

函数 mounted 初始化时，如果数组 this.instData.inst.cells 没有元素，并且 layout 上的 emptyMode 为 CodeDefConst.GRID_EMPTY_MODE_NEW_ROW，那么就新建一行。如果有数据，并且表格属于单选模式，自动将第一行选中，后者将触发事件，将第一行设置为当前行。如果不是单选模式，自动将第一个设置为当前行。

InstGridLayout 组件的总体功能非常简单，无非在 el-table 组件中展现 instData.inst.cells。但是由于各种事件触发的处理逻辑需要相互协同，保持一致性，导致控制逻辑比较复杂，代码多，需要注意的细节多。

6.10　InstTreeLayout 组件

利用 InstFormLayout 和 InstGridLayout，基本上可以组成各种复杂的界面，展现单个实例对象。但是递归数据结构更适合使用一棵树来展现，图 6-7 是一个编辑菜单的界面。

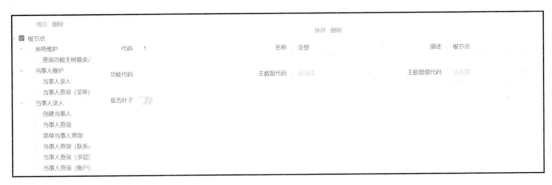

图 6-7　树形组件渲染举例

该界面分为左右两边，左边是一个树组件，展现了菜单的层级关系，右边展示左边选中节点的详细信息。在左边上面部分,有两个按钮,用于添加或者删除树节点。右边上面有两个按钮用于保存或者删除整棵树。这棵树由三部分组成:第一部分是左边的上面按钮部分,可以借用 InstFormLayout 来展现,左边的下面部分是树形组件,右边展现树节点详情,也通过 InstLayout(InstFormLayout 或者 InstGridLayout)来展现。基于该思路,设计一个树形组件 InstTreeLayout,其 template 代码实现部分如下:

```
//path:\components\InstTreeLayout
<template>
  <el-container>
    <el-aside width="200px">
      <InstFormLayout   :cellData="instData"  @define-event="handleDefineEvent($event)" v-if="instData">
      </InstFormLayout>
      <el-tree   :check-strictly="true"   :data="treeData"   :props="props" @check-change="onCheckChange"   @node-click="onNodeClick"   node-key="cellId" ref="tree" show-checkbox default-expand-all  v-if="treeData">
      </el-tree>
    </el-aside>
    <el-main>
      <InstLayout  :instData="treeDetailData" @define-event="handleDefineEvent($event)" vi-if="treeData && treeDetailData">
      </InstLayout>
    </el-main>
  </el-container>
</template>
```

组件 InstTreeLayout 的 template 按照左右布局,左侧上面部分使用组件 InstFormLayout,属性 cellData 设置为 instData,instData 是组件属性。左侧下面是一个树形组件,其 data 设置为 treeData,是组件函数 data 中的数据项。右侧是选中树节点明细展现界面,通过 InstLayout 展现,其属性 instData 设置为计算属性 treeDetailData。接着分析 InstTreeLayout 的 script 部分,代码如下:

```
//path:\components\InstTreeLayout
<script>
    //省略 import
    export default {
        name: 'InstTreeLayout',
        components: {},
        props: {instData: null},
        data() {
            return {
                treeData: buildInstTreeData(this.instData.inst, this.instData.dna, this.instData.layout, null),
```

```
            cellId: this.instData.inst.cells[0].id,
                props: {
                    label: this.getLabel,
                    isLeaf: this.isLeaf,
                    children: 'children'
                    }
                }
        },
```

组件 InstTreeLayout 有一个属性：instData，是含有属性 cellId 的 CellData 对象。组件函数 data 的数据项 treeData 是基于属性 instData 重新构造了一个树形结构 JavaScript 对象，适合通过组件 el-tree 来展现，cellId 表示当前选中树节点的 Cell 对象 id。函数 data 的数据项 props 设置了树形组件的三个属性：

（1）树节点的标签函数 getLabel；

（2）叶子节点的判断函数 isLeaf；

（3）孩子属性名为"children"。

获取树节点标签函数 getLabel 是 methods 中的一个函数，实现如下：

```
//path:\components\InstTreeLayout
        methods: {
            getLabel(dt, node) {
                if (node.level == 0)
                    return 'root';
                else {
                    let displayName = this.getTreeNodeDisplayName();
                    let cell = dt.getCell();
                    if ( cell[displayName] == null || cell[displayName]=='')
                        return '待录入';
                    else
                        return cell [displayName];
                }
            },
```

在该方法中，对于非根节点的标签，调用方法 this.getTreeNodeDisplayName()，返回用于显示在树节点上的属性名，然后从 dt 树节点上获取关联的 Cell 对象，如果属性值非空，直接返回，否则返回默认值"待录入"。函数 this.getTreeNodeDisplayName 从 InstLayout 对象的 controls 数组中得到用于显示名称的属性名，代码如下：

```
//path:\components\InstTreeLayout
        getTreeNodeDisplayName(){
            let layoutControl = instLayoutUtil.getLayoutConrol(this.
```

```
instData.layout, CodeDefConst.LAYOUT_CONTROL_TYPE_TREE_NODE_DISPLAY_NAME);
            if ( layoutControl == null){
                alert("配置错误,没有配置树形组件的显示名称");
            }
            return layoutControl.value1;
        }
```

函数 getTreeNodeDisplayName 调用 instLayoutUtil.getLayoutControl 返回 InstLayout 对象下 controls 数组,控制类型为 CodeDefConst. LAYOUT_CONTROL_TYPE_TREE_NODE_DISPLAY_NAME,表示显示属性名称。控制上有 value1 到 value8 多个属性,显示名称记录在 value1 上,返回即可。

Methods 代码中判断是否为叶子节点的函数 isLeaf 的代码如下:

```
//path:\components\InstTreeLayout
        isLeaf( dt, node) {
            if (node.level == 0)
                return false;
            if ( dt.children.length > 0)
                return false;
            else
                return true;
        },
```

如果某个节点的孩子节点个数为零,表示是叶子节点,否则,就是非叶子节点。

函数 data 的数据项 cellId 非常重要,表示当前选中的树节点对应 Cell 对象的 id。每次选中的节点发生切换时 cellId 的值就发生变化,引起右边详情界面中的数据变化。右边详情界面显示当前选中的节点 Cell 对象,通过组件 InstLayout 显示详情。该组件的属性 instData 被设置为计算属性,即"treeDetailData",实现如下:

```
//path:\components\InstTreeLayout
        computed: {
            treeDetailData() {
                if (this.treeData.length == 0)
                    return null;
                let currentTreeData = this.treeData[0].getInstTreeDataById(this.cellId);
                if (currentTreeData == null)
                    return null;
                let detailLayout = this.getTreeDetailLayout();
                return new CellData(currentTreeData.inst, currentTreeData.dna, this.cellId, detailLayout);
            }
        },
```

函数 treeDetailData 通过 cellId 查找 this.treeData[0].getInstTreeDataById(this.cellId)返回 InstData 对象，并且找到显示该数据的 layout，最后生成 CellData 对象。函数 getTreeDetailLayout 得到显示详情的页面布局对象，实现如下：

```
//path:\components\InstTreeLayout
        getTreeDetailLayout() {
            return instLayoutUtil.getHelperLayout(this.instData.layout,
  CodeDefConst.LAYOUT_USE_TREE_DETAIL);
        },
```

该函数调用 instLayoutUtil.getHelperLayout，入参为 this.instData.layout，第二参数表示页面使用类型为树节点明细布局，用于返回辅助的页面布局对象。getHelperLayout 的方法实现如下：

```
//path:\js\instLayoutUtil.js
  getHelperLayout( layout, layoutUse ){
    for (let helper of layout.helperLayouts) {
      if (helper.layoutUse == layoutUse)
        return helper;
    }
    return null;
  }
```

该函数从 layout 的 helperLayouts 数组中找到 layout.layoutUse == layoutUse 的 InstLayout 对象。本次调用的入参为 CodeDefConst.LAYOUT_USE_TREE_DETAIL。前面曾提到过 InstLayout 类中的属性 helperLayouts，这是 InstLayout 类型的列表，用于辅助对当前 InstLayout 对象的描述，不同的应用场景通过属性 layoutUse 来区分。如果当前 InstLayout 用于展现一棵树，除了展现左边上面的按钮，以及下面的树组件，还需要进一步展现选中树节点的详情，为了展现详情需要相应 InstLayout 对象，该对象记录在当前 InstLayout 对象下的 helperLayouts 的一个元素中，元素属性 layoutUse 为 CodeDefConst.LAYOUT_USE_TREE_DETAIL。

组件 InstTreeLayout 还需要处理节点操作自定义事件，针对 functionCode，增加和删除节点对应的代码分别如下：

```
//path:\components\InstTreeLayout
        handleDefineEvent(event) {
            if (event.vdLayout.functionCode == CodeDefConst.HARD_FUNCTION_CODE_ADD_TREE_NODE)
                this.addTreeNode();
            else if (event.vdLayout.functionCode == CodeDefConst.HARD_FUNCTION_CODE_DELETE_TREE_NODE)
                this.deleteTreeNode();
```

```
            else
                this.$emit("define-event", event);
        },
```

功能代码为 CodeDefConst.HARD_FUNCTION_CODE_ADD_TREE_NODE 的事件触发组件 this.addTreeNode 被调用，功能代码为 CodeDefConst.HARD_FUNCTION_CODE_DELETE_TREE_NODE 的事件触发 this.deleteTreeNode 被调用，分别用于增加和删除节点。函数 addTreeNode 的代码如下：

```
//path:\components\InstTreeLayout
        addTreeNodeSuccess(childInst) {
            let self = this;
            this.cellId = childInst.cells[0].id;
            setTimeout(function () {
                self.$refs.tree.setCheckedKeys([self.cellId]);
            }, 200);
        },
        addTreeNode() {
            let selected = this.$refs.tree.getCheckedNodes();
            if (selected.length == 0) {
                alert('请选择节点');
                return;
            }
            else if (selected.length > 1) {
                alert('不能多选');
                return;
            }
            else
                selected[0].addTreeNode(this.addTreeNodeSuccess);
        },
```

在选中的节点下增加新节点，成功之后回调 addTreeNodeSuccess，重新设置数据属性 cellId，触发计算属性 treeDetailData 重新计算，刷新右边详情信息。成功之后，需要将新增节点设置为选中状态。selected[0]是 InstTreeData 对象，语句 selected[0].addTreeNode 将触发调用后台 instService.initInst 方法，返回新 Inst 对象，添加到 treeData 中。函数 addTreeNode 的代码如下：

```
//path:\js\instFun.js
    this.addTreeNode = function (successCallback) {
      let self = this;
      let callback = function (childInst) {
        dnaUtil.initCellId(childInst, self.dna);
        let currentCell = self.getCell();
```

```
          let dnaName = self.dna.dnaName;
          if (currentCell[dnaName] == undefined || currentCell[dnaName] ==
null)
            currentCell[dnaName] = childInst;
          else {
            for (let childCell of childInst.cells)
              currentCell[dnaName].cells.push(childCell);
          }
          let childrenInstTreeData = buildInstTreeData(childInst, self.dna,
self.layout, self);
          if (self.children == undefined || self.children == null)
            self.children = childrenInstTreeData;
          else {
            for (let childInstTreeData of childrenInstTreeData)
              self.children.push(childInstTreeData);
          }
          if (successCallback != undefined) {
            successCallback(childInst);
          }
        }
      instService.initInst(cacheManagement.getDefaultCommonInfo(), this.dna.
businessType, this.dna.dnaCode, callback);
    },
```

该代码调用 instService.initInst 后台服务，成功后回调，将新创建实例对象添加到当前选中的 Cell 对象下，还会创建相应的 InstTreeData 对象，并添加到当前节点下。

组件 InstTreeLayout 处理删除节点的函数 deleteTreeNode 代码如下：

```
//path:\components\InstTreeLayout
      deleteTreeNode() {
        let selected = this.$refs.tree.getCheckedNodes();
        for (let oneTreeData of selected) {
          if (this.instData.inst.cells[0].id == oneTreeData.cellId) {
            if (confirm('确定要整体删除树对象么？')) {
              let self = this;
              if (oneTreeData.cellId > 0)
                instService.deleteInst(cacheManagement.get
DefaultCommonInfo(),
    this.instData.dna.businessType,
                  this.instData.dna.dnaCode, oneTreeData.cellId,
                    function (cellId) {
                      alert('删除成功');
                      self.treeData = null;
```

```
                            }
                        );
                    else {
                        self.treeData = null;
                    }
                }
            } else {
                let self = this;
                if ( oneTreeData.parentNode != null ) {
                    let parentTreeData = oneTreeData.parentNode;
                    setTimeout(function () {
                        self.$refs.tree.setCheckedKeys([parentTreeData.cellId]);
                    }, 200);
                }
                oneTreeData.deleteTreeNode();
            }
        }
    },
```

如果该代码被选中的节点为根节点，则表示要删除整棵树。如果该树在数据库中不曾保存过，直接将 treeData 设置为 null 即可，如果在数据库中已存在，调用后台 instService.deleteInst 删除。如果选中节点为非根节点，调用 treeData.deleteTreeNode 方法进行删除，并且设置其父节点为选中状态。函数 treeData.deleteTreeNode 的代码如下：

```
//path:\js\instFun.js
    this.deleteTreeNode = function () {
      let currentCell = this.getCell();
      let currentInst = this.inst;
      for (let index = currentInst.cells.length - 1; index >= 0; index--) {
        if (currentInst.cells[index].id == currentCell.id) {
          if (currentCell.id <= 0)
            currentInst.cells.splice(index, 1);
          else {
            currentCell.operationFlag = CodeDefConst.OPERATION_FLAG_DELETE;
            if (currentCell[this.dna.dnaName] != undefined && currentCell[this.dna.dnaName] != null)
              dnaUtil.visitInstTreeByInst(currentCell[this.dna.dnaName], this.dna, function (childInst, childDna) {
                if (childInst.cells == undefined || childInst.cells == null)
                  return;
                for (let i = childInst.cells.length - 1; i >= 0; i--) {
                  if (childInst.cells[i].id <= 0)
                    childInst.cells[i].splice(i, 1);
```

```
                    else
                        childInst.cells[i].operationFlag = CodeDefConst.OPERATION_FLAG_DELETE;
                }
            });
        }
        break;
    }
}
if (this.parentNode == null || this.parentNode.children == undefined || this.parentNode.children == null)
    return;
for (let index = this.parentNode.children.length - 1; index >= 0; index--) {
    if (this.parentNode.children[index].cellId == currentCell.id) {
        this.parentNode.children.splice(index, 1);
    }
}
},
```

函数 deleteTreeNode 的逻辑是遍历被删除节点及子孙节点，如果这些节点在数据库中已经被保存过，那么需要将 Cell 对象的 operationFlag 设置为 ConstDefConst.OPERATION_FLAG_DELETE，否则，直接从对象中删除。这些被标记为 ConstDefConst.OPERATION_FLAG_DELETE 的 Cell 对象，随着后续用户请求保存操作时，传送到后台，根据 operationFlag 的值被删除。

组件 InstTreeLayout 上有两个 el-tree 事件相关的方法，用于树节点的单选控制。当树节点的 checkbox 被选中时，触发事件执行函数 onCheckChange；当树节点被单击时，触发事件执行函数 onNodeClick。这两个函数的代码如下：

```
//path:\components\InstTreeLayout
        onCheckChange(data, checked, child) {
            if (checked == true) {
                this.$refs.tree.setCheckedKeys([data.cellId]);
                if (this.cellId != data.cellId)
                    this.cellId = data.cellId;
            }else if (this.$refs.tree.getCheckedKeys().length == 0){
                this.$refs.tree.setCheckedKeys([data.cellId]);
                if (this.cellId != data.cellId)
                    this.cellId = data.cellId;
            }
        },
        onNodeClick(data, checked, child) {
```

```
            this.cellId = data.cellId;
            this.$refs.tree.setCheckedKeys([this.cellId]);
        },
```

为了保证树节点只能单选，函数 onCheckChange 在节点变成选中状态后，重新设置函数 data 的数据项 cellId。如果没有任何被选中状态的节点，就将当前节点强制设置为选中状态，保证当前树必须有一个节点处于选中状态，同时，重设函数 data 的数据项 cellId。函数 onNodeClick 自动将该节点设置为唯一的选中状态。

为了确保这棵树有一个节点处于选中状态，在函数 mounted 初始化选中状态，代码如下：

```
//path:\components\InstTreeLayout
        mounted() {
            this.cellId = this.instData.inst.cells[0].id;
            this.$refs.tree.setCheckedKeys([this.cellId]);
        },
```

最后对 instData.inst 进行监控，当发生变化时，需要重新创建 InstTreeData 对象。

```
        watch: {
            'instData.inst':
            {
                handler(newValue, oldValue) {
                    this.instData.inst = newValue;
                    this.treeData = buildInstTreeData(this.instData.inst,
this.instData.dna, this.instData.layout, null);
                    this.cellId = newValue.cells[0].id;
                    this.$refs.tree.setCheckedKeys([this.cellId]);
                }
            }
        },
```

6.11 组件 InstLayout 间关系

前面介绍的组件 InstLayout 是一个简化版的组件。它根据 showType 取值不同，选择显示组件 InstFormLayout 或者 InstGridLayout，导致在一个界面只能展现一个组件，不能同时显示多个。那是因为当时没有考虑 InstLayout 对象下的属性 children，自然没有实现组件 InstLayout 和孩子组件 InstLayout 之间的关系。当 InstLayout 对象下面有多个孩子时，除了展现当前组件 InstLayout，还要进一步展现属性 children 对应的子组件，并且建立父子之间的关系。

组件 InstLayout 和孩子 InstLayout 之间关系有两种情况，一种情况为父亲是组件

InstFormLayout，以表单展现一个实例的列表属性 cells 中的某一个 Cell 对象，而不是多个 Cell 对象，那么展现孩子时，只需要将 Cell 对象下的某个子实例对象取出来展现即可；另一种情况为父亲是组件 InstGridLayout，以表格展现一个实例的列表属性 cells，那么展现孩子组件 InstLayout 时，应该将父组件表格中的当前行对应的 Cell 对象下的某个子实例对象取出来进行展现。因此，需重新改造 InstLayout 的 template，实现对 InstLayout 对象下 children 的支持，代码如下：

```
//path:\components\InstLayout.vue
<template>
  <div>
    <template v-if="instData && instData.inst && instData.layout && instData.dna && instData.layout.showType==CodeDefConst.SHOW_TYPE_FORM && !instData.layout.cursive">
        <template v-for="(cell,index) in instData.inst.cells">
          <template v-if="instData.cellId == undefined || cell.id == instData.cellId">
            <InstFormLayout :cellData="createCellData(instData.inst,instData.dna,cell.id,instData.layout)"
                @define-event="handleDefineEvent($event)"></InstFormLayout>
            <template v-for="(childLayout,index) in instData.layout.children">
    <InstLayout :instData="createInstData(cell[childLayout.dnaName],getDnaByName(childLayout.dnaName),childLayout)"   @define-event="handleDefineEvent($event)"/>
            </template>
          </template>
        </template>
    </template>
    <template v-else-if="instData && instData.inst && instData.dna && instData.layout && instData.layout.showType==CodeDefConst.SHOW_TYPE_FORM && instData.layout.cursive">
        <template v-for="(cell,index) in instData.inst.cells">
            <InstTreeLayout :instData="createCellData(instData.inst,instData.dna, cell.id, instData.layout)" @define-event="handleDefineEvent($event)"></InstTreeLayout>
        </template>
    </template>
        <template v-else-if="instData && instData.inst && instData.dna && instData.layout && instData.layout.showType==CodeDefConst.SHOW_TYPE_GRID">
        <InstGridLayout :instData="instData"   :setSelectIndex="setSelect
```

```
Index" @define-event="handleDefineEvent($event)">
        <template slot="pageControl">
          <slot name="pageControl"> </slot>
        </template>
      </InstGridLayout>
      <template v-for="(childLayout,index) in instData.layout.children"
v-if="selectIndex>= 0">
        <InstLayout  :instData="createInstData(getChildInstByLayout(childLayout)
,getDnaByName(childLayout.dnaName),childLayout)"
@define-event="handleDefineEvent($event)"/>
      </template>
    </template>
  </div>
</template>
```

关于上述实现说明，当 instData.layout.showType ==CodeDefConst.SHOW_TYPE_FORM 并且 !instData.layout.cursive（并且不是递归）时，每一个 Cell 对象以组件 InstFormLayout 展现，然后通过如下语句展现孩子：

```
        <template    v-for="(childLayout,index)    in    instData.layout.
children">
  <InstLayout
  :instData="createInstData(cell[childLayout.dnaName],
  getDnaByName(childLayout.dnaName),childLayout)"
  @define-event="handleDefineEvent($event)"
  />
        </template>
```

循环遍历每一个 InstLayout 对象的 children，利用组件 InstLayout 递归展现每一个孩子，通过调用函数 createInstData 返回值设置组件属性 instData 值。调用时传入如下三个参数。

1）表达式：cell[childLayout.dnaName]，表示当前对象 cell 下的属性名为 childLayout.dnaName 的值，根据后台实例转 JSON 串机制推断 cell[childLayout.dnaName]正是一个子实例，通过页面布局 childLayout.dnaName 建立父亲 Cell 对象与孩子实例之间的关系。

2）子 Dna 对象调用方法 getDnaName 实现，该方法的代码如下：

```
//path:\components\InstLayout.vue
        getDnaByName(dnaName) {
            return dnaUtil.getDnaByName(this.instData.dna, dnaName);
        },
```

这个方法简单转调了 dnaUtil.getDnaByName 方法，代码如下：

```
//path:\js\dnaUtil.js
  getDnaByName(dna, dnaName) {
```

```
    if (dna.dnaName == dnaName)
      return dna;
    for (let childDna of dna.children) {
      let foundDna = this.getDnaByName(childDna, dnaName);
      if (foundDna != null)
        return foundDna;
    }
    return null;
  },
```

该代码就是根据名字递归查找名为 dnaName 的孩子 Dna 对象，找到即返回。

3）childLayout 表示子页面布局对象。

如果 instData.layout.showType ==CodeDefConst.SHOW_TYPE_FORM 并且 instData.layout.cursive（是递归），那么可通过代码：

```
        <template v-for="(cell,index) in instData.inst.cells">
            <InstTreeLayout :instData="createCellData(instData.inst,instData.dna, cell.id, instData.layout)"  @define-event="handleDefineEvent($event)">
</InstTreeLayout>
        </template>
```

展现为树形组件。通过前面对树形组件的介绍，树形节点的明细将位于右边以 InstFormLayout 或者 InstGridLaouy 展现，InstTreeLayout 自身就不用处理父子之间的关系了。

继续分析 InstLayout 的 template 代码，当 showType==CodeDefConst.SHOW_TYPE_GRID 时，将当前实例以 InstGridLayout 组件展现。注意，使用语句<InstGridLayout :instData="instData" :setSelectIndex=setSelectIndex> 设置了组件 InstGridLayout 的函数属性 setSelectIndex，将组件 InstGridLayout 的表格当前行索引返回赋值给组件 InstLayout 的数据属性 selectIndex，该属性将与展现孩子 InstLayout 对象相关。另外，在 InstGridLayout 组件中嵌入了组件 slot，如下代码：

```
        <template slot ="pageControl">
          <slot name = "pageControl">
          </slot>
        </template>
```

目的是将组件 InstLayout 的父组件中的翻页组件逐级送到 InstGridLayout 里面。前面介绍过的组件 InstGridLayout 的 template 部分，有嵌入外部组件的程序代码<slot name="pageControl"></slot>。

接着处理子 InstLayout 对象，使用如下代码：

```
        <template v-for="(childLayout,index) in intData.layout.children"
```

```
v-if="selectIndex>= 0">
    <InstLayout  :instData="createInstData(getChildInstByLayout(childLayout)
,getDnaByName(childLayout.dnaName),childLayout)"
@define-event="handleDefineEvent($event)"/>
```

这个语句中的 v-if 用到函数 data 的数据项 selectIndex，表示只有 InstGridLayout 存在当前行的时候，才显示孩子组件，如果没有当前行，不显示孩子组件。如下语句：

```
<template v-for="(childLayout,index) in instData.layout.children" v-if=
"selectIndex>= 0">
```

循环查找每一个孩子 InstLayout 对象，为每一个孩子组件展现子实例对象，通过调用函数 getChildInstByLayout 获取子实例，其代码如下：

```
//path:\components\InstLayout.vue
        getChildInstByLayout(layout) {
            if (this.selectIndex == -1)
                return null;
            else
                return this.instData.inst.cells[this.selectIndex][layout.dnaName];
        },
```

函数 getChildInstByLayout 与数据项 selectIndex 相关，而 selectIndex 恰恰是 InstGridLayout 通过组件属性 setSelectIndex 回调更新的函数 data 的数据项。函数 getChildInstByLayout 实际上返回了组件 InstGridLayout 的当前行 Cell 对象下的子实例对象。这也说明了，当用户选择不同的当前行时，孩子组件显示内容将随着不同当前行的切换而动态变化。

到此，已经全部介绍了 InstLayout 的 template 部分，最后总体上看一下 InstLayout 的 script 部分代码：

```
//path:\components\InstLayout.vue
<script>
//省略 import
    export default {
        name: 'InstLayout',
        components: { InstGridLayout, InstFormLayout, InstTreeLayout },
        props: {instData: {default: null}},
        data() { return { CodeDefConst: CodeDefConst, selectIndex: -1 } },
        methods: {
            createCellData(inst, dna, cellId, layout) {
                return new CellData(inst, dna, cellId, layout);
            },
```

```
            createInstData(inst, dna, layout) {
                return new InstData(inst, dna, layout);
            },
            getDnaByName(dnaName) {
                return dnaUtil.getDnaByName(this.instData.dna, dnaName);
            },
            getChildInstByLayout(layout) {
                if (this.selectIndex == -1) return null;
                else return this.instData.inst.cells[this.selectIndex][layout.dnaName];
            },
            setSelectIndex(index) {
                this.selectIndex = index;
            },
            getSelectedCell(){
                if ( this.selectIndex >= 0 )
                    return this.instData.inst.cells[this.selectIndex];
                else
                    return null;
            },
            handleDefineEvent(event) {
                this.$emit("define-event", event);
            }
        },
        mounted() {
        }
    }
</script>
```

在该代码中，有一个 handleDefineEvent 方法，用于接收来自孩子的自定义事件，然后将其转发到父组件中。该方法表明了可以将自定义事件层层向上递归发送。

第 7 章
功能配置

前面已经介绍了可以通过 Vue 组件的配置实现某个 Dna 实例的增删改查操作。本章首先介绍工作台如何有机地组织整个系统的功能界面，然后介绍两个基本功能：录入和查询，实现低代码开发平台的功能可配置的能力。

7.1 工作台

一般用户登录之后，系统打开一个工作台，如图 7-1 所示，负责组织整个系统的功能界面，可触发位于工作台上方的菜单打开各个功能界面。

图 7-1 工作台界面

工作台界面是一个 Vue 组件，上面部分为菜单，主工作区为组件 el-tabs，当用户选择一个菜单项（叶子菜单）时，系统将在 tab 中增加一个功能 tab 页，类似一个新工作窗口。为了节省篇幅，不介绍登录部分，这里假设用户已经登录，用户名为"operator"。菜单是一个递归树结构，通过组件 InstMenu 展现菜单，内嵌了菜单项组件 InstMenuItem，后者递归展现每一个菜单项。组件 InstMenuItem 的代码如下：

```
//path:\components\menu\InstMenuItem.vue
```

```
    <template>
        <el-menu-item :index="menu.code" :key="menu.code" v-if="menu.leaf">
            {{menu.description}}
        </el-menu-item>
        <el-submenu  :popper-append-to-body="false"  :index="menu.code"  :key=
"menu.code" v-else>
            <template slot="title">{{menu.description}}</template>
            <InstMenuItem :menu="childMenu" :key="childMenu.code" v-for="(child
Menu,index) in menu.children"/>
        </el-submenu>
    </template>
    <script>
        export default {
            name: 'InstMenuItem',
            components: {},
            props: {
                menu: {default: null}
            },
            data() {
                return {}
            },
            methods: {
            },
            watch: {}
        }
    </script>
```

组件 InstMenuItem 代码非常简单，将菜单按照树形结构展现菜单项。菜单组件 InstMenu 的代码如下：

```
    //path:\components\menu\InstMenu.vue
    <template>
      <div v-if="menu">
        <el-menu :default-active="menu.children[0].code" class="el-menu-vertical-
demo" mode="horizontal" @select="handleSelect">
            <InstMenuItem  :menu="menuItem"  :key="menu.Code"  v-for="(menuItem,
index) in menu.children"/>
        </el-menu>
      </div>
    </template>
    <script>
        import menuService from "../../js/menuService.js"
        import InstMenuItem from "./InstMenuItem"
        export default {
            name: 'InstMenu',
```

```
        components: {InstMenuItem},
        data() {
            return { menu: null }
        },
        methods: {
            handleSelect: function (index, indexPath) {
                let selectedMenu = this.getMenuByCode(this.menu, index);
                if (selectedMenu != null && !!selectedMenu.extension) {
                    this.$emit("menuClick", selectedMenu);
                }
            },
            getMenuByCode: function (menu, code) {
                if (menu.code == code)
                    return menu;
                for (let i = 0; i < menu.children.length; i++) {
                    let childMenu = this.getMenuByCode(menu.children[i], code);
                    if (childMenu != null)
                        return childMenu;
                }
                return null;
            }
        },
        mounted: function () {
            menuService.getInstMenu("operator", (menu) => {
                this.menu = menu;
            });
        }
    }
</script>
```

InstMenu 组件的函数 mounted 通过 menuService.getInstMenu 服务从后台获取菜单树。本书省略登录过程，将加载菜单的逻辑放在函数 mounted 中，一次性加载系统中的全部菜单项。在真实应用中，在工作台中加载菜单项更加合理，并且通过权限控制用户只能加载权限内可访问的菜单项。后台 menuService.getInstMenu 返回菜单树，关于该服务的详细介绍，请参考上一章的详细介绍。

在组件 InstMenu 中，语句<el-menu :default-active="menu.children[0].code" class="el-menu-vertical-demo" mode="horizontal" @select="handleSelect">将菜单项单击事件关联到事件函数 handleSelect，它首先找到被单击的菜单项，作为参数，向父组件发送 menuClick 事件，工作台接收该事件后，根据不同菜单功能代码，分别新建 tab 页进入相关功能界面。工作台自身是一个 Vue 组件 Platform，template 代码如下：

```
//path:\components\workplatform\Platform.vue
```

```
<template>
  <div>
    <InstMenu @menuClick="menuClick($event)"/>
    <el-tabs v-model="activeName" @tab-remove="removeTab">
      <template v-for="( tabPage, index ) in tabPages ">
        <el-tab-pane :label="tabPage.description" :name="tabPage.name" :key="tabPage.id" :closable="true" v-if="tabPage.functionCode ==  CodeDefConst.MENU_FUNCTION_CODE_CELL_ENTRY">
           <InstEntry :config = "tabPage.config" />
        </el-tab-pane>
        <el-tab-pane :label="tabPage.description" :name="tabPage.name" :key="tabPage.id" :closable="true" v-else-if=" tabPage.functionCode == CodeDefConst.MENU_FUNCTION_CODE_CELL_FILTER">
           <InstFilter :filterConfig="tabPage.config" :usePlace="CodeDefConst.INST_FILTER_USE_PLACE_PLATFORM" @tabPage = "onTabPage($event)"/>
        </el-tab-pane>
      </template>
    </el-tabs>
  </div>
</template>
```

工作台 template 上面部分是菜单组件，下面部分是组件 el-tabs，每打开一个功能界面创建一个 el-tab-pane 组件。目前有两个功能：实例录入和实例查询，通过 tagPage.functionCode 判断，如果是 CodeDefConst.MENU_FUNCTION_CODE_CELL_ENTRY，展现实例录入组件 InstEntry，如果为 CodeDefConst.MENU_FUNCTION_CODE_CELL_FILTER，展现实例查询组件 InstFilter。组件 Platform 的 script 代码部分如下：

```
//path:\components\workplatform\Platform.vue
<script>
    //省略 import
    export default {
       name: 'Platform',
       components: {InstMenu, InstEntry, InstFilter, InstFilterEdit},
       data() {
          return {
             //默认第一个选项卡
             activeName: "",
             tabPages: [],
             CodeDefConst: CodeDefConst
          }
       },
       methods: {
          menuClick(menuItem) {
```

```
                    if (menuItem.functionCode == CodeDefConst.MENU_FUNCTION_
CODE_CELL_ENTRY)
                        this.initCellEntry(menuItem);
                    else if (menuItem.functionCode == CodeDefConst.MENU_FUNCTION_
CODE_CELL_FILTER
                        || menuItem.functionCode == CodeDefConst.MENU_FUNCTION_
CODE_CELL_FILTEREDIT)
                        this.initCellFilter(menuItem);
                },
                initCellEntry(menuItem) {
                    //省略
                },
                initCellFilter(menuItem) {
                    //省略
                },
```

函数 data 的数据项 activeName 表示组件 el-tabs 中的当前 el-tab-pane 的名字，tabPages 是一个数组，每一个元素对应一个 el-tab-pane 组件，CodeDefConst 是常量对象。当菜单项被单击时，将触发方法 menuClick 的调用，根据菜单 functionCode 决定初始化哪些功能参数。

如果菜单项的 funtionCode 为 CodeDefConst.MENU_FUNCTION_CODE_CELL_ENTR，调用函数 initCellEtntry 设置实例录入配置；如果 functionCode 为 CodeDefConst.MENU_FUNCTION_CELL_FILTER，调用函数 initCellFilter 设置实例查询配置。关于 initCellEntry 和 initCellFilter，将在后面介绍。

组件 Platform 有一个函数 removeTab 用于关闭一个 el-tab-panel，一个事件函数 onTabPage 用于打开一个新的 el-tab-panel，它们的代码如下：

```
//path:\components\workplatform\Platform.vue
                removeTab(name) {
                    for (let i in this.tabPages) {
                        if (this.tabPages[i].name == name) {
                            this.tabPages.splice(i, 1);
                            if (this.tabPages.length == 0)
                                this.activeName = '';
                            else if (this.tabPages.length - 1 >= i)
                                this.activeName = this.tabPages[i].name;
                            else
                                this.activeName = this.tabPages[this.tabPages.
length - 1].name;
                            break;
                        }
```

```
            }
        },
        onTabPage(tabPage) {
            this.tabPages.push(tabPage);
            this.activeName = tabPage.name;
        }
    }
}
</script>
```

removeTab 用于关闭其中一个 el-tab-panel，而 onTabPage 由事件 tabPage 触发，目前由组件 InstFilter 选中一个实例查看详情触发 tabPage 事件到工作台，新打开一个组件 el-tab-panel。

7.2 InstEntry 组件

InstEntry 组件用于创建实例或者对现有实例进行修改。通过工作台组件 Platform 的菜单触发，当菜单的 functionCode 为 CodeDefConst.MENU_FUNCTION_CODE_CELL_ENTRY 时，调用函数 initCellEntry 初始化配置信息，然后，将该配置信息作为组件 InstEntry 的属性。工作台组件 Platform 的 methods 中的函数 initCellEntry 代码如下：

```
//path:\components\workplatform\Platform.vue
        initCellEntry(menuItem) {
            let id = counterManager.getCounter();
            let tabPage = {
                id: id,
                name: menuItem.name + id,
                description: menuItem.description,
                functionCode : menuItem.functionCode,
                config: {
                    extensionType:menuItem.extension.type,
                    businessType: menuItem.extension.businessType,
                    dnaCode: menuItem.extension.dnaCode,
                    layoutCode: menuItem.extension.layoutCode,
                    cellCode:menuItem.extension.cellCode,
                    parentCellCode:menuItem.extension.parentCellCode,
                    parentCellId:menuItem.extension.parentCellId,
                    templateLayout:menuItem.extension.templateLayout,
                    cellId:null,
                    templateDnaCode:menuItem.extension.dnaCode
                }
            };
```

```
            this.tabPages.push(tabPage);
            this.activeName = tabPage.name;
        },
```

函数 initCellEntry 中，根据 menuItem 和它的属性 extension 初始化配置 config。config 中除了 cellId，其他全部来自 menuItem 的 extension。extension 随着菜单从后台得到，它是类 CellEntryExtension 的对象。类 CellEntryExtension 用于描述实例录入菜单项的扩展信息，例如，配置一个菜单项为"创建当事人"，当从平台上单击该菜单项时，将打开 InstEntry 组件，需要告知该组件创建哪一个 Dna 的实例，以及使用哪一个 InstLayout 来展现实例，因此，在菜单扩展信息中，应配置 businessType、dnaCode 和 layoutCode 等相关属性，类 CellEntryExtension 声明如下：

```
//path: com.dna.menu.bo.CellEntryExtension
public class CellEntryExtension extends InstMenuExtension {
    protected String businessType;
    protected String dnaCode;
    protected String layoutCode;
    protected String cellCode;
    protected String parentCellCode;
    protected long parentCellId = 0L;
    protected boolean templateLayout=false;
}
```

类 CellEntryExtension 适用于实例录入组件 InstEntry 的参数配置，属性说明如下。

1）businessType、dnaCode：用于唯一定位到 Dna，表示组件 InstEntry 录入哪一个 Dna 的实例。

2）layoutCode：表示使用哪一个页面布局来展现实例。

3）cellCode：表示需要编辑哪一个具体 Cell 对象的代码。一般来说，组件 InstEntry 既可以新建 Dna 实例，也可以对现有实例进行修改。如果 cellCode 非空，表示菜单项在单击之后，立即将 cellCode 所代表的 Cell 对象通过后台服务 InstService.getOrInitInstByCellCode 返回实例，其属性 cells 中包含代码 cellCode 所对应的 Cell 对象。

4）parentCellCode：表示需要编辑哪一个具体 Cell 对象的父 Cell 对象代码，这个场景适合用于创建或者编辑非根节点的 Cell 对象。假设 businessType 和 dnaCode 定位的 Dna 对象不是根节点，其上还有父节点，新创建实例的父 Cell 为 parentCellCode 对应的 Cell 对象。另一个相关属性 parentCellId 是 parentCellCode 对应的 Cell 对象主键 id，后台获取菜单时，若 parentCellCode 非空，则将自动查找其对应 id，设置到 parentCellId 中，前台直接使用 parentCellId 作为参数调用后台服务。

5）templateLayout：表示是否为模板。如果设置为 true，则表示参数 dnaCode、layoutCode 都只是代表 Dna 和 InstLayout 的参考模板，不是真实表示的用于前台录入实例的 Dna 和页面布局；如果设置为 false，则表示这两个参数就是目前正在编辑中的实例的 Dna 对象的 dnaCode 和页面布局 InstLayout 对象的代码 layoutCode。后台提供的服务将以 dnaCode 和 layoutCode 分别代表的 Dna 对象和 InstLayout 对象为模板，根据 Dna 对象和模板 Dna 之间的差异，创建真正展现 Dna 实例的 InstLayout 对象。

组件 InstEntry 是一个比较通用的实例录入组件，CellEntryExtension 用于组件 InstEntry 参数化控制，支持如下几种录入场景：

1）新建一个实例。在这种场景下，当用户单击菜单，判断参数 cellCode 为空，并且 templateLayout 为 false 时，系统打开组件 el-tab-panel，在 InstEntry 的函数 mounted 中，使用 businessType 和 dnaCode 调用后台 instService.initInst，新建一个实例，并且根据 layoutCode 从后台返回 InstLayout 对象，用于展现新创建的实例。

2）编辑一个代码为 cellCode 的实例。在这个场景下，当用户单击菜单时，如果判断 cellCode 非空，并且 templateLayout 为 false，那么工作台打开 el-tab-panel（里面含子组件 InstEntry），在 InstEntry 的函数 mounted 中，使用 businessType、dnaCode 和 cellCode 调用后台服务 getOrInitInstByCellCode 获取或者新建一个实例。例如，整个系统只有一个菜单对象，每当打开管理菜单界面，即用户进入该功能时，就直接获取该实例，无须用户先查询选中再编辑操作。因此，这适用于在整个系统中 Dna 实例是唯一的情况。

3）创建一个父实例代码为 parentCellCode 的实例，即一个非根节点的实例。在这种场景下，当用户单击菜单时，如果判断 parentCellCode 非空，并且 templateLayout 为 false，那么就调用后台服务 instService.initInst 创建一个实例返回到前台，自动将返回实例属性 cells 的 parentId 设置参数 parentCellId（根据 parentCellCode 查询得到 parentCellId，并记录在 CellEntryExtension 中），表示当前实例是一个子实例。

4）通过实例查询界面查询得到实例清单之后，选择一个实例进行修改。重用 InstEntry 组件对实例进行编辑，cellId 作为参数由查询功能传入，InstEntry 组件在函数 mounted 中判断 cellId 非空时，直接获取该 cellId 对应的实例并返回进行编辑。

5）基于模板的实例创建和修改，适用于在同一个菜单项中编辑多个不同 Dna 对象的实例的情况。例如，用户单击"主数据录入"菜单后，进入录入界面，如果 templateLayout 为 true，表示以模板方式编辑当前实例，那么组件 InstEntry 的 mounted 函数不是直接创建 businessType 和 dnaCode 对应的实例，而是先由用户在弹出菜单上选择一个 Dna，再基于选择的 Dna 去创建实例。并且，不直接使用 layoutCode 作为展现实例的页面布局，而是以

businessType、dnaCode、选中 Dna 的 dnaCode 和 layoutCode 为参数，请求后台服务自动创建一个页面布局来展现实例。这种场景适用于主数据的维护，各类主数据 Dna 根节点基本相同，但是第二层主数据值 Dna 的属性名字和属性个数稍有差别，并且有些主数据值 Dna 的名字不同。如果为每一个稍有差异的 Dna 的实例录入功能分别配置菜单项和页面布局，就会导致系统菜单项太多，工作量太大，使用也不方便。因此，基于模板的思路，可以减少菜单项和页面布局的配置工作量。

函数 initCellEntry 初始化 config 之后，在组件 Platform 的函数 data 的数据项 tagPages 中增加一个元素，相当于在组件 el-tabs 中创建出一个新组件 el-tab-panel，包含一个 InstEntry 组件。组件 InstEntry 的代码如下：

```
//path:\components\entry\InstEntry.vue
<template>
<div>
  <InstFilterDialog ref="instDialog"></InstFilterDialog>
  <InstLayout :instData="instData" @define-event="handleDefineEvent($event)" v-if="instData"/>
</div>
</template>
<script>
    //省略import
    export default {
       name: 'InstEntry',
       components: {InstLayout,InstFilterDialog},
       props: {
           config: { default: null, type: Object }
       },
       data() {
           return { instData: null }
       },
       methods: {
           //省略
       },
       watch: {
           //省略
       },
       mounted() {
           this.initInst();
       }
    }
</script>
```

组件 InstEntry 代码比较长，上述只展现代码框架。template 部分非常简单，嵌入一个查询对话框组件，然后使用 InstLayout 来展现函数 data 中的数据项 instData。InstEntry 的函数 mounted 调用函数 this.initInst，相关代码如下：

```
//path:\components\entry\InstEntry.vue
            createInst(){
              let self = this;
              function chooseDnaCallback( closeStatus, cellOfDna ) {
                if ( !closeStatus )
                   return;
                let dnaCode = cellOfDna.defDnaCode;
                instDnaLayout.initInstDataForTemplate(self.config.businessType,     dnaCode,    self.config.templateDnaCode,    self.config.layoutCode, self.setInstData);
              }
              if ( this.config.templateLayout == null || !this.config.templateLayout)
                  instDnaLayout.initInstData(this.config.businessType, this.config.dnaCode, this.config.layoutCode,this.setInstData);
              else{
                  this.$refs.instDialog.show(CodeDefConst.FILTER_DEF_CODE_DNA,chooseDnaCallback);
              }
            },
            initInst() {
              if ( !this.config.templateLayout) {
                  if ( (this.config.cellId == undefined || this.config.cellId == null) && (this.config.cellCode == undefined || this.config. cellCode == null))
                     this.createInst();
                  else
                     instDnaLayout.getInstData(this.config.businessType,this.config.dnaCode, this.config.cellId, this.config.celCode, this.config.layoutCode, this.setInstData);
              }
              else{
                  if (this.config.cellId == undefined || this.config.cellId == null)
                     this.createInst();
                  else
instDnaLayout.getInstDataForTemplate(this.config.businessType,this.config.dnaCode, this.config.cellId, this.config.templateDnaCode, this.config.layoutCode, this.setInstData);
              }
            }
```

函数 initInst 方法根据 config 初始化，前面介绍过 config 中相关属性和 InstEntry 需要支持多种场景下的实例录入。initInst 为不同场景做了不同初始化逻辑：

1）如果 config.templateLayout 为 false，判断 config.cellId 和 config.cellCode 是否为空来决定是新建实例还是获取已经存在的实例，如果是新建，调用 this.createInst，否则调用 instDnaLayout.getInstData。

2）如果 config.templateLayout 为 true，根据 config.cellId 和 config.cellCode 是否为空来决定是新建实例还是获取已经存在的实例，如果是新建，调用 this.createInst，否则调用 instDnaLayout. getInstDataForTemplate。

上述代码都是用了 instDnaLayout. getInstData 或者 instDnaLayout.getInstDataForTemplate，发起了对后台的多次异步调用，全部成功之后创建 InstData 对象，调用回调函数 this.setInstData 为 this.instData 赋值。

如果是新建实例对象，那么调用 this.createInst，该函数的处理分为两种情况：

1）如果 this.config.templateLayout 为 false，那么就调用 instDnaLayout.initInstData 创建 InstData 对象，成功之后，回调 setInstData 设置 data 函数中的数据项 instData。

2）如果 this.config.templateLayout 为 true，首先弹出对话框由用户查询一个 Dna 对象，选定之后调用函数 chooseDnaCallback，在该函数中调用 instDnaLayout.initInstDataForTemplate，创建 InstData 对象，然后通过 setInstData 设置 data 函数中的数据项 instData。

instDnaLayout.initInstData 和 instDnaLayout.initInstDataForTemplate 两个函数都是调用后台服务获取 Dna 对象、InstLayout 对象和 Inst 对象，并将它们组织成 InstData 对象返回，用于前台展现的。

通过上述逻辑，要么新创建实例，要么从后台获取存量的实例，最后创建 InstData 对象，通过 this.setInstData 设置函数 data 的数据项 instData，通过组件 InstLayout 展现 instData。函数 setInstData 的代码如下：

```
//path:\components\entry\InstEntry.vue
setInstData(instData){
   this.instData = instData;
   if ( this.config.parentCellId >0 ){
     if(this.instData.inst.cells[0].parentId == 0)
        this.instData.inst.cells[0].parentId = this.config.parentCellId;
   }
},
```

在上述代码中，如果 parentCellId 大于 0，就表示当前创建的实例为子实例，需要设置新建 Cell 对象的属性 parentId。

script 代码处理了两个自定义的事件：保存和删除。若 functionCode 接收到的事件为保存，就会调用 save 函数，save 函数再调用 instService.saveInst 方法，调用成功之后，将后台返回的实例刷新回 this.instData.inst 中。若 functionCode 接收到的事件为删除，则将调用 delete 函数。自定义事件的函数代码如下：

```
//path:\components\entry\InstEntry.vue
        handleDefineEvent(event) {
            let functionCode = event.vdLayout.functionCode;
            if (functionCode == CodeDefConst.HARD_FUNCTION_CODE_SAVE
                || functionCode == CodeDefConst.HARD_FUNCTION_CODE_FILTER_SAVE) {
                this.save();
            } else if (functionCode == CodeDefConst.HARD_FUNCTION_CODE_DELETE || functionCode == CodeDefConst.HARD_FUNCTION_CODE_ FILTER_DELETE) {
                this.delete();
            } else
                this.$emit('define-event', event);
        },
```

save 函数和 delete 函数代码如下：

```
//path:\components\entry\InstEntry.vue
        saveCallback(inst) {
            this.instData.inst = inst;
            alert("保存成功!");
        },
        save(){
            dnaUtil.setInstChangeOrNew(this.instData.inst, this.instData.dna);
            instService.saveInst(cacheManagement.getDefaultCommonInfo(), this.instData.inst, this.saveCallback);
        },
        deleteCallback(id) {
            this.instData.inst = null;
            alert("删除成功");
            this.createInst();
        },
        delete(){
            if (this.instData.inst.cells.length > 1)
                alert("不是唯一根节点，不能删除");
            else if (this.instData.inst.cells.length == 0)
                alert("没有根节点，不能删除");
```

```
                else if (this.instData.inst.cells[0].id <= 0) {
                    this.instData.inst = null;
                    this.createInst();
                } else
                    instService.deleteInst(cacheManagement.getDefault
CommonInfo(), this.config.businessType, this.config.dnaCode, this.instData.
inst.cells[0].id, this.deleteCallback);
            },
```

说明如下：

1）save 函数在保存时，首先调用 setInstChangeOrNew 设置实例下 cells 中每一个 Cell 对象的属性 operationFlag，用于标记后台的增删改操作。调用成功之后，回调 saveCallback，将返回实例刷新到 this.instData.inst，确保前后台数据一致。

2）delete 函数做了逻辑检查，若 this.instData.inst.cells[0].id 小于等于 0，则表示是新创建对象，后台不曾保存过，直接把前台实例对象 this.instData.inst 设置为空即可，否则调用 instService.delete 方法，从后台删除，删除成功之后，调用回调函数 this.deleteCallback，会有弹出框提示，清空界面，再创建一个初始化实例刷新界面。

7.3 InstFilter 组件

InstFilter 组件用来查询实例，可通过工作台组件 Platform 的菜单触发，当菜单的 functionCode 为 CodeDefConst.MENU_FUNCTION_CODE_CELL_FILTER 时，调用 initCellFilter 初始化配置信息，作为组件 InstFilter 的属性参数，展现出查询界面。工作台 Platform 的 methods 中的函数 initCellFilter 代码如下：

```
//path:\components\workplatform\Platform.vue
            initCellFilter(menuItem) {
                let config = {
                    extensionType: menuItem.extension.type,
                    description: menuItem.description,
                    filterDefCode: menuItem.extension.filterDefCode,
                    businessType: menuItem.extension.businessType,
                    dnaCode: menuItem.extension.dnaCode,
                    returnDnaCode: menuItem.extension.returnDnaCode,
                    conditionBusinessType: menuItem.extension.conditionBusinessType,
                    conditionDnaCode: menuItem.extension.conditionDnaCode,
                    conditionLayoutCode: menuItem.extension.conditionLayoutCode,
                    resultBusinessType: menuItem.extension.resultBusinessType,
```

```
            resultDnaCode: menuItem.extension.resultDnaCode,
            resultLayoutCode: menuItem.extension.resultLayoutCode,
            layoutCode: menuItem.extension.layoutCode,
            templateLayout:menuItem.extension.templateLayout,
            templateDnaCode:menuItem.extension.dnaCode
        }
        let id = counterManager.getCounter();
        let tabPage = {
            id: id,
            name: menuItem.name + id,
            description: menuItem.description,
            functionCode : menuItem.functionCode,
            config: config
        };
        this.tabPages.push(tabPage);
        this.activeName = tabPage.name;
    },
```

函数 initCellFilter 根据 menuItem 和其下的 extension 初始化配置信息：config。extension 随着菜单从后台得到，它是类 CellFilterExtension 的对象。CellFilterExtension 用于描述实例查询的菜单项扩展信息，例如，配置一个菜单项"当事人查询"，在用户从平台上单击该菜单项，将打开 InstFilter 组件之前，需要告知该组件查询哪一个 Dna 的实例，查询条件 Dna 是什么，查询结果 Dna 是什么，以及展现查询条件的 InstLayout 和展现查询结果的 InstLayout 是什么。类 CellFilterExtension 的代码如下：

```
//path: com.dna.menu.bo.CellFilterExtension
public class CellFilterExtension extends InstMenuExtension{
    private String filterDefCode;
    private String businessType;
    private String dnaCode;
    private String returnDnaCode;
    private String layoutCode;
    private boolean templateLayout=false;
    private String conditionBusinessType;
    private String conditionDnaCode;
    private String conditionLayoutCode;
    private String resultBusinessType;
    private String resultDnaCode;
    private String resultLayoutCode;
}
```

为了解释各个参数的含义，先看一下当事人查询界面的例子，如图 7-2 所示。

图 7-2 当事人录入界面

该界面的上面部分是查询条件，通过 conditionLayoutCode 的 InstLayout 展现出来。用户录入的查询条件值存放在 conditionDnaCode 的 Dna 实例中。下面部分是显示查询结果的表格，表格中数据是 resultDnaCode 的 Dna 实例，通过 resultLayoutCode 的 InstLayout 对象展现。当用户单击查询结果表格中某一个行时，将根据选择中的 Cell 对象的 id，加上 businessType 和 dnaCode，获取实例详情信息，通过代码为 layoutCode 的 InstLayout 新打开一个 el-tab-panel 展现该实例详情界面。关于该类的属性说明如下：

1）filterDefCode 表示关联查询定义代码。用户查询时，filterDefCode 作为后台查询服务参数的一部分。

2）businessType 和 dnaCode 表示查询实例的 Dna。

3）layoutCode 表示在前台展现某个实例详情的页面布局代码。

4）templateLayout 表示是否基于模板展现，若为 true，则表示 dnaCode 和 layoutCode 是模板信息，并非真正实例的 Dna 和页面布局。

5）conditionBusinessType 和 conditionDnaCode 表示作为查询条件实例的 Dna。

6）conditionLayoutCode 表示展现查询条件的页面布局代码。

7）resultBusinessType 和 resultDnaCode 表示查询返回结果实例的 Dna。在前面已经介绍过查询服务，返回查询结果的 Dna 与实例的 Dna 对象不一定相同。

8）resultLayoutCode 表示展现查询结果实例的页面布局代码。查询结果是一个实例清单，resultLayoutCode 的页面布局必须是 InstGridLayout 组件。

工作台调用 initCellFilter 初始化 config 之后，在组件 Platform 的数组属性 tagPages 中增加一项，通过以下代码来展现组件 InstFilter：

```
<el-tab-pane :label="tabPage.description" :name="tabPage.name" :key="tabPage.id" :closable="true" v-else-if=" tabPage.functionCode ==
```

```
CodeDefConst.MENU_ FUNCTION_CODE_CELL_FILTER">
        <InstFilter :filterConfig="tabPage.config" :usePlace="CodeDefConst.
INST_FILTER_USE_PLACE_PLATFORM" @tabPage = "onTabPage($event)"/>
```

该代码展现了组件 InstFiler,将从后台查询返回的实例清单展现在表格中。组件 InstFilter 的 template 代码如下:

```
//path:\components\filter\InstFilter
<template>
  <div>
    <InstDialog ref="instResultDialog"/>
    <InstLayout :instData="conditionInstData" @define-event="handleEvent
($event)" v-if="conditionInstData"/>
    <InstLayout :instData="resultInstData" ref="resultRef" @define-event=
"handleEvent($event)" v-if="resultInstData">
      <div class="page_box fr mt20" slot="pageControl">
        <el-pagination class="el-paging"
                @size-change="handlePageSizeChange"
                @current-change="handleCurrentPageChange"
                :current-page="page.currentPage"
                :page-sizes="[10, 20, 30, 40, 50]"
                :page-size="page.pagesize"
                layout="total, sizes, prev, pager, next, jumper"
                :total="page.total"
                :background='true'
                prev-text="上一页"
                next-text="下一页">
        </el-pagination>
      </div>
    </InstLayout>
  </div>
</template>
```

最前面部分是一个组件 InstDialog,用于弹出对话框展现查询结果选中的实例详情。接着用 InstLayout 组件展现查询条件,实际上,该 InstLayout 是一个 InstFormLayout,在其下面用另一个 InstLayout 组件用来展现查询结果,实际上是一个 InstGridLayout 组件,并且嵌入了一个分页组件,组件 InstFilter 需要实现与分页相关的事件函数。InstFilter 的 script 部分的代码如下:

```
//path:\components\filter\InstFilter
<script>
  //省略 import
  export default {
    name: 'InstFilter',
```

```
    components: {
        InstLayout, InstDialog
    },
    props: {
        filterConfig: {type: Object},
        usePlace:{type:String}
    },
    data() {
        return {
            conditionInstData: null,
            resultInstData: null,
            page: {
                currentPage: 1,
                pageSize: 10,
                total: 0
            }
        }
    },
//省略
```

InstFilter 组件有一个 filterConfig 属性，用于配置查询条件、查询结果相关信息，filterConfig 的值是 Platform 送入的参数 config。InstFilter 组件还有一个属性 usePlace，其值设置为 CodeDefConst.INST_FILTER_USE_ PLACE_PLATFORM 时表示从平台菜单中打开查询功能。这一属性在不同场景下使用时，部分处理逻辑有所差别。

函数 data 的数据项 conditionInstData，代表查询条件 InstData 对象，resultInstData 代表查询结果的 InstData 对象，page 用于分页组件展现。InstFilter 的函数 mounted 利用 filterConfig 初始化查询条件和查询结果，函数 mounted 的代码如下：

```
//path:\components\filter\InstFilter
    mounted() {
        instService.initInstDnaLayout(
cacheManagement.getDefaultCommonInfo(),
this.filterConfig.conditionBusinessType,
this.filterConfig.conditionDnaCode,
this.filterConfig.conditionLayoutCode, this.setConditionCallback);
        instService.initInstDnaLayout(
cacheManagement.getDefaultCommonInfo(),
this.filterConfig.resultBusinessType,
this.filterConfig.resultDnaCode,
this.filterConfig.resultLayoutCode, this.setResultCallback);
    }
```

函数 mounted 先后调用 instService.initInstDnaLayout 方法两次，分别用于初始化查询条件和查询结果：为了初始化查询条件，需要传送参数 conditionBusinessType、conditionDnaCode 和 conditionLayoutCode；为了初始化查询结果，需要传送参数 resultBusinessType、resultDnaCode 和 resultLayoutCode。调用成功之后，分别回调各自的回调函数 setConditionCallback 和 setResultCallback，它们的代码如下：

```
//path:\components\filter\InstFilter
    setConditionCallback(inst, dna, layout) {
        this.conditionInstData = new InstData(inst, dna, layout);
    },
    setResultCallback(inst, dna, layout) {
        inst.cells = [];
        this.resultInstData = new InstData(inst, dna, layout);
        dnaUtil.supplementData(this.resultInstData);
    },
```

这两个函数将初始化得到的 inst、dna 和 layout 组成 InstData 对象，分别赋值给函数 data 的两个数据项 conditionInstData 和 resultInstData，用于各自的组件 InstLayout 展现。组件 InstFilter 有一个事件函数 handleEvent 用于处理各种自定义事件，代码如下：

```
//path:\components\filter\InstFilter
    handleEvent(event) {
        let functionCode = event.vdLayout.functionCode;
        if (functionCode == CodeDefConst.HARD_FUNCTION_CODE_FILTER) {
            this.page.currentPage = 1;
            this.filter();
        }
        else if (functionCode == CodeDefConst.HARD_FUNCTION_CODE_DIALOG_VIEW) {
            this.view(event);
        } else if (functionCode == CodeDefConst.HARD_FUNCTION_CODE_PLATFORM_EDIT) {
            this.edit(event);
        } else if ( functionCode == CodeDefConst.HARD_FUNCTION_CODE_EDIT
                && this.usePlace == CodeDefConst.INST_FILTER_USE_PLACE_PLATFORM){
            this.edit(event);
        } else if ( functionCode == CodeDefConst.HARD_FUNCTION_CODE_VIEW
                && this.usePlace == CodeDefConst.INST_FILTER_USE_PLACE_PLATFORM){
            this.view(event);
```

```
                  }
              else
                  this.$emit("define-event", event);
          }
```

当 InstFilter 接收 functionCode == CodeDefConst.HARD_FUNCITON_CODE_FILTER 事件后,首先将分页信息的当前页数重设为 1,然后调用 this.filter 方法进行数据查询,该方法实现如下:

```
//path:\components\filter\InstFilter
          filter() {
              function filterCallback(inst) {
                  self.resultInstData.inst = inst;
                  self.page.total = inst.total;
              }
              let self = this;
              let filterDef={ filterDefCode : this.filterConfig.filterDefCode,
                  startNo : (this.page.currentPage - 1) * this.page.pageSize,
                  count:this.page.pageSize};
          instService.filterInst(cacheManagement.getDefaultCommonInfo(),
filterDef, this.conditionInstData.inst, filterCallback);
          },
```

函数 filter 发起对后台 instService.filterInst 的调用,有三个入参:

1)第一个参数为公共信息。

2)第二个参数为查询相关附加信息 filterDef,由查询定义代码 this.filterConfig.filterDefCode、开始记录数 startNo 和返回条数 count 组成。

3)第三个参数为查询条件实例。用户录入查询条件之后,条件信息记录在 conditioinInstData.inst.cells[0]中,因此,以实例 conditionInstData.inst 作为查询条件的参数。

调用 filterInst 成功之后,回调函数 filterCallback 将查询结果 inst 赋值给函数 data 的数据项 resultInstData.inst,并设置总条数。由于 resultInstData 已经绑定到了组件 InstLayout,自动显示出查询结果。还有几个与查询相关的方法用于分页处理,实现代码如下:

```
//path:\components\filter\InstFilter
          handlePageSizeChange(val) {
              this.page.pageSize = val;
              this.filter();
          },
          handleCurrentPageChange(val) {
              this.page.currentPage = val;
              this.filter();
          },
```

这两个事件函数与分页组件的事件相关。每当分页组件中的当前页数发生变化，或者每页显示条数发生变化时，自动触发 this.filter 方法调用，重新进行查询刷新界面。

在查询结果所在表格中，允许用户选择一行进行编辑。为了实现这个功能，需要在展现查询结果的 InstGridLayout 上配置一个按钮 vdLayout，将 functionCode 设置为 CodeDefConst. HARD_FUNCTION_CODE_PLATFORM_EDIT，组件 InstFilter 接收该按钮触发的事件，调用函数 this.edit(event)，代码如下：

```
//path:\components\filter\InstFilter
        edit(vaData) {
            let cell = vaData.getCell();
            if ( cell == null || cell.id <= 0 )
                return;
            let id = counterManager.getCounter();
            let tabPage = {
                id: id,
                name: this.filterConfig.description + id,
                description: this.filterConfig.description + "编辑",
                functionCode: CodeDefConst.MENU_FUNCTION_CODE_CELL_ENTRY,
                config: {
                    businessType: this.filterConfig.businessType,
                    dnaCode: cell.dnaCode,
                    layoutCode: this.filterConfig.layoutCode,
                    cellCode:null,
                    parentCellCode:null,
                    parentCellId:0,
                    templateLayout:this.filterConfig.templateLayout,
                    cellId:cell.id,
                    templateDnaCode:this.filterConfig.templateDnaCode
                }
            }
            this.$emit("tabPage", tabPage);
        },
```

首先找到触发该事件的 Cell 对象 cell，然后构造出一个工作台上展现的参数 tabPage，继续设置 tabPage.config，需要设置 config.cellId 为 cell.id。然后向父组件即工作台发送事件 tabPage，并且将 tagPage 作为事件参数。工作台组件 Platform 接收该消息之后，在工作台中新打开一个 el-tab-pane，以组件 InstEntry 展现该消息。

```
//path:\components\workplatform\Platform
        onTabPage(tabPage) {
            this.tabPages.push(tabPage);
            this.activeName = tabPage.name;
        }
```

函数 onTabPage 是前面介绍的组件 Platform 的 methods 中的函数,用于打开一个 el-tab-pane 页。InstFilter 通过发送消息实现了对选中的 Cell 对象进行编辑的功能。InstFilter 和 InstEntry 两者相互配合就实现了实例的增删改查操作。

还有一种常用的场景,用户可能对查询结果中某个具体 Cell 对象以弹出对话框的方式展现详细信息。这要求在 InstGridLayout 上配置一个按钮类型的 vdLayout,它的 functionCode 设置为 CodeDefConst. HARD_FUNCTION_CODE_DIALOG_VIEW,InstFilter 组件接收该按钮单击触发的事件之后,调用 this.view(event)函数,弹出对话框显示详情信息。View 函数的代码如下:

```
view(vaData) {
    let self = this;
    function instDnaLayoutCallback(instData) {
        self.$refs.instResultDialog.show(instData);
    }
    let cell = vaData.getCell();
    instDnaLayout.getInstData(this.filterConfig.businessType, cell.dnaCode,
        cell.id,null,this.filterConfig.layoutCode, instDnaLayout
Callback);
},
```

函数 view 通过 instDnaLayout.getInstData 获取 inst、dna 和 layout 组成的 InstData 对象,成功之后回调函数 instDnaLayoutCallback,然后引用对话框展现该 InstData 对象。

第 8 章
元数据定义配置

前面集中在实例的管理，包括增删改查服务、与 POJO 互转、实例与 JSON 互转、实例数据库持久化和实例查询，以及实例的界面展现，都是在大量配置对象的驱动下进行的。配置对象包括 Dna、DnaDBMap、InstLayout、InstFormLayout、InstGridLayout，以及主数据相关类，如实例查询定义主数据、菜单主数据和菜单扩展信息主数据类。这些配置对象是普通 Java 类，大都通过 Java 程序创建。如果把配置类对象当作元数据实例来管理，通过 InstLayout 来展现，就实现了低代码开发平台所要求的可视化配置。

本章目标是通过元数据实例来管理配置类对象，如 Dna 对象、DnaDbMap 对象和 InstLayout 对象。本章的标题"元数据定义配置"，指的是元数据模型定义部分的配置管理，相当于元数据模型定义部分的定义部分，即模型的模型。此处阅读起来非常抽象，需要读者反复体会。

8.1 Dna 管理

管理 Dna 对象，即意味着像管理普通业务对象一样，需要设计开发 Dna 对象增删改查的服务，如 saveDna、getDna、removeDna 等服务及其相应 DAO 服务，前台需要设计开发增删改查的录入界面。如果将 Dna 理解成是一个类似于当事人的 PartyBO 类，而 PartyBO 对象可以通过实例对象来管理，那么 Dna 对象本身也应该可以通过元数据实例对象来管理，这意味着为了实现对 Dna 对象的管理，需要为 Java Dna 类创建 Dna 对象，这是 Dna 的 Dna 对象，它对应的实例对象等价于 Dna 对象。Dna 的 Dna 对象非常抽象，但是相信读者对当事人管理已经比较熟悉，我们可以模仿当事人的实例对象来管理 Dna 对象。回顾一下当事人 PartyBO 类的代码如下：

```
//path: com.dna.party.service.bo.PartyBO
public class PartyBO {
    private long id;
```

```
    private String partyCode;
    private String partyName;
    private Date birthday;
    private String gender;
        //省略
}
```

根据 PartyBO 类的数据结构,可以创建描述该结构的 Dna 对象,如下所示。

```
//path: com.dna.party.dna.PartyDnaTool
public static Dna getPartyDna() {
    Dna partyDna = new Dna(CodeDefConst.BUSINESS_TYPE_PARTY,CodeDefConst.DNA_CODE_PARTY, CodeDefConst.DNA_NAME_PARTY,"party结构Dna");
    partyDna.setCategory(CodeDefConst.CATEGORY_PARTY);
    partyDna.setMultiple(0, 999);
    partyDna.setDbMapCode(CodeDefConst.DNA_DB_MAP_CODE_PARTY);
    partyDna.setCursive(false);
    partyDna.setLastTime(DateTool.parseDatetime("2018-01-01 00:00:00"));
    partyDna.addVd( new Vd("partyCode","party 代 码 ",DataType.DATA_TYPE_STRING));
    partyDna.addVd( new Vd("partyName","party 名 称 ",DataType.DATA_TYPE_STRING));
    partyDna.addVd( new Vd("birthday","出生日期",DataType.DATA_TYPE_DATE));
    //省略
}
```

类似 PartyBO 类,Dna 类的代码如下:

```
//path: com.dna.def.Dna
public class Dna {
    private long id;
    private String businessType;
    private String dnaCode;
    private int serNo;//序号,用于排序使用
    @JsonIgnore
    private Dna parent;
    private String category;
    private String secondCategory;
    private String dbMapCode;
    private String dnaName;
    private String dnaDescription;
    private int minCount;
    private int maxCount;
    private boolean cursive=false;
    private List<Dna> children = new ArrayList<Dna>();
    private List<Vd> vds = new ArrayList<Vd>();
```

```
    private Date lastTime;
}
```

为了描述 Dna 类的结构,可以为 Java 类 Dna 创建一个 Dna 对象,专用于描述 Dna 的结构。如下代码是创建描述 Dna 类结构的 Dna 对象。在该创建方法中,本地变量取名为 dnaDna,名字看起来比较奇怪,实际含义是 Dna 对象 dnaDna 描述类 Dna 的结构,非常抽象,请仔细理解。模仿为 PartyBO 类创建 partyDna 的过程,如下代码是为 Dna 类创建 dnaDna 的过程:

```
//path: com.dna.def.DnaTool
    public static Dna getDnaDna() {
        Dna dnaDna = new Dna(CodeDefConst.BUSINESS_TYPE_DNA_DAN, CodeDefConst.DNA_CODE_DNA,CodeDefConst.DNA_NAME_DNA,"Dna 结构 Dna");
        dnaDna.setCategoryInfo(CodeDefConst.CATEGORY_DNA_DNA,CodeDefConst.SECOND_CATEGORY_DNA_DNA);
        dnaDna.setMultiple(0, 999);
        dnaDna.setDbMapCode(CodeDefConst.DNA_DB_MAP_CODE_DNA);
        dnaDna.setCursive(true);
        dnaDna.setLastTime(DateTool.parseDatetime("2020-01-01 00:00:00"));
        dnaDna.addVd(new Vd("defBusinessType", "业务类型", DataType.DATA_TYPE_STRING, CodeDefConst.BUSINESS_TYPE));
        dnaDna.addVd(new Vd("defDnaCode", "dna 代码", DataType.DATA_TYPE_STRING));
        dnaDna.addVd(new Vd("defDnaName", "dna 名称", DataType.DATA_TYPE_STRING));
        dnaDna.addVd(new Vd("defDnaDescription", "dna 描述", DataType.DATA_TYPE_STRING));
        dnaDna.addVd(new Vd("serNo", "dna 序号", DataType.DATA_TYPE_INT));
        dnaDna.addVd(new Vd("category", "类型", DataType.DATA_TYPE_STRING, CodeDefConst.CATEGORY));
        dnaDna.addVd(new Vd("secondCategory", "二级类型", DataType.DATA_TYPE_STRING));
        dnaDna.addVd(new Vd("minCount", "最小个数", DataType.DATA_TYPE_INT));
        dnaDna.addVd(new Vd("maxCount", "最大个数", DataType.DATA_TYPE_INT));
        dnaDna.addVd(new Vd("dbMapCode", "数据库映射代码", DataType.DATA_TYPE_STRING));
        dnaDna.addVd(new Vd("cursive", "是否递归", DataType.DATA_TYPE_BOOLEAN));
        dnaDna.addVd(new Vd("lastTime", "更新时间", DataType.DATA_TYPE_DATETIME));
        dnaDna.addVd(new Vd("status", "状态", DataType.DATA_TYPE_STRING, CodeDefConst.DNA_STATUS));
```

```
            Dna vdDna = getVdDna();
            dnaDna.addChild(vdDna);
            return dnaDna;
        }
```

关于方法 getDnaDna 的说明如下：

1）代码前面部分是设置 Dna 对象 dnaDna 的基本信息，语句 dnaDna.serCursive(true) 表示 Dna 对象 dnaDna 描述的是一个递归结构，因为 Dna 类有一个属性 List<Dna> children，说明它是一个递归结构。

2）语句 dnaDna.setDbMapCode 设置数据库映射信息。Dna 对象 dnaDna 描述了 Dna 类，dnaDna 的实例对象等价于一个 Dna 对象。那么 dnaDna.setDbMapCode 其实就是设置如何将 Dna 对象保存到数据库中的映射代码，dnaDna 上的属性 dbMapCode 描述了如何将 dnaDna 的实例对象映射到数据库，相当于等价地将 Dna 对象（注意，这是 Dna 对象，等价于对象 dnaDna 的实例对象）保存到数据库。

3）为 Dna 类中的每一个属性创建 Vd 对象，但是不用为 Dna 类的 id 和 parent 创建 Vd 对象，原因为 id 在 Cell 结构中是固化属性，parent 用于组织父子的逻辑关系，通过 Cell 类的 owner 和 Inst 类中的 parentCell 即可表达父子间的逻辑关系。有几个特殊 Vd 名字：defBusinessType、defDnaCode、defDnaName 和 defDnaDescription，分别更换了 Dna 类上 businessType、dnaCode、dnaName 和 dnaDescription 的四个属性名，是因为实例 Inst 有三个固化属性：businessType、dnaCode 和 dnaName，Cell 上有一个固化属性 dnaCode。当 Cell 对象转换为 JSON 串时，如果动态属性和固化属性名字相同，那么属性值相互覆盖，最终导致错误。在 dnaDna 中还多定义一个 Vd 对象 status，该属性用于管理 Dna 对象自身的状态，实际 Dna 类并不需要，因此，在 dnaDna 定义上有该 Vd，而 Dna 上无此对应属性。

4）Dna 类下有一个数组 List<Vd> vds，对应到 dnaDna 下面应该有一个孩子 Dna 对象，语句 getVdDna()返回了一个描述 Vd 类结构的 Dna 对象，通过语句 dnaDna.addChild 将其设置为 dnaDna 下 children 列表中的元素。方法 getVdDna 的代码如下：

```
//path: com.dna.def.DnaTool
    public static Dna getVdDna() {
        Dna vdDna = new Dna(CodeDefConst.BUSINESS_TYPE_DNA_DAN,CodeDef
Const.DNA_CODE_VD, CodeDefConst.DNA_NAME_VD,"Vd 结构 Dna");
        vdDna.setCategoryInfo(CodeDefConst.CATEGORY_VD,CodeDefConst.
SECOND_CATEGORY_DNA_VD);
        vdDna.setMultiple(0, 999);
        vdDna.setDbMapCode(CodeDefConst.DNA_DB_MAP_CODE_VD);
        vdDna.setLastTime(DateTool.parseDatetime("2020-01-01 00:00:00"));
        vdDna.addVd(new Vd("vdCode", "vd 代 码 ", DataType.DATA_TYPE_
```

```
STRING));
        vdDna.addVd(new Vd("vdName", "vd名称", DataType.DATA_TYPE_
STRING));
        vdDna.addVd (new Vd("vdDescription", "vd描", DataType.DATA_TYPE_
STRING));
        vdDna.addVd(new Vd("serNo", "vd序号", DataType.DATA_TYPE_INT));
        vdDna.addVd(new Vd("dataType", "数据类型", DataType.DATA_TYPE_
STRING, CodeDefConst.DATA_TYPE));
        vdDna.addVd(new Vd("mdCode", "字典类型", DataType.DATA_TYPE_
STRING));
        vdDna.addVd(new Vd("vdControl","字段控制标志", DataType.DATA_TYPE_
STRING));
        vdDna.addVd(new Vd("lastTime", "更新时间", DataType.DATA_TYPE_
DATETIME));
        return vdDna;
    }
```

Vd 类的定义如下：

```
public class Vd implements Cloneable{
    private String vdCode;
    private String vdName;
    private String vdDescription;
    private int serNo;//需要，用于排序
    private String dataType;
    private String mdCode;//主数据代码
    private String vdControl=null;
    private Date lastTime;
    private VdExtension extension = null;
}
```

对比 Dna 对象 vdDna 和类 Vd 的代码，就会发现类 Vd 下的每一个属性，都对应到 Dna 对象 vdDna 下一个 Vd 对象。但是 Vd 类下的 VdExtension extension，在对象 vdDna 中没有体现。VdExtension extension 是对 Vd 的更多扩展信息的描述，可分为许多类，每一类都从 VdExtension 继承。Dna 对象没有继承的概念，变通的做法是扩展类，相当于在对象 vdDna 下面创建多个子 Dna 对象，放在 vdDna 的 children 中。为了减少这里篇幅，本书不讨论这种情况，读者可以在后面章节中找到类似的处理方式。

到此为止，完成了 Dna 结构的描述，即为 Dna 创建 Dna 对象 dnaDna，它描述了 Dna 类结构。为了更深刻理解 Dna 的 Dna 对象，两个 Dna 对象：对象 dnaDna 与对象 partyDna 对比分析如表 8-1 所示。

表 8-1　Dna 的 Dna 对象和当事人的 Dna 对象对比分析

项目	当事人	类 Dna	说明
Java 类	PartyBO	Dna	
Java 对象	PartyBO partyBO	Dna dna	partyBO 代表一个具体当事人对象，dna 代表一个具体 Dna 对象，描述某一个类的结构
创建 Dna 对象	Dna parytDna = getPartyDna()	Dna dnaDna = getDnaDna()	两者都是创建 Dna 的对象，分别描述不同类的数据结构，partyDna 描述 PartyBO 类的结构，dnaDna 描述 Dna 类的结构
创建 Dna 的实例对象	Inst partyInst = instService.initInst(partyDna)	Inst dnaInst = instService.initInst(dnaDna);	dnaInst 是 dnaDna 的实例对象，等价于 Dna 对象 dna；partyInst 是 partyDna 的实例对象，等价于 PartyBO 对象 partyBO
Dna 实例对象	partyInst 是当事人 Dna 的实例对象，描述具体当事人的内容，包括当事人姓名是什么，性别是什么等，partyInst 相当于语句：PartyBO partyBO 中的对象 partyBO	dnaInst 是 Dna 的 Dna 的实例对象，描述一个具体 Dna 对象，包括 dbMapCode、Vd 列表等，等价于 Dna dna 中的对象 dna	dnaDna 的实例对象 dnaInst 描述某个类的结构

通过创建 Dna 对象 dnaDna = getDnaDna()，dnaDna 描述了类 Dna 的结构，dnaDna 的实例对象就是某个具体类结构的描述，也就是等价的 Dna 对象。Dna 的 Dna 对象的一个实例对象就描述了一个类的结构，也就是说，Dna 的 Dna 对象自然可以描述等价的 Dna 对象 partyDna，这涉及如下两部分内容：

1）创建 Dna 对象下的每一个 Vd 对象所对应的 Dna 的 Dna 对象下的 Cell 对象，注意，在 Dna 下 vds 是一个列表，每一个元素是一个 Vd 对象。每一个 Vd 对象都要等价 Dna 对象 vdDna 的一个实例对象的列表属性 cells 中的一个 Cell 对象。

2）partyDna 是一个三层结构的 Dna 对象，从上至下分别为 partyDna、partyAccountDna 和 accountUsageDna，对应到 Dna 的 Dna 对象的实例对象，分别是三个实例对象，以父子关系组织在一起。

有两个方法可以用于创建一个等价 Vd 对象的 vdDna 的 Cell 对象，参数包括描述 Vd 的 Dna 对象 vdDna，创建 vdDna 的实例值 Cell 对象，设置其下列表属性 vas 中每一个 Va 对象，返回 Cell 对象。一次调用创建一个等价 Vd 对象的 Cell 对象。代码如下：

```java
//path: com.dna.def.DnaTool
    public static Cell createVdDnaCell(Dna vdDna, String vdName, String vdDescription, String dataType) {
        return createVdDnaCell(vdDna, vdName, vdDescription, dataType, null);
    }
    public static Cell createVdDnaCell(Dna vdDna, String vdName, String vdDescription, String dataType, String mdCode) {
        Cell vdDnaCell = DnaTool.singleDna2Cell(CodeDefConst.INST_TYPE_DEFAULT, vdDna);
        vdDnaCell.setVaByName("vdCode", vdName);
        vdDnaCell.setVaByName("vdName", vdName);
        vdDnaCell.setVaByName("vdDescription", vdDescription);
        vdDnaCell.setVaByName("dataType", dataType);
        vdDnaCell.setVaByName("mdCode", mdCode);
        return vdDnaCell;
    }
```

如下代码创建了 Dna 的 Dna 实例对象，该对象等价于一个描述当事人的 Dna 对象 partyDna，这是单个 Dna 对象，不包含其下的子 Dna 对象。

```java
//path: com.dna.party.dna.PartyDnaTool
    private static Inst createSinglePartyDnaDnaInst() {
        Dna dnaDna = DnaTool.getDnaDna();
        Dna vdDna = dnaDna.getChildDnaByName(CodeDefConst.DNA_NAME_VD);
        Inst partyDnaDnaInst = new Inst(dnaDna);
      Cell partyDnaDnaCell = DnaTool.dna2Cell(CodeDefConst.INST_TYPE_DEFAULT, dnaDna);
        partyDnaDnaInst.addCell(partyDnaDnaCell);
        partyDnaDnaCell.setVaByName("defBusinessType", CodeDefConst.BUSINESS_TYPE_PARTY);
        partyDnaDnaCell.setVaByName("category", CodeDefConst.CATEGORY_PARTY);
        partyDnaDnaCell.setVaByName("defDnaCode", CodeDefConst.DNA_CODE_PARTY);
        partyDnaDnaCell.setVaByName("defDnaName", CodeDefConst.DNA_NAME_PARTY);
        partyDnaDnaCell.setVaByName("defDnaDescription", "party结构Dna");
        partyDnaDnaCell.setVaByName("minCount", 0);
        partyDnaDnaCell.setVaByName("maxCount", 999);
        partyDnaDnaCell.setVaByName("dbMapCode", CodeDefConst.DNA_DB_MAP_CODE_PARTY);
        partyDnaDnaCell.setVaByName("cursive", false);
        partyDnaDnaCell.setVaByName("lastTime", DateTool.parseDatetime("2020-01-01 00:00:00"));
        Inst partyVdDnaInst = partyDnaDnaCell.getChildInst(CodeDefConst.DNA_NAME_VD);
        partyVdDnaInst.addCell(createVdDnaCell( vdDna, "partyCode", "party代
```

码", DataType.**DATA_TYPE_STRING**));
        partyVdDnaInst.addCell(createVdDnaCell(vdDna, "partyName","party 名称", DataType.**DATA_TYPE_STRING**));
        partyVdDnaInst.addCell(createVdDnaCell(vdDna, "birthday", "出生日期", DataType.**DATA_TYPE_DATE**));
        partyVdDnaInst.addCell(createVdDnaCell(vdDna, "gender","性别", DataType.**DATA_TYPE_STRING**,CodeDefConst.**GENDER_CODE**));
        partyVdDnaInst.addCell(createVdDnaCell(vdDna, "certType","证件类型", DataType.**DATA_TYPE_STRING**,CodeDefConst.**CERT_TYPE**));
        partyVdDnaInst.addCell(createVdDnaCell(vdDna, "certId","证件号",DataType.**DATA_TYPE_STRING**));
        partyVdDnaInst.addCell(createVdDnaCell(vdDna, "vipType","vip 类型", DataType.**DATA_TYPE_STRING**,CodeDefConst.**VIP_TYPE**));
        partyVdDnaInst.addCell(createVdDnaCell(vdDna, "address","地址", DataType.**DATA_TYPE_STRING**));
        partyVdDnaInst.addCell(createVdDnaCell(vdDna, "postCode","邮编",DataType.**DATA_TYPE_STRING**));
        partyVdDnaInst.addCell(createVdDnaCell(vdDna, "telNo","电话",DataType.**DATA_TYPE_STRING**));
        partyVdDnaInst.addCell(createVdDnaCell(vdDna, "mobileNo","移动电话",DataType.**DATA_TYPE_STRING**));
        partyVdDnaInst.addCell(createVdDnaCell(vdDna, "contact"," 联 系 人 ",DataType.**DATA_TYPE_STRING**));
        partyVdDnaInst.addCell(createVdDnaCell(vdDna, "contactMobileNo","联系人移动电话", DataType.**DATA_TYPE_STRING**));
        partyVdDnaInst.addCell(createVdDnaCell(vdDna, "branch"," 机 构 号 ",DataType.**DATA_TYPE_STRING**,CodeDefConst.**BRANCH_CODE**));
        return partyDnaDnaInst;
    }
```

方法 createSinglePartyDnaDnaInst 创建一个等价于 partyDna 的 Dna 的 Dna 实例对象，不包含其下的孩子 Dna 对象 partyAccountDna。同样地，创建等价的 partyAccountDna 的 Dna 的 Dna 实例对象的代码如下：

```
    //path: com.dna.party.dna.PartyDnaTool
    private static Inst createSinglePartyAccountDnaDnaInst() {
        Dna dnaDna = DnaTool.getDnaDna();
        Dna vdDna = dnaDna.getChildDnaByName(CodeDefConst.DNA_NAME_VD);
        Inst partyAccountDnaDnaInst = new Inst(dnaDna);//创建账户结构
        Cell partyAccountDnaDnaCell = DnaTool.dna2Cell(CodeDefConst.INST_TYPE_DEFAULT, dnaDna);
        partyAccountDnaDnaInst.addCell(partyAccountDnaDnaCell);
        partyAccountDnaDnaCell.setVaByName("defBusinessType",   CodeDefConst.
```
```

```java
BUSINESS_TYPE_PARTY);
        partyAccountDnaDnaCell.setVaByName("category", CodeDefConst.CATEGORY_PARTY);
        partyAccountDnaDnaCell.setVaByName("defDnaCode", CodeDefConst.DNA_CODE_PARTY_ACCOUNT);
        partyAccountDnaDnaCell.setVaByName("defDnaName", CodeDefConst.DNA_NAME_PARTY_ACCOUNT);
        partyAccountDnaDnaCell.setVaByName("defDnaDescription", "partyAccount结构Dna");
        partyAccountDnaDnaCell.setVaByName("minCount", 0);
        partyAccountDnaDnaCell.setVaByName("maxCount", 999);
        partyAccountDnaDnaCell.setVaByName("dbMapCode", CodeDefConst.DNA_DB_MAP_CODE_PARTY_ACCOUNT);
        partyAccountDnaDnaCell.setVaByName("cursive", false);
        partyAccountDnaDnaCell.setVaByName("lastTime", DateTool.parseDatetime("2018-01-01 00:00:00"));
        Inst partyAccountVdDnaInst = partyAccountDnaDnaCell.getChildInst(CodeDefConst.DNA_NAME_VD);
        partyAccountVdDnaInst.addCell(createVdDnaCell( vdDna, "accountName","账户名称", DataType.DATA_TYPE_STRING));
        partyAccountVdDnaInst.addCell(createVdDnaCell( vdDna, "accountNo","账号", DataType.DATA_TYPE_STRING));
        partyAccountVdDnaInst.addCell(createVdDnaCell( vdDna, "address","开户地址", DataType.DATA_TYPE_STRING));
        partyAccountVdDnaInst.addCell(createVdDnaCell( vdDna, "bankName","银行名称", DataType.DATA_TYPE_STRING));
        partyAccountVdDnaInst.addCell(createVdDnaCell( vdDna, "postCode","开户地址邮编", DataType.DATA_TYPE_STRING));
        return partyAccountDnaDnaInst;
    }
```

如下代码创建等价的 Dna 对象 accountUsageDna 的 Dna 的 Dna 实例对象：

```java
//path: com.dna.party.dna.PartyDnaTool
    private static Inst createSingleAccountUsageDnaDnaInst() {
        Dna dnaDna = DnaTool.getDnaDna();
        Dna vdDna = dnaDna.getChildDnaByName(CodeDefConst.DNA_NAME_VD);
        Inst accountUsageDnaDnaInst = new Inst(dnaDna);//创建账户结构
        Cell accountUsageDnaDnaCell = DnaTool.dna2Cell(CodeDefConst.INST_TYPE_DEFAULT, dnaDna);
        accountUsageDnaDnaInst.addCell(accountUsageDnaDnaCell);
        accountUsageDnaDnaCell.setVaByName("defBusinessType", CodeDefConst.BUSINESS_TYPE_PARTY);
        accountUsageDnaDnaCell.setVaByName("category", CodeDefConst.CATEGORY_PARTY);
```

```
        accountUsageDnaDnaCell.setVaByName("defDnaCode", CodeDefConst.DNA_CODE_
ACCOUNT_USAGE);
        accountUsageDnaDnaCell.setVaByName("defDnaName", CodeDefConst.DNA_NAME_
ACCOUNT_USAGE);
        accountUsageDnaDnaCell.setVaByName("defDnaDescription", "accountUsage 结
构 Dna");
        accountUsageDnaDnaCell.setVaByName("minCount", 0);
        accountUsageDnaDnaCell.setVaByName("maxCount", 999);
        accountUsageDnaDnaCell.setVaByName("dbMapCode", CodeDefConst.DNA_DB_
MAP_CODE_ACCOUNT_USAGE);
        accountUsageDnaDnaCell.setVaByName("cursive", false);
        accountUsageDnaDnaCell.setVaByName("lastTime", DateTool.parseDatetime
("2018-01-01 00:00:00"));
        Inst accountUsageVdDnaInst = accountUsageDnaDnaCell.getChildInst
(CodeDefConst.DNA_NAME_VD);
        accountUsageVdDnaInst.addCell(createVdDnaCell( vdDna, "usageDescription",
"用途说明", DataType.DATA_TYPE_STRING));
        accountUsageVdDnaInst.addCell(createVdDnaCell( vdDna, "amountLimit","
限额", DataType.DATA_TYPE_FLOAT));
        return accountUsageDnaDnaInst;
    }
```

上述已经创建三个独立的 Dna 的 Dna 实例对象，将它们组织在一起就创建了一个等价于 partyDna 的 Dna 的 Dna 对象，代码如下：

```
//path: com.dna.party.dna.PartyDnaTool
public static Inst getPartyDnaDnaInst() {
    Inst partyDnaDnaInst = createSinglePartyDnaDnaInst();
    Cell partyDnaDnaCell = partyDnaDnaInst.getSingleCell();
    Inst partyAccountDnaDnaInst = createSinglePartyAccountDnaDnaInst();
//创建账户结构
    partyDnaDnaCell.addChildInst(partyAccountDnaDnaInst);
    Cell partyAccountDnaDnaCell =partyAccountDnaDnaInst.getSingleCell();
    Inst accountUsageDnaDnaInst = PartyDnaTool.createSingleAccountUsage
DnaDnaInst();//创建账户结构
    partyAccountDnaDnaCell.addChildInst(accountUsageDnaDnaInst);
    return partyDnaDnaInst;
}
```

该代码将三者组织成一个三层结构的等价于 Dna 对象 partyDna 的 Dna 的 Dna 实例对象返回。返回对象 partyDnaDnaInst 等价于 partyDna。为了验证前面代码的正确性，通过前面已经介绍过的方法，使用 DnaTool.inst2Object 方法，进行转换。Dna 的 Dna 实例对象经过该方法转换之后，是一个具体 Dna 对象数组。实现对象转换的代码如下：

```java
//path: com.dna.instance.controller.InstController
    @RequestMapping(value = "/partyDnaDnaCell2Dna", method = { RequestMethod.POST })
    public ReturnMessage<Dna> partyDnaDnaCell2Dna(@RequestBody RequestMessage<InstCallVO> instCallMessage) {
        Inst inst = PartyDnaTool.getPartyDnaDnaInst();
        Map<String,String> vdNameMap = new HashMap<String,String>();
        vdNameMap.put(CodeDefConst.DNA_NAME_DNA,"children");
        vdNameMap.put(CodeDefConst.DNA_NAME_VD, "vds");
        vdNameMap.put("defDnaCode", "dnaCode");
        vdNameMap.put("defBusinessType", "businessType");
        vdNameMap.put("defDnaName", "dnaName");
        vdNameMap.put("defDnaDescription", "dnaDescription");
        Map<String,String> classNameMap = new HashMap<String,String>();
        classNameMap.put(CodeDefConst.DNA_NAME_DNA, Dna.class.getName());
        classNameMap.put(CodeDefConst.DNA_NAME_VD, Vd.class.getName());
        List<Dna> dnas = (List<Dna> )DnaTool.inst2Object(inst, Dna.class, classNameMap,vdNameMap );
        return new ReturnMessage<Dna>(dnas.get(0));
    }
```

上述代码返回的一个 Dna 对象（是 ReturnMessage 对象中的 value 属性）等价于 partyDna。为了让 inst2Object 能够正确转换，需要将特殊属性名转换放到一个 HaspMap 中作为入参，例如，vdName 为 "defDnaCode" 的 Vd 对象转到 Dna 中名为 "dnaCode" 的属性。另外，对应实例对象下面的子实例对象，设置相关类型，例如，Dna 的 Dna 对象下的孩子 dnaName 为 CodeDefConst.DNA_NAME_VD（常量为 "vd"）的实例对象，转换到 Dna 对象时为 List<Vd> 类型的 vds 属性。

有了 Dna 的 Dna 机制，意味着实例对象管理的相关服务，以及数据库持久化、前台界面展现的所有功能都适合 Dna 对象，不需要为 Dna 对象单独做一套管理的服务和功能。

8.2 DnaDbMap 管理

类 Dna 有一个属性，即 dbMapCode 唯一标识 Dna 实例如何映射到数据库的配置类 DnaDbMap 的对象。DnaDbMap 在前面介绍数据库映射时专门介绍过。DnaDbMap 对象本身也需要一套管理机制，例如，对 DnaDbMap 对象的增删改查操作、对象持久化，以及相应的功能界面等。显然，DnaDbMap 也可以理解为一个普通 POJO 类，与 PartyBO 没有本质区别，PartyBO 类通过 Dna 对象描述，DnaDbMap 类通过 Dna 描述，那么 DnaDbMap 对象的管理就变成了 Dna 实例对象的管理。

8.2.1 类 DnaDbMap 的 Dna 对象

回顾一下 DnaDbMap 类定义，如下所示：

```java
//path: com.dna.def.DnaDbMap
public class DnaDbMap implements Cloneable {
    private String code;
    private String cellTableName;
    private String vaTableName;
    private Set<String> cellVdNames = new HashSet<String>();
    private Map<String, String> dbVdNameMap = new HashMap<String, String>();
    private Set<String> vaVdNames = new HashSet<String>();
    private boolean persistRemain = false;
    private String keyVdNameType = KeyTypeConst.ID;// 决定 Id 类型
    private String dnaMapType;
    private boolean requireRootId = false;
    private Date lastTime;
    // 配置 Version 相关信息
    private String versionType = VersionType.NONE;// 无版本控制、累计版本、主版本控制
    private String edrVersionType = EdrVersionType.NONE;// 无版本、批改版本
    private String logVersionType = LogVersionType.NONE;// 无版本、日志版本
    private Map<String, FixedVd> fixedVds = new HashMap<String, FixedVd>();
    private String selectSql;
    private String selectSqlByKey;
    private String selectSqlByParentParentKey;
    private String updateSql;
    private String updateSqlBykey;
    private String insertSql;
}
```

DnaDbMap 类中的部分属性由其他属性自动计算出来：fixedVds、selectSql、selectSqlByKey、selectSqlByParentKey、updateSql、updateSqlByKey 和 insertSql。不需要为描述 DnaDbMap 类结构的 Dna 对象上配置计算属性的 Vd，只需要配置其他非计算属性的 Vd。Vd 不支持 Set<String> cellVdNames、Set<String> vaVdNames、Map<String, String> dbVdNameMap 这些数据类型。为了使得 DnaDbMap 对象管理能够借用实例对象的服务和功能界面等，这里有两种办法，一种是增强 Dna 能力，让 Vd 支持更多数据类型；另一种是建立一个过渡的中间结构，让它通过 Dna 对象描述，并与 DnaDbMap 类建立转换关系，当然，也可通过直接编程实现 Dna 实例对象到 DnaDbMap 对象之间的转换。为了能够清晰地描述如何实现通过实例对象来管理 DnaDbMap 对象，本书采用第二种办法，即中间结构，命名为 DnaDbMapAgent，代码如下：

```java
//path: com.dna.def.DnaDbMapAgent
public class DnaDbMapAgent implements Cloneable {
    private String id;
    private String code;
    private String cellTableName;
    private String vaTableName;
    private List<VdDbMap> vdDbMaps = new ArrayList<VdDbMap>();
    private String vaVdNames;
    private boolean persistRemain = false;
    private String keyVdNameType = KeyTypeConst.ID;// 决定 Id 类型
    private String dnaMapType;
    private boolean requireRootId = false;
    private Date lastTime;
    private String versionType;// 无版本控制、累计版本、主版本控制
    private String edrVersionType;// 无版本、批改版本
    private String logVersionType;// 无版本、日志版本
}
```

类 DnaDbMapAgent 嵌套类 VdDbMap，代码如下：

```java
//path: com.dna.def.VdDbMap
public class VdDbMap {
    private long id;
    private String vdName;//属性名
    private String dbVdName;//数据库字段名
}
```

类 DnaDbMapAgent 是一个普通的 POJO 结构，对比 DnaDbMap 结构，没有计算属性，以及 cellVdNames 和 dbVdNameMap。后两者被 DnaDbMapAgent 的属性 vdDbMaps 代替。另外，DnaDbMapAgent 的属性 vaVdNames 的数据类型为字符串，以逗号分隔，表示由多个 Vd 名字拼接而成。DnaDbMapAgent 类结构容易通过创建一个 Dna 对象 dnaDbMapAgentDna 来描述，通过方法 inst2Object 将 dnaDbMapAgentDna 的实例对象转换成 DnaDbMapAgent 对象，然后将 DnaDbMapAgent 对象转换为 DnaDbMap 对象。强调一下，这里的逻辑是从 dnaDbMapAgentDna 的实例对象先转换为 DnaDbMapAgent 对象，然后转换到 DnaDbMap 对象。下面的代码实现了 DnaDbMapAgent 对象到 DnaDbMap 对象的转换：

```java
//path: com.dna.def.DnaDbMapDnaTool
    public static DnaDbMap agent2DnaDbMap(DnaDbMapAgent agent) {
        List<VdDbMap> vdNameMaps = agent.getVdDbMaps();
        vdNameMaps.size();
        String cellVdNames[] = new String[vdNameMaps.size()];
        String cellDbNames[] = new String[vdNameMaps.size()];
        for (int i = 0; i < vdNameMaps.size(); i++) {
```

```
            cellVdNames[i] = vdNameMaps.get(i).getVdName();
            cellDbNames[i] = vdNameMaps.get(i).getDbVdName();
        }
        String vaVdNames[] = new String[] {};
        if ( agent.getVaVdNames() != null && !agent.getVaVdNames().equals(""))
            vaVdNames = agent.getVaVdNames().split(",");
        DnaDbMapBuilder builder = DnaDbMap.createDbMapBuilder(agent.getCode(), agent.getCellTableName(), agent.getVaTableName(), cellVdNames, cellDbNames, vaVdNames, agent.isPersistRemain());
        builder.setRequireRootId(agent.isRequireRootId());
        builder.setKeyVdNameType(agent.getKeyVdNameType());
        builder.setDnaMapType(agent.getDnaMapType());
        builder.setLastTime(agent.getLastTime());
        builder.setVersion(agent.getVersionType(), agent.getEdrVersionType(), agent.getLogVersionType());
        return builder.getDnaDbMap();
    }
```

为了通过实例对 DnaDbMapAgent 对象进行管理，需要创建一个 Dna 对象描述 DnaDbMapAgent 类的结构，Dna 对象创建代码如下：

```
//path: com.dna.def.DnaDbMapDnaTool
public static Dna getDnaDbMapAgentDna() {
    Dna dnaDbMapAgentDna = new Dna(CodeDefConst.BUSINESS_TYPE_DB_MAP_DNA, CodeDefConst.DNA_CODE_DNA_DB_MAP, CodeDefConst.DNA_NAME_DNA_DB_MAP,"数据库结构映射");
    dnaDbMapAgentDna.setCategory(CodeDefConst.CATEGORY_DB_MAP);
    dnaDbMapAgentDna.setSecondCategory(CodeDefConst.SECOND_CATEGORY_DNA_DB_MAP);
    dnaDbMapAgentDna.setMinCount(0);
    dnaDbMapAgentDna.setMaxCount(999);
    dnaDbMapAgentDna.setDbMapCode(CodeDefConst.DNA_DB_MAP_CODE_DNA_DB_MAP);
    dnaDbMapAgentDna.setCursive(false);
    dnaDbMapAgentDna.setLastTime(DateTool.parseDatetime("2020-01-01 00:00:00"));
    dnaDbMapAgentDna.addVd(new Vd("code", "映射的代码", DataType.DATA_TYPE_STRING));
    dnaDbMapAgentDna.addVd(new Vd("cellTableName", "值表名称", DataType.DATA_TYPE_STRING));
    dnaDbMapAgentDna.addVd(new Vd("vaTableName", "字段表名称", DataType.DATA_TYPE_STRING));
    dnaDbMapAgentDna.addVd(new Vd("vaVdNames", "字段表中的字段列表", DataType.DATA_TYPE_STRING));
```

```
        dnaDbMapAgentDna.addVd(new Vd("persistRemain", "是否持久化剩余列表",
DataType.DATA_TYPE_BOOLEAN));
        dnaDbMapAgentDna.addVd(new Vd("keyVdNameType", "主键字段类型", DataType.
DATA_TYPE_STRING));
        dnaDbMapAgentDna.addVd(new Vd("dnaMapType", "映射类型", DataType.
DATA_TYPE_STRING,CodeDefConst.DNA_MAP_TYPE));
        dnaDbMapAgentDna.addVd(new Vd("requireRootId", "是否需要RootId", DataType.
DATA_TYPE_BOOLEAN));
        dnaDbMapAgentDna.addVd(new Vd("versionType", "版本类型", DataType.DATA_
TYPE_STRING));
        dnaDbMapAgentDna.addVd(new Vd("edrVersionType", "批改版本类型", DataType.
DATA_TYPE_STRING));
        dnaDbMapAgentDna.addVd(new Vd("logVersionType", "日志版本类型", DataType.
DATA_TYPE_STRING));
        dnaDbMapAgentDna.addVd(new Vd("lastTime", "更新时间", DataType.DATA_
TYPE_DATETIME));
        dnaDbMapAgentDna.addChild(getVdDbMapAgentDna());
        return dnaDbMapAgentDna;
    }
```

方法 getDnaDbMapAgentDna 首先创建了描述 DnaDbMapAgent 类结构的 Dna 对象 dnaDbMapAgentDna，然后调用 getVdDbMapAgentDna 方法，创建下一级的节点，该方法代码如下：

```
    //path: com.dna.def.DnaDbMapDnaTool
    public static Dna getVdDbMapAgentDna() {
        Dna vdDbNameMapAgentDna = new Dna(CodeDefConst.BUSINESS_TYPE_
DB_MAP_DNA, CodeDefConst.DNA_CODE_VD_DB_MAP,CodeDefConst.DNA_NAME_VD_DB_MAP,
"属性数据库结构映射");
        vdDbNameMapAgentDna.setCategory(CodeDefConst.CATEGORY_DB_MAP);
        vdDbNameMapAgentDna.setSecondCategory(CodeDefConst.SECOND_CATEGORY_v
D_DB_MAP);
        vdDbNameMapAgentDna.setMinCount(0);
        vdDbNameMapAgentDna.setMaxCount(999);
        vdDbNameMapAgentDna.setDbMapCode(CodeDefConst.DNA_DB_MAP_CODE_VD_DB_
MAPG);
        vdDbNameMapAgentDna.setCursive(false);
        vdDbNameMapAgentDna. addVd(new Vd("vdName", "属性名称", DataType.
DATA_TYPE_STRING));
        vdDbNameMapAgentDna. addVd(new Vd("dbVdName", "数据库字段名称",
DataType.DATA_TYPE_STRING));
        return vdDbNameMapAgentDna;
    }
```

方法 getVdDbMapAgentDna 创建了 VdDbNameMap 类结构对应的 Dna 对象 vdDbNameMapAgentDna，定义了两个 Vd 对象。以上两个方法创建了 DnaDbMapAgent 类结构对应的 Dna 对象 dnaDbMapAgentDna，通过它的实例对象即可实现对 DnaDbMapAgent 对象的管理。而 DnaDbMapAgent 可以转换为 DnaDbMap 对象，进而实现 DnaDbMap 对象的间接管理。下面的代码将 Dna 对象 dnaDbMapAgentDna 的实例对象转换成 DnaDbMap 对象：

```
//path: com.dna.def.DnaDbMapDnaTool
    public static List<DnaDbMap> inst2DnaDbMap( Inst dnaDbMapAgentDnaInst ) {
        Map<String,String> classNameMap = new HashMap<String,String>();
        classNameMap.put(CodeDefConst.DNA_NAME_VD_DB_MAP, VdDbMap.class.getName());
        Map<String,String> vdNameMap = new HashMap<String,String>();
        vdNameMap.put(CodeDefConst.DNA_NAME_VD_DB_MAP, "vdDbMaps");
        List<DnaDbMapAgent> dnaDbMapAgents = DnaTool.inst2Object(dnaDbMapAgentDnaInst,DnaDbMapAgent.class, classNameMap, vdNameMap);
        List<DnaDbMap> dnaDbMaps = new ArrayList<DnaDbMap>();
        for ( DnaDbMapAgent dnaDbMap : dnaDbMapAgents)
            dnaDbMaps.add(agent2DnaDbMap(dnaDbMap));
        return dnaDbMaps;
    }
```

方法 inst2DnaDbMap 调用 DnaTool.inst2Object 先将 dnaDbMapAgentDnaInst 转换为 DnaDbMapAgent 对象的列表，然后将调用 agent2DnaDbMap 方法将其转换为 DnaDbMap 对象的列表。

总结一下思路，为了实现通过元数据的实例来管理 DnaDbMap 对象，为 DnaDbMap 设计了一个中间类 DnaDbMapAgent，该类更加适合用 Dna 对象来描述，然后创建一个 Dna 对象 dnaDbMapAgentDna 描述类 DnaDbMapAgent 的结构。Dna 对象 dnaDbMapAgentDna 的实例对象等价于 DnaDbMapAgent 对象，而后者等价于 DnaDbMap 对象。方法 inst2DnaDbMap 实现了实例对象到 DnaDbMap 对象的转换，如图 8-1 所示。

图 8-1　从 DnaDbMap 类到 DnaDbMap 对象的转换过程

8.2.2 Dna 对象到数据库映射

前面介绍过，Dna 的 Dna 对象 dnaDna 描述 Dna 的结构，它的属性 dbMapCode 唯一标识了一个 DnaDbMap 对象，描述如何将实例等价的 Dna 对象映射到数据库的配置信息。请注意，普通 Dna 对象 dna 的 dbMapCode 用于描述该 dna 的实例对象到数据库的映射信息。例如，描述当事人结构的 Dna 对象 partyDna，而 partyInst 是对象 partyDna 的实例对象，即具体的当事人对象，对象 partyDna 的属性 dbMapCode 所代表的 DnaDbMap 对象，就是描述如何将 partyDna 的实例对象 partyInst 映射到数据库的配置信息。类似地，Dna 对象 dnaDna 的 dbMapCode 就是将 dnaDna 的实例对象映射到数据库，而 dnaDna 的实例对象等价于 Dna 对象。因此，dnaDna 的 dbMapCode 所代表的 DnaDbMap 对象表示 Dna 对象到数据库映射的配置信息。注意，dnaDna 对象本身有两层结构：根节点是描述类 Dna 的结构，子节点描述了 Dna 下的嵌套类 Vd 的结构。因此，dnaDna 的下一层节点 vdDna 上也有一个 dbMapCode，它代表将 Vd 对象映射到数据库的 DnaDbMap 对象。下面代码创建 dnaDna 对象上 dbMapCode 所代表 DnaDbMap 对象：

```
//path: com.dna.def.DnaTool
public static DnaDbMap getDnaDnaDbMap() {
    DnaDbMapBuilder builder = DnaDbMap.createDbMapBuilder(CodeDefConst.
DNA_DB_MAP_CODE_DNA, "T_Dna", null, new String[] { "id", "parentId", "defDnaCode",
"defBusiness Type", "defDnaName", "defDnaDescription","serNo", "category",
"secondCategory", "dbMapCode", "minCount", "maxCount", "cursive",
"lastTime","status" }, new String[] { "id", "parentId", "defDnaCode",
"defBusinessType", "defDnaName", "defDnaDescription","serNo", "category",
"secondCategory", "dbMapCode", "minCount", "maxCount", "cursive","lastTime",
"status" },null, false);
    builder.setDnaMapType(DnaMapType.SIMPLE);
    builder.setRequireRootId(false);
    builder.setVersion(VersionType.NONE, EdrVersionType.NONE, LogVersionType.NONE);
    builder.setLastTime(DateTool.parseDatetime("2020-01-01 00:00:00"));
    return builder.getDnaDbMap();
}
```

方法 getDnaDnaDbMap 创建一个 DnaDbMap 对象，表示将 Dna 对象保存到数据库的主表中，无须扩展表的配置信息。另外，需要保存的属性有 id、parentId、defDnaCode、defBusinessType、defDnaName、defDnaDescription、serNo、category、secondCategory、dbMapCode、minCount、maxCount、cursive、lastTime，对应到数据表中的字段名和属性名相同。由于 DnaDbMap 对象也可以通过 Dna 对象 dnaDbMapAgentDna 的实例对象来描述，下面代码是创建一个实例对象，等价于 dnaDna 的 DnaDbMap 对象：

```java
//path: com.dna.def.DnaDbMapDnaTool
public static Inst createDnaDnaDbMapDnaInst() {
    Dna dnaDbMapAgentDna= getDnaDbMapAgentDna();
    Dna vdDbMapAgentDna = dnaDbMapAgentDna.getChildDnaByName(CodeDefConst.DNA_NAME_VD_DB_MAP);
    Inst dnaDbMapAgentInst = new Inst(dnaDbMapAgentDna);
    Cell  dnaDbMapAgentCell  =  DnaTool.dna2Cell(CodeDefConst.INST_TYPE_DEFAULT, dnaDbMapAgentDna);
    dnaDbMapAgentInst.addCell(dnaDbMapAgentCell);
    dnaDbMapAgentCell.setVaByName("code",   CodeDefConst.DNA_DB_MAP_CODE_DNA);
    dnaDbMapAgentCell.setVaByName("cellTableName", "T_Dna");
    dnaDbMapAgentCell.setVaByName("vaTableName", null);
    dnaDbMapAgentCell.setVaByName("persistRemain", false);
    dnaDbMapAgentCell.setVaByName("dnaMapType",DnaMapType.SIMPLE);
    dnaDbMapAgentCell.setVaByName("keyVdNameType", KeyTypeConst.ID);
    dnaDbMapAgentCell.setVaByName("requireRootId",false);
    dnaDbMapAgentCell.setVaByName("versionType", VersionType.NONE);
    dnaDbMapAgentCell.setVaByName("edrVersionType", EdrVersionType.NONE);
    dnaDbMapAgentCell.setVaByName("logVersionType", LogVersionType.NONE);
    dnaDbMapAgentCell.setVaByName("lastTime", DateTool.parseDatetime("2020-01-01 00:00:00"));
    Inst vdDbMapAgentInst = dnaDbMapAgentCell.getChildInst(CodeDefConst.DNA_NAME_VD_DB_MAP);
    String vdNames[] = new String[] { "id", "parentId", "defDnaCode", "defBusinessType", "defDnaName", "defDnaDescription", "serNo", "category", "secondCategory", "dbMapCode", "minCount", "maxCount", "cursive","lastTime"};
    for (String vdName : vdNames ) {
        Cell vdDbMapAgentCell = DnaTool.dna2Cell(CodeDefConst.INST_TYPE_DEFAULT, vdDbMapAgentDna);
        vdDbMapAgentCell.setVaByName("vdName",vdName);
        vdDbMapAgentCell.setVaByName("dbVdName",vdName);
        vdDbMapAgentInst.addCell(vdDbMapAgentCell);
    }
    return dnaDbMapAgentInst;
}
```

方法 createDnaDnaDbMapDnaInst 创建一个实例对象 dnaDbMapAgentInst，等价于前面介绍的方法 getDnaDnaDbMap 创建的 DnaDbMap 对象。同样，为了将 Dna 下的 Vd 对象映射到数据库，在 Dna 对象 vdDna 的 dbMapCode 对应 DnaDbMap 对象创建的代码如下：

```java
//path: com.dna.def.DnaTool
public static DnaDbMap getVdDnaDbMap() {
    DnaDbMapBuilder builder = DnaDbMap.createDbMapBuilder(CodeDefConst.DNA_DB_MAP_CODE_VD, "T_Vd", null, new String[] { "id", "parentId", "vdCode",
```

```
"vdName",   "vdDescription",  "serNo",  "dataType",  "vdControl","lastTime",
"mdCode" },new String[] { "id","parentId", "vdCode", "vdName", "vdDescription",
"serNo", "dataType", "vdControl", "lastTime", "mdCode" }, null, false);
        builder.setDnaMapType(DnaMapType.SIMPLE);
        builder.setRequireRootId(false);
        builder.setVersion(VersionType.NONE, EdrVersionType.NONE, LogVersion
Type.NONE);
        builder.setLastTime(DateTool.parseDatetime("2020-01-01 00:00:00"));
        return builder.getDnaDbMap();
    }
```

方法 getVdDnaDbMap 返回一个 DnaDbMap 对象 vdDnaDbMap，表示如何将 Vd 对象映射到数据库的配置信息，将 Vd 保存到 T_Vd 中，无须扩展表，Vd 上需要保存属性：id、parentId、vdCode、vdName、vdDescription、serNo、dataType、vdControl、lastTime、mdCode，对应数据表的字段名与属性名相同。

由于 DnaDbMap 类可以由 Dna 对象 dnaDbMapAgentDna 描述，所以创建与 DnaDbMap 对象 vdDnaDbMap 等价的 Dna 对象 dnaDbMapAgentDna 的实例对象的代码如下：

```
//path: com.dna.def.DnaDbMapDnaTool
public static Inst createVdDnaDbMapDnaInst() {
        Dna dnaDbMapAgentDna = getDnaDbMapAgentDna();
        Dna vdDbMapAgentDna = dnaDbMapAgentDna.getChildDnaByName(CodeDefConst.
DNA_NAME_VD_DB_MAP);
        Inst vdDbMapAgentInst = new Inst(dnaDbMapAgentDna);
        Cell   vdDbMapAgentCell   =   DnaTool.dna2Cell(CodeDefConst.INST_TYPE_
DEFAULT, dnaDbMapAgentDna);
        vdDbMapAgentInst.addCell(vdDbMapAgentCell);
        vdDbMapAgentCell.setVaByName("code", CodeDefConst.DNA_DB_MAP_CODE_VD);
        vdDbMapAgentCell.setVaByName("cellTableName", "T_Vd");
        vdDbMapAgentCell.setVaByName("vaTableName", null);
        vdDbMapAgentCell.setVaByName("persistRemain", false);
        vdDbMapAgentCell.setVaByName("dnaMapType",DnaMapType.SIMPLE);
        vdDbMapAgentCell.setVaByName("keyVdNameType", KeyTypeConst.ID);
        vdDbMapAgentCell.setVaByName("requireRootId",false);
        vdDbMapAgentCell.setVaByName("versionType", VersionType.NONE);
        vdDbMapAgentCell.setVaByName("edrVersionType", EdrVersionType.NONE);
        vdDbMapAgentCell.setVaByName("logVersionType", LogVersionType.NONE);
        vdDbMapAgentCell.setVaByName("lastTime", DateTool.parseDatetime("2020-
01-01 00:00:00"));
        Inst vdVdDbMapAgentInst = vdDbMapAgentCell.getChildInst(CodeDefConst.
DNA_NAME_VD_DB_MAP);
        String vdNames[] = new String[] {"id", "parentId", "vdCode", "vdName",
              "vdDescription", "serNo", "dataType", "vdControl","mdCode",
```

```
"lastTime"};
        for (String vdName : vdNames ) {
            Cell vdVdDbMapCell = DnaTool.dna2Cell(CodeDefConst.INST_TYPE_
DEFAULT, vdDbMapAgentDna);
            vdVdDbMapCell.setVaByName("vdName",vdName);
            vdVdDbMapCell.setVaByName("dbVdName",vdName);
            vdVdDbMapAgentInst.addCell(vdVdDbMapCell);
        }
        return vdDbMapAgentInst;
    }
```

通过上述两个 dnaDbMapAgentDna 的实例对象，可以将 Dna 对象映射到数据库中。

8.2.3　DnaDbMap 对象到数据库的映射

为了通过实例对象来管理 DnaDbMap 对象，为类 DnaDbMap 设计了一个等价类 DnaDbMapAgent，然后为描述类 DnaDbMapAgent 的数据结构创建了 Dna 对象 dnaDbMapAgentDna。dnaDbMapAgentDna 的 dbMapCode 代表 DnaDbMap 对象表示如何将 dnaDbMapAgentDna 的实例对象映射到数据库。dnaDbMapAgentDna 的属性 dbMapCode 对应的 DnaDbMap 对象创建的代码如下：

```
//path: com.dna.def.DnaTool
    public static DnaDbMap getDnaDbMapAgentDnaDbMap() {
        DnaDbMapBuilder builder = DnaDbMap.createDbMapBuilder(CodeDefConst.
DNA_DB_MAP_CODE_DNA_DB_MAP, "T_DnaDbMap", null, new String[] { "id", "code",
"cellTableName", "vaTableName", "vaVdNames", "persistRemain", "requireRootId",
"keyVdNameType", "versionType", "edrVersionType", "logVersionType",
"dnaMapType","lastTime" },null, null, false);
        builder.setDnaMapType(DnaMapType.ROOT_SIMPLE);
        builder.setRequireRootId(false);
        builder.setVersion(VersionType.NONE, EdrVersionType.NONE, LogVersion
Type.NONE);
        builder.setLastTime(DateTool.parseDatetime("2020-01-01 00:00:00"));
        return builder.getDnaDbMap();
    }
```

方法 getDnaDbMapAgentDnaDbMap 创建一个 DnaDbMap 对象，将 Dna 对象 dnaDbMapAgentDna（该对象描述了类 DnaDbMapAgent 的数据结构）的实例对象映射到数据库。

dnaDbMapAgentDna 由两个节点组成，子节点为 vdDbNameMapAgentDna，也有对应的 dbMapCode，它所代表的 DnaDbMap 对象的创建如下：

```
//path: com.dna.def.DnaTool
    public static DnaDbMap getVdDbMapAgentDnaDbMap() {
        DnaDbMapBuilder builder = DnaDbMap.createDbMapBuilder(CodeDefConst.
DNA_DB_MAP_CODE_VD_DB_MAPG, "T_vdDbMap", null, new String[] { "id", "parentId",
"vdName", "dbVdName" }, new String[] { "id", "parentId", "vdName", "dbVdName" },
null, false);
        builder.setDnaMapType(DnaMapType.SIMPLE);
        builder.setRequireRootId(false);
        builder.setVersion(VersionType.NONE, EdrVersionType.NONE, LogVersion
Type.NONE);
        builder.setLastTime(DateTool.parseDatetime("2020-01-01 00:00:00"));
        return builder.getDnaDbMap();
    }
```

方法 getVdDbMapAgentDnaDbMap 返回 DnaDbMap 对象，该对象描述属性映射信息到数据库的映射关系。

上述两个方法创建了两个 DnaDbMap 对象，分别将 dnaDbMapAgentDna 和 vdDbNameMapAgentDna 的实例对象映射到数据库。这意味着利用 DnaDbMap 对象可以将自己持久化到数据库。

8.3 InstLayout 管理

InstLayout 是页面布局类，属于配置类，用于展现实例。如果类 InstLayout 的结构通过 Dna 对象 layoutDna 来描述，那么 Dna 对象 layoutDna 的实例对象（等价于一个 InstLayout 对象）可以通过一个 InstLayout 对象来展现。这意味着一个 InstLayout 对象可以展现 InstLayout 对象自己。本节介绍如何使用 Dna 对象来描述类 InstLayout 的结构，通过实例对象管理来实现对 InstLayout 对象的管理。回顾一下 InstLayout 类的代码：

```
//path: com.dna.layout.bo.InstLayout
public class InstLayout implements Cloneable {
    private long id;
    private String code;
    private String name;
    private String businessType;
    private String dnaCode;
    private String dnaName;
    private String label;//显示标签
    private String enableType = CodeDefConst.LAYOUT_ENABLE_TYPE_WRITE;
    private String dataSource = CodeDefConst.LAYOUT_DATA_SOURCE_INST;
    private String showType;// 1 - form, 2-grid
```

```java
    private String layoutUse = CodeDefConst.LAYOUT_USE_DEFAULT;
    private int showOrder=1;
    private boolean cursive = false;// 是否递归
    private List<BaseVdLayout> vdLayouts = new ArrayList<BaseVdLayout>();
    private List<LayoutControl> controls = new ArrayList<LayoutControl>();
    private List<InstLayout> children = new ArrayList<InstLayout>();
    private List<InstLayout> helperLayouts = new ArrayList<InstLayout>();
}
```

利用 Dna 对象描述 InstLayout 类的结构有几个难点：

1）InstLayout 被 InstFormLayout 和 InstGridLayout 继承，而 Dna 没有继承特性，需要换一种表达形式才能创建 InstFormLayout 类和 InstGridLayout 类结构的 Dna 对象。

2）InstLayout 的属性 vdLayouts 的类型是 List<BaseVdLayout>，而 BaseVdLayout 是一个基类，被 DnaVdLayout 和 ButtonLayout 继承，因为 Dna 没有继承功能，需要更换表达形式。

3）InstLayout 下有一个 List<InstLayout> children 属性，是递归结构，还有一个 List<InstLayout> helperLayouts 属性，也是一个递归结构。InstLayout 同时有两个递归的属性，Dna 对象不支持这种情况。

8.3.1　InstLayout 中间类

继承和递归致使 Dna 不能直接描述 InstLayout 的结构。好的解决方案当然是提升 Dna 的能力，使得 Dna 支持继承，并支持多个递归属性，但是会大大提高系统实现的复杂度。本书侧重介绍以元数据模型的思想构建低代码开发平台，本身已经非常抽象，如果继续再引入更加复杂的机制，将会超过本书设定的目标范围。因此，还是继续保持在当前 Dna 能力的范围内来解决问题。这里采用的方法是将所有继承的子类合并成一个类。多个递归属性也合并在一起，通过标记进行区分，虽然不是很完美，但是比较简单，而且在 InstLayout 和 BaseVdLayout 子类很少，递归属性也很少的情况下，容易被接受。下面为 InstLayout 声明一个中间类 InstLayoutAgent，该类将 InstFormLayout 和 InstGridLayout 合并在一起，代码如下：

```java
//path: com.dna.layout.bo.InstLayoutAgent
public class InstLayoutAgent {
    private long id;
    private String code;
    private String name;
    private String businessType;
    private String dnaCode;
```

```java
    private String dnaName;
    private String label;//显示标签
    private String enableType = CodeDefConst.LAYOUT_ENABLE_TYPE_WRITE;
    private String dataSource = CodeDefConst.LAYOUT_DATA_SOURCE_INST;
    private String showType;// 1 - form, 2-grid
    private String layoutUse = CodeDefConst.LAYOUT_USE_DEFAULT;
    private int showOrder=1;
    private boolean cursive = false;// 是否递归
    private List<VdLayoutAgent> vdLayouts = new ArrayList<VdLayoutAgent>();
    private List<LayoutControl> controls = new ArrayList<LayoutControl>();
    private List<InstLayoutAgent> children = new ArrayList<InstLayoutAgent>();
    private String formEmptyMode = CodeDefConst.FORM_EMPTY_MODE_NONE;
                                                                    //适用于form
    private String checkMode = CodeDefConst.CHECK_MODE_SINGLE;//适用于grid
    private String gridEmptyMode = CodeDefConst.GRID_EMPTY_MODE_NONE;
                                                                    //适用于grid
    private String pageMode = CodeDefConst.GRID_PAGE_MODE_NONE;//适用于grid
    private String expansionMode = CodeDefConst.GRID_EXPANSION_MODE_NONE;
                                                                    //适用于grid
    private String rowKeyMode = CodeDefConst.ROW_KEY_MODE_ID;//适用于grid
}
```

类 InstLayoutAgent 有属性布局 vdLayouts，其类型为 VdLayoutAgent，它也是中间类，将 VdLayout 和 ButtonLayout 这两个类合并在一起，另外，去掉了属性 helperLayouts，合并保存在 children 中。InstLayoutAgent 的属性来自 InstFormLayout 和 InstGridLayout 的属性合集。类 VdLayoutAgent 的代码如下：

```java
//path: com.dna.layout.bo.VdLayoutAgent
public class VdLayoutAgent {
    private long id;
    private String vdLayoutType;
    private int showOrder;
    private String controlType;//组件类型文本框，下拉列表框，日期类型，浮点数
    private int cols = 8;//多少列
    private int rows;//多少行
    private String enableType=CodeDefConst.LAYOUT_ENABLE_TYPE_WRITE;
    private String name;
    private String label;
    private String dataType;//适用于 DnaVdLayout
    private String dictionaryCode;//适用于 DnaVdLayout
    private String functionCode;//适用于 ButtonLayout
    private String gridButtonType = CodeDefConst.GRID_BUTTON_TYPE_NONE;
```

```
                                                            //适用于 ButtonLayout
    private String formButtonType=CodeDefConst.FORM_BUTTON_TYPE_NONE;
                                                            //适用于 ButtonLayout
}
```

从代码可以看出，类 VdLayout 正是 DnaVdLayout 和 ButtonLayout 合并的结果。下面的代码实现 InstLayoutAgent 对象到 InstLayout 的对象转换。

```
//path: com.dna.layout.tool.InstLayoutDnaTool
    public static InstLayout agentToLayout( InstLayoutAgent agent) {
        InstLayout layout = null;
        if ( agent.getShowType().equals(CodeDefConst.SHOW_TYPE_GRID))
            layout = agentToGridLayout(agent);
        else if ( agent.getShowType().equals(CodeDefConst.SHOW_TYPE_FORM))
            layout = agentToFormLayout(agent);
        for ( VdLayoutAgent vdLayoutAgent : agent.getVdLayouts())
            if  (vdLayoutAgent.getVdLayoutType().equals(CodeDefConst.VD_LAYOUT_TYPE_VD) )
                layout.getVdLayouts().add(agentVdLayoutToDnaVdLayout(vdLayoutAgent));
            else
                layout.getVdLayouts().add(agentVdLayoutToButtonLayout(vdLayoutAgent));
        for ( LayoutControl control : agent.getControls() )
            layout.getControls().add(control);
        for ( InstLayoutAgent child : agent.getChildren() ) {
            InstLayout childLayout = agentToLayout(child);
            if  (   child.getLayoutUse().equals(CodeDefConst.LAYOUT_USE_DEFAULT))
                layout.getChildren().add(childLayout);
            else
                layout.getHelperLayouts().add(childLayout);
        }
        sortVdLayout(layout.getVdLayouts());
        return layout;
    }
```

8.3.2　InstLayout 中间类的 Dna 对象

有了类 InstLayoutAgent 之后，可以为其创建相应的 Dna 对象 instLayoutAgentDna，用于描述类 InstLayoutAgent 的结构。创建 Dna 对象的代码如下：

```
//path: com.dna.layout.tool.InstLayoutDnaTool
    public static Dna getLayoutAgentDna() {
        Dna  layoutAgentDna  =  new  Dna(CodeDefConst.BUSINESS_TYPE_LAYOUT,
```

```java
CodeDefConst.DNA_CODE_LAYOUT_AGENT,CodeDefConst.DNA_NAME_LAYOUT_AGENT,"InstLayout的结构");
        layoutAgentDna.setCategory(CodeDefConst.CATEGORY_LAYOUT);
        layoutAgentDna.setMultiple(0, 999);
        layoutAgentDna.setDbMapCode(CodeDefConst.DNA_DB_MAP_CODE_LAYOUT_AGENT);
        layoutAgentDna.setCursive(true);
        layoutAgentDna.setLastTime(DateTool.parseDatetime("2020-01-01 00:00:00"));
        layoutAgentDna.addVd( new Vd("code","代码",DataType.DATA_TYPE_STRING));
        layoutAgentDna.addVd( new Vd("name","名称",DataType.DATA_TYPE_STRING));
        layoutAgentDna.addVd( new Vd("defBusinessType","业务类型", DataType.DATA_TYPE_STRING,CodeDefConst.BUSINESS_TYPE));
        layoutAgentDna.addVd( new Vd("defDnaCode","结构代码",DataType.DATA_TYPE_STRING));
        layoutAgentDna.addVd( new Vd("defDnaName","结构名称",DataType.DATA_TYPE_STRING));
        layoutAgentDna.addVd( new Vd("label","标签",DataType.DATA_TYPE_STRING));
        layoutAgentDna.addVd( new Vd("enableType","可用类型", DataType.DATA_TYPE_STRING,CodeDefConst.LAYOUT_ENABLE_TYPE));
        layoutAgentDna.addVd( new Vd("dataSource","数据来源", DataType.DATA_TYPE_STRING,CodeDefConst.LAYOUT_DATA_SOURCE_INST));
        layoutAgentDna.addVd( new Vd("showType","显示类型", DataType.DATA_TYPE_STRING,CodeDefConst.SHOW_TYPE));
        layoutAgentDna.addVd( new Vd("layoutUse","应用类型", DataType.DATA_TYPE_STRING,CodeDefConst.LAYOUT_USE));
        layoutAgentDna.addVd( new Vd("showOrder","显示顺序", DataType.DATA_TYPE_INT));
        layoutAgentDna.addVd( new Vd("cursive","是否递归",DataType.DATA_TYPE_BOOLEAN));
        layoutAgentDna.addVd( new Vd("formEmptyMode","form为空处理方式", DataType.DATA_TYPE_STRING,CodeDefConst.FORM_EMPTY_MODE));
        layoutAgentDna.addVd( new Vd("checkMode","多选方式", DataType.DATA_TYPE_STRING,CodeDefConst.CHECK_MODE));
        layoutAgentDna.addVd( new Vd("gridEmptyMode","grid为空处理方式", DataType.DATA_TYPE_STRING,CodeDefConst.GRID_EMPTY_MODE));
        layoutAgentDna.addVd( new Vd("pageMode","分页方式", DataType.DATA_TYPE_STRING,CodeDefConst.GRID_PAGE_MODE));
        layoutAgentDna.addVd(new Vd("expansionMode","扩展方式",DataType.DATA_TYPE_STRING,CodeDefConst.GRID_EXPANSION_MODE));
        layoutAgentDna.addVd( new Vd("rowKeyMode","行键值生成方式", DataType.DATA_TYPE_STRING,CodeDefConst.ROW_KEY_MODE));
        layoutAgentDna.addChild(getVdLayoutAgentDna());
        layoutAgentDna.addChild(getLayoutControlDna());
```

```
        return layoutAgentDna;
    }
```

方法 getLayoutAgentDna 创建描述类 InstLayoutAgent 的结构的 Dna 对象，将 InstLayoutAgnet 的 businessType、dnaCode 和 dnaName 的属性重新命名，前面都加上 "def"，其下有两个子 Dna 对象，描述类 VdLayoutAgent 和类 LayoutControl 的结构，分别通过 getVdLayoutAgentDna 和 getLayoutControlDna 方法返回 Dna 对象，并加入 children 中。getVdLayoutAgentDna 代码如下：

```
//path: com.dna.layout.tool.InstLayoutDnaTool
public static Dna getVdLayoutAgentDna() {
    Dna vdLayoutDna = new Dna(CodeDefConst.BUSINESS_TYPE_LAYOUT, CodeDefConst.DNA_CODE_LAYOUT_VD_AGENT,CodeDefConst.DNA_NAME_LAYOUT_VD_AGENT,"vdLayout 结构");
    vdLayoutDna.setCategory(CodeDefConst.CATEGORY_LAYOUT);
    vdLayoutDna.setMinCount(0);
    vdLayoutDna.setMaxCount(999);
    vdLayoutDna.setDbMapCode(CodeDefConst.DNA_DB_MAP_CODE_LAYOUT_VD_AGNET);
    vdLayoutDna.setCursive(false);
    vdLayoutDna.setLastTime(DateTool.parseDatetime("2020-01-01 00:00:00"));
    vdLayoutDna.addVd( new Vd("vdLayoutType","类型", DataType.DATA_TYPE_STRING,CodeDefConst.VD_LAYOUT_TYPE));
    vdLayoutDna.addVd( new Vd("name","名称",DataType.DATA_TYPE_STRING));
    vdLayoutDna.addVd( new Vd("label","标签",DataType.DATA_TYPE_STRING));
    vdLayoutDna.addVd( new Vd("showOrder","显示顺序",DataType.DATA_TYPE_INT));
    vdLayoutDna.addVd( new Vd("controlType","组件类型", DataType.DATA_TYPE_STRING,CodeDefConst.CONTROL_TYPE));
    vdLayoutDna.addVd( new Vd("cols","所占列数",DataType.DATA_TYPE_INT));
    vdLayoutDna.addVd( new Vd("rows","所占行数",DataType.DATA_TYPE_INT));
    vdLayoutDna.addVd( new Vd("enableType","可用类型", DataType.DATA_TYPE_STRING,CodeDefConst.LAYOUT_ENABLE_TYPE));
    vdLayoutDna.addVd( new Vd("dataType","数据类型", DataType.DATA_TYPE_STRING,CodeDefConst.DATA_TYPE));
    vdLayoutDna.addVd( new Vd("dictionaryCode","数据字典代码",DataType.DATA_TYPE_STRING));
    vdLayoutDna.addVd( new Vd("functionCode","功能代码",DataType.DATA_TYPE_STRING));
    vdLayoutDna.addVd( new Vd("gridButtonType","功能代码", DataType.DATA_TYPE_STRING,CodeDefConst.GRID_BUTTON_TYPE));
    vdLayoutDna.addVd( new Vd("formButtonType","功能代码", DataType.DATA_TYPE_STRING,CodeDefConst.FORM_BUTTON_TYPE));
    return vdLayoutDna;
}
```

另一个方法 getLayoutControlDna 的代码如下：

```java
//path: com.dna.layout.tool.InstLayoutDnaTool
public static Dna getLayoutControlDna() {
    Dna layoutControlDna = new Dna(CodeDefConst.BUSINESS_TYPE_LAYOUT,
CodeDefConst.DNA_CODE_LAYOUT_CONTROL,CodeDefConst.DNA_NAME_LAYOUT_CONTROL,"l
ayout 控制结构");
    layoutControlDna.setCategory(CodeDefConst.CATEGORY_LAYOUT);
    layoutControlDna.setMinCount(0);
    layoutControlDna.setMaxCount(999);
    layoutControlDna.setDbMapCode(CodeDefConst.DNA_DB_MAP_CODE_LAYOUT_CO
NTROL);
    layoutControlDna.setCursive(false);
    layoutControlDna.addVd( new Vd("controlType","控制类型",DataType.DATA_
TYPE_STRING));
    layoutControlDna.addVd( new Vd("value1","值 1",DataType.DATA_TYPE_
STRING));
    layoutControlDna.addVd( new Vd("value2","值 2",DataType.DATA_TYPE_
STRING));
    layoutControlDna.addVd( new Vd("value3","值 3",DataType.DATA_TYPE_
STRING));
    layoutControlDna.addVd( new Vd("value4","值 4",DataType.DATA_TYPE_
STRING));
    layoutControlDna.addVd( new Vd("value5","值 5",DataType.DATA_TYPE_
STRING));
    layoutControlDna.addVd( new Vd("value6","值 6",DataType.DATA_TYPE_
STRING));
    layoutControlDna.addVd( new Vd("value7","值 7",DataType.DATA_TYPE_
STRING));
    layoutControlDna.addVd( new Vd("value8","值 8",DataType.DATA_TYPE_
STRING));
    return layoutControlDna;
}
```

通过这三个 Dna 对象描述了类 InstLayoutAgent 的结构。为了将类 InstLayoutAgent 对象持久化到数据库，还需要设置 Dna 对象的属性 dbMapCode 关联 DnaDbMap 对象。如下代码创建了类 DnaLayoutAgent 的 Dna 对象 layoutDna 的 DnaDbMap 对象：

```java
//path: com.dna.layout.tool.InstLayoutDnaTool
public static DnaDbMap getInstLayoutAgentDnaDbMap() {
    DnaDbMapBuilder builder = DnaDbMap.createDbMapBuilder(CodeDefConst.
DNA_DB_MAP_CODE_LAYOUT_AGENT,"T_LAYOUT",null,new String[] {"id","parentId",
"code","name","defBusinessType","defDnaCode","defDnaName","label","enableTyp
e","dataSource","showType","layoutUse","showOrder","cursive","formEmptyMode"
,"checkMode","gridEmptyMode","pageMode","expansionMode","rowKeyMode"},null,n
```

```java
ull,false);
        builder.setVersion (VersionType.NONE, EdrVersionType.NONE, LogVersionType.NONE);
        builder.setDnaMapType(DnaMapType.SIMPLE);
        builder.setKeyVdNameType(KeyTypeConst.ID);
        builder.setRequireRootId(false);
        builder.setLastTime(DateTool.parseDatetime("2020-01-01 00:00:00"));
        return builder.getDnaDbMap();
    }
```

如下代码创建类 VdLayoutAgent 的 Dna 对象 vdLayoutDna 的 DnaDbMap 对象：

```java
//path: com.dna.layout.tool.InstLayoutDnaTool
    public static DnaDbMap getVdLayoutAgentDnaDbMap() {
        DnaDbMapBuilder builder = DnaDbMap.createDbMapBuilder(CodeDefConst.DNA_DB_MAP_CODE_LAYOUT_VD_AGNET,"T_VdLayout",null, new String[] {"id","parentId","vdLayoutType","name","label","showOrder","controlType",     "cols","rows","enableType","dataType","dictionaryCode","functionCode","gridButtonType","formButtonType"},null,null,false);
        builder.setVersion (VersionType.NONE, EdrVersionType.NONE, LogVersionType.NONE);
        builder.setDnaMapType(DnaMapType.SIMPLE);
        builder.setKeyVdNameType(KeyTypeConst.ID);
        builder.setRequireRootId(false);
        builder.setLastTime(DateTool.parseDatetime("2020-01-01 00:00:00"));
        return builder.getDnaDbMap();
    }
```

如下代码创建类 LayoutControl 的 Dna 对象 layoutControlDna 的 DnaDbMap 对象：

```java
//path: com.dna.layout.tool.InstLayoutDnaTool
    public static DnaDbMap getLayoutControlDnaDbMap() {
        DnaDbMapBuilder builder = DnaDbMap.createDbMapBuilder(
            CodeDefConst.DNA_DB_MAP_CODE_LAYOUT_CONTROL,"T_LayoutControl",null, new String[]{"id","parentId","controlType","value1","value2","value3","value4", "value5","value6","value7","value8"}, null,null,false);
        builder.setVersion (VersionType.NONE, EdrVersionType.NONE, LogVersionType.NONE);
        builder.setDnaMapType(DnaMapType.SIMPLE);
        builder.setKeyVdNameType(KeyTypeConst.ID);
        builder.setRequireRootId(false);
        builder.setLastTime(DateTool.parseDatetime("2020-01-01 00:00:00"));
        return builder.getDnaDbMap();
    }
```

经过上述三个 DnaDbMap 的定义，实现数据库 layoutAgentDna 的实例对象到数据库的映射。从数据库中读取的实例对象必须先转换成 InstLayoutAgent 对象，然后转换成 InstLayout 对象，代码如下：

```java
//path: com.dna.layout.tool.InstLayoutDnaTool
public static List<InstLayout> inst2Layout( Inst inst) {
    Map<String,String> classNameMap = new HashMap<String,String>();
    classNameMap.put(CodeDefConst.DNA_NAME_LAYOUT_VD_AGENT,VdLayoutAgent.class.getName());
    classNameMap.put(CodeDefConst.DNA_NAME_LAYOUT_CONTROL, LayoutControl.class.getName());
    classNameMap.put(CodeDefConst.DNA_NAME_LAYOUT_AGENT,InstLayoutAgent.class.getName());
    Map<String,String> vdNameMap = new HashMap<String,String>();
    vdNameMap.put(CodeDefConst.DNA_NAME_LAYOUT_VD_AGENT, "vdLayouts");
    vdNameMap.put(CodeDefConst.DNA_NAME_LAYOUT_CONTROL, "controls");
    vdNameMap.put(CodeDefConst.DNA_NAME_LAYOUT_AGENT,"children");
    vdNameMap.put("defBusinessType","businessType");
    vdNameMap.put("defDnaCode","dnaCode");
    vdNameMap.put("defDnaName","dnaName");
    List<InstLayoutAgent> agents = DnaTool.inst2Object(inst, InstLayoutAgent.class,classNameMap,vdNameMap);
    List<InstLayout> layouts = new ArrayList<InstLayout>();
    for ( InstLayoutAgent agent : agents)
        layouts.add(agentToLayout(agent));
    return layouts;
}
```

8.3.3 Dna 的 Dna 对象展现

InstLayout 对象用于展现 Dna 的实例。前面已经介绍过 Dna 的 Dna 对象、DnaDbMapAgent 的 Dna 对象，还有 InstLayoutAgent 的 Dna 对象。它们都可以通过 InstLayout 对象进行展现。Dna 的 Dna 的对象展现的页面布局 InstLayout 对象创建代码如下：

```java
//path: com.dna.layout.tool.InstLayoutTool
public static InstLayout getDnaLayoutTree() {
    InstFormLayout formLayout = new InstFormLayout(CodeDefConst.DNA_LAYOUT_DNA_TREE,"DnaTreeLayout",CodeDefConst.BUSINESS_TYPE_DNA_DAN,CodeDefConst.DNA_CODE_DNA,CodeDefConst.DNA_NAME_DNA,"Dna 结构树");
    formLayout.setCursive(true);
    formLayout.addVdLayout( ButtonLayout.newFormButton("addNode","增加节点", CodeDefConst.HARD_FUNCTION_CODE_ADD_TREE_NODE,CodeDefConst.FORM_BUTTON_TYPE_TOOL_BAR));
    formLayout.addVdLayout( ButtonLayout.newFormButton("deleteNode","删除节点", CodeDefConst.HARD_FUNCTION_CODE_DELETE_TREE_NODE,CodeDefConst.FORM_
```

```
BUTTON_TYPE_TOOL_BAR));
        LayoutControl control = new LayoutControl(CodeDefConst.LAYOUT_CONTROL_
TYPE_TREE_NODE_DISPLAY_NAME);
        control.setValue1("defDnaDescription");
        formLayout.getControls().add(control);
        InstLayout treeDetailLayout = getDnaInstLayoutTreeDetail();
        treeDetailLayout.setLayoutUse(CodeDefConst.LAYOUT_USE_TREE_DETAIL);
        formLayout.getHelperLayouts().add(treeDetailLayout);
        return formLayout;
    }
```

因为 Dna 对象是一个递归结构，因此，其等价的 Dna 的 Dna 对象 dnaDna 实例对象展现为一个树形组件 InstTreeLayout，代码 formLayout.setCursive(true)用于设置递归为 true。根据前面 InstLayout 展现的机制，在前台界面上展现为位于 el-tab-pane 左边的树形组件。树上每个节点标签显示为 vdName 为"defDnaDescription"的 Va 对象，这是通过 LayoutControl 对象 value1 的值来设置的，前台树形组件 InstTreeLayout 解释 value1 的含义。对于每一个树节点，需要展现其详细信息，通过 getDnaInstLayoutTreeDetail 方法得到展现详情的 InstLayout 对象，该对象作为辅助对象，放到 InstLayout 下 helperLayouts 中，代码 treeDetailLayout.setLayoutUse (CodeDefConst.LAYOUT_USE_TREE_DETAIL)表示这是展现树节点详情的 InstLayout 对象。getDnaLayoutTreeDetail 方法的代码如下：

```
path:// com.dna.layout.tool.InstLayoutTool
    public static InstLayout getDnaLayoutTreeDetail() {
        InstFormLayout formLayout = new InstFormLayout(CodeDefConst.DNA_
LAYOUT_DNA_TREE_DETAIL,"dnaTreeNodeDetailLayout",CodeDefConst.BUSINESS_TYPE_
DNA_DAN,CodeDefConst.DNA_CODE_DNA,CodeDefConst.DNA_NAME_DNA,"Dna 结构详情");
        formLayout.addVdLayout( ButtonLayout.newFormButton("save", "保存",
CodeDefConst.HARD_FUNCTION_CODE_SAVE,CodeDefConst.FORM_BUTTON_TYPE_TOOL_BAR));
        formLayout.addVdLayout( ButtonLayout.newFormButton("delete", "删除",
CodeDefConst.HARD_FUNCTION_CODE_DELETE,CodeDefConst.FORM_BUTTON_TYPE_TOOL_BA
R));
        formLayout.addVdLayout( new DnaVdLayout("defBusinessType","业务类型",
DataType.DATA_TYPE_STRING,CodeDefConst.CONTROL_TYPE_LIST,CodeDefConst.BUSINE
SS_TYPE));
        formLayout.addVdLayout( new DnaVdLayout("defDnaCode","代码",DataType.
DATA_TYPE_STRING));
        formLayout.addVdLayout( new DnaVdLayout("defDnaName","名称",DataType.
DATA_TYPE_STRING));
        formLayout.addVdLayout( new DnaVdLayout("defDnaDescription"," 描 述
",DataType.DATA_TYPE_STRING));
        formLayout.addVdLayout( new DnaVdLayout("serNo"," 序 号 ",DataType.
DATA_TYPE_INT));
```

```
            formLayout.addVdLayout( new DnaVdLayout("category","分类", DataType.
DATA_TYPE_STRING,CodeDefConst.CONTROL_TYPE_LIST,CodeDefConst.CATEGORY));
            formLayout.addVdLayout( new DnaVdLayout("secondCategory","二级分类",
DataType.DATA_TYPE_STRING,CodeDefConst.CONTROL_TYPE_LIST,CodeDefConst.SECOND
_CATEGORY));
            formLayout.addVdLayout( new DnaVdLayout("minCount","实例最小个数
",DataType.DATA_TYPE_INT));
            formLayout.addVdLayout( new DnaVdLayout("maxCount","实例最大个数
",DataType.DATA_TYPE_INT));
            DnaVdLayout vdLayout = new DnaVdLayout("dbMapCode","数据库映射代码",
DataType.DATA_TYPE_STRING,CodeDefConst.CONTROL_TYPE_SIMPLE_FILTER_LIST);
            vdLayout.setFilterConfig(DnaVdLayoutFilterTool.getDnaDbMapSimplFilte
r());
            formLayout.addVdLayout( vdLayout);
            formLayout.addVdLayout( new DnaVdLayout("cursive","是否递归",
DataType.DATA_TYPE_BOOLEAN,CodeDefConst.CONTROL_TYPE_SWTICH));
            formLayout.addVdLayout( new DnaVdLayout("lastTime","更新时间",
DataType.DATA_TYPE_DATETIME,CodeDefConst.CONTROL_TYPE_DATETIME));
            formLayout.addVdLayout( new DnaVdLayout("status","状态", DataType.
DATA_TYPE_STRING,CodeDefConst.CONTROL_TYPE_LIST,CodeDefConst.DNA_STATUS));
            formLayout.getChildren().add(getVdLayoutGrid());
            return formLayout;
        }
```

方法 getDnaLayoutTreeDetail 创建一个 InstLayaout 对象，展现了 Dna 的 Dna 对象的实例对象的某个节点详情。该 InstLayout 对象下面还有一个子 InstLayout 对象，通过调用 getVdLayoutGrid 方法得到 InstLayout 对象，用于展现每一个 Dna 对象节点下的属性定义列表。方法 getVdLayoutGrid 的代码如下：

```
//path: com.dna.layout.tool.InstLayoutTool
public static InstGridLayout getVdLayoutGrid( ) {
    InstGridLayout gridLayout = new InstGridLayout(CodeDefConst.DNA_
LAYOUT_VD_GRID,"dnaTreeNodeDetailLayout",CodeDefConst.BUSINESS_TYPE_DNA_DAN,
CodeDefConst.DNA_CODE_VD,CodeDefConst.DNA_NAME_VD,"Dna 属性列表");
    gridLayout.setEmptyMode(CodeDefConst.GRID_EMPTY_MODE_ADD);
    gridLayout.addVdLayout( ButtonLayout.newGridButton("add", "增加", Code
DefConst.HARD_FUNCTION_CODE_ADD,CodeDefConst.GRID_BUTTON_TYPE_OPERATION));
    gridLayout.addVdLayout( ButtonLayout.newGridButton("delete", "删除",
CodeDefConst.HARD_FUNCTION_CODE_DELETE,CodeDefConst.GRID_BUTTON_TYPE_OPERATI
ON));
    gridLayout.addVdLayout( new DnaVdLayout("vdCode","代码",DataType.DATA_
TYPE_STRING));
    gridLayout.addVdLayout( new DnaVdLayout("vdName","名称",DataType.DATA_
TYPE_STRING));
```

```
        gridLayout.addVdLayout( new DnaVdLayout("vdDescription","描述",Data
Type.DATA_TYPE_STRING));
        gridLayout.addVdLayout( new DnaVdLayout("serNo","序号",DataType.
DATA_TYPE_INT));
        gridLayout.addVdLayout(new DnaVdLayout("dataType","数据类型",DataType.
DATA_TYPE_STRING,CodeDefConst.CONTROL_TYPE_LIST,CodeDefConst.DATA_TYPE));
        DnaVdLayout vdLayout = new DnaVdLayout("mdCode","数据字典代码
",DataType.DATA_TYPE_STRING, CodeDefConst.CONTROL_TYPE_SIMPLE_FILTER_LIST);
        vdLayout.setFilterConfig(DnaVdLayoutFilterTool.getMdSimpleFilter());
        gridLayout.addVdLayout(vdLayout);
        gridLayout.addVdLayout( new DnaVdLayout("vdControl","控制",DataType.
DATA_TYPE_STRING));
        gridLayout.addVdLayout( new DnaVdLayout("lastTime","更新时间", DataType.
DATA_TYPE_DATETIME,CodeDefConst.CONTROL_TYPE_DATETIME));
        return gridLayout;
    }
```

方法 getVdLayoutGrid 创建一个 InstLayout 对象，返回为 InstGridLayout 对象，展现为一个表格，每一行代表一个 Vd 对象的信息。

8.3.4 DnaDbMapAgent 对象展现

DnaDbMap 对象用于设置实例对象到数据库之间的映射关系，其等价类 DnaDbMapAgent 的结构可以用 Dna 对象来描述。对 DnaDbMapAgent 对象的展现界面可以通过其 Dna 的实例的 InstLayout 对象来展现，创建 InstLayout 对象的代码如下：

```
//path: com.dna.layout.tool.DnaDbMapLayoutTool
    public static InstLayout getDnaDbMapAgentLayout() {
        InstFormLayout formLayout = new InstFormLayout(CodeDefConst.DNA_
LAYOUT_DNA_DB_MAP, "dnaDbMapLayout",CodeDefConst.BUSINESS_TYPE_DB_MAP_DNA,
CodeDefConst.DNA_CODE_DNA_DB_MAP,CodeDefConst.DNA_NAME_DNA_DB_MAP,"数据库映射
信息");
        formLayout.addVdLayout( ButtonLayout.newFormButton("save", "保存",
CodeDefConst.HARD_FUNCTION_CODE_SAVE,CodeDefConst.FORM_BUTTON_TYPE_TOOL_BAR));
        formLayout.addVdLayout( ButtonLayout.newFormButton("delete", "删除",
CodeDefConst.HARD_FUNCTION_CODE_DELETE,CodeDefConst.FORM_BUTTON_TYPE_TOOL_BA
R));
        formLayout.addVdLayout( new DnaVdLayout("code","代码",DataType.DATA_
TYPE_STRING));
        formLayout.addVdLayout( new DnaVdLayout("cellTableName","主表名称
",DataType.DATA_TYPE_STRING));
        formLayout.addVdLayout( new DnaVdLayout("vaTableName","扩展表名称
",DataType.DATA_TYPE_STRING));
        formLayout.addVdLayout( new DnaVdLayout("vaVdNames","扩表字段列表
```

```
",DataType.DATA_TYPE_STRING));
        formLayout.addVdLayout( new DnaVdLayout("persistRemain","是否持久化剩余
属性", DataType.DATA_TYPE_BOOLEAN,CodeDefConst.CONTROL_TYPE_SWTICH));
        formLayout.addVdLayout( new DnaVdLayout("keyVdNameType","键类型",
DataType.DATA_TYPE_STRING,CodeDefConst.CONTROL_TYPE_LIST,CodeDefConst.DB_KEY
_TYPE));
        formLayout.addVdLayout( new DnaVdLayout("dnaMapType","映射类型",
DataType.DATA_TYPE_STRING,CodeDefConst.CONTROL_TYPE_LIST,CodeDefConst.DNA_MA
P_TYPE));
        formLayout.addVdLayout( new DnaVdLayout("requireRootId","是否持久化
rootId",DataType.DATA_TYPE_BOOLEAN,CodeDefConst.CONTROL_TYPE_SWTICH));
        formLayout.addVdLayout( new DnaVdLayout("versionType","版本类型",
DataType.DATA_TYPE_STRING,CodeDefConst.CONTROL_TYPE_LIST,CodeDefConst.VERSIO
N_TYPE));
        formLayout.addVdLayout( new DnaVdLayout("edrVersionType","修改版本类型
", DataType.DATA_TYPE_STRING,CodeDefConst.CONTROL_TYPE_LIST,CodeDefConst.EDR_
VERSION_TYPE));
        formLayout.addVdLayout( new DnaVdLayout("logVersionType","日志版本类型
",  DataType.DATA_TYPE_STRING,CodeDefConst.CONTROL_TYPE_LIST,CodeDefConst.
LOG_VERSION_TYPE));
        formLayout.addVdLayout( new DnaVdLayout("lastTime","更新时间",DataType.
DATA_TYPE_DATE,CodeDefConst.CONTROL_TYPE_DATETIME));
        formLayout.getChildren().add(getVdDbMapLayoutGrid());
        return formLayout;
    }
```

方法 getDnaDbMapAgentLayout 创建一个 InstFormLayout 对象，用于展现类 DnaDbMapAgent 的 Dna 的实例对象。每一个 DnaDbMapAgent 的 Dna 对象有一个 VdDbMapAgent 的子 Dna 对象。通过 getVdDbMapLayoutGrid 方法得到该子 Dna 对象对应实例的页面布局 InstLayout 对象，该方法的实现如下：

```
//path: com.dna.layout.tool.DnaDbMapLayoutTool
    private static InstLayout getVdDbMapLayoutGrid() {
        InstGridLayout gridLayout = new InstGridLayout(CodeDefConst.DNA_
LAYOUT_VD_DB_MAPPING_GRID,"vdDbMapLayoutGrid",CodeDefConst.BUSINESS_TYPE_DB_
MAP_DNA,CodeDefConst.DNA_CODE_VD_DB_MAP,CodeDefConst.DNA_NAME_VD_DB_MAP," 映
射字段列表");
        gridLayout.setEmptyMode(CodeDefConst.GRID_EMPTY_MODE_ADD);
        gridLayout.addVdLayout( ButtonLayout.newGridButton("add", "增加", Code
DefConst.HARD_FUNCTION_CODE_ADD,CodeDefConst.GRID_BUTTON_TYPE_OPERATION));
        gridLayout.addVdLayout( ButtonLayout.newGridButton("delete", "删除",
CodeDefConst.HARD_FUNCTION_CODE_DELETE,CodeDefConst.GRID_BUTTON_TYPE_OPERATI
ON));
        gridLayout.addVdLayout( new DnaVdLayout("vdName","属性名称",DataType.
```

```
DATA_TYPE_STRING));
        gridLayout.addVdLayout( new DnaVdLayout("dbVdName","数据库字段名称
",DataType.DATA_TYPE_STRING));
        return gridLayout;
}
```

方法 getVdDbMapLayoutGrid 返回一个 InstGridLayout 对象,用于展现一个表格,含两列 vdName 和 dbVdName,恰好展现了属性名和数据字段名之间的映射关系。

8.3.5　InstLayoutAgent 对象展现

类似前面方法,下面的代码创建 InstLayout 对象,用于展现 InstLayoutAgent 的 Dna 对象的实例。

```
//path: com.dna.layout.tool.InstLayoutInstLayoutTool
public static InstLayout getInstLayoutInstLayoutTree() {
    InstFormLayout formLayout = new InstFormLayout(CodeDefConst.DNA_
LAYOUT_DNA_LAYOUT_TREE, "instLayoutTreeLayout",CodeDefConst.BUSINESS_TYPE_
LAYOUT,CodeDefConst.DNA_CODE_LAYOUT_AGENT,CodeDefConst.DNA_NAME_LAYOUT_AGENT,
"InstLayout 结构树");
    formLayout.setCursive(true);
    formLayout.addVdLayout( ButtonLayout.newFormButton("addNode","增加节点
",  CodeDefConst.HARD_FUNCTION_CODE_ADD_TREE_NODE,CodeDefConst.FORM_BUTTON_
TYPE_TOOL_BAR));
    formLayout.addVdLayout( ButtonLayout.newFormButton("deleteNode","删除
节点 ",  CodeDefConst.HARD_FUNCTION_CODE_DELETE_TREE_NODE,CodeDefConst.FORM_
BUTTON_TYPE_TOOL_BAR));
    LayoutControl control = new LayoutControl(CodeDefConst.LAYOUT_CONTROL_
TYPE_TREE_NODE_DISPLAY_NAME);
    control.setValue1("label");
    formLayout.getControls().add(control);
    InstLayout treeDetailLayout = getInstLayoutInstLayoutTreeDetail();
    treeDetailLayout.setLayoutUse(CodeDefConst.LAYOUT_USE_TREE_DETAIL);
    formLayout.getHelperLayouts().add(treeDetailLayout);
    return formLayout;
}
```

方法 getInstLayoutInstLayoutTree 创建一个 InstFormLayout 对象,formLayout.setCursive(true)表示这是一个树结构。树上每一个节点的详情展现,通过调用方法 getInstLayoutInstLayoutTreeDetail 得到 InstLayout 对象,作为 helperLayouts 的一个元素,用于展现树节点的明细。getInstLayoutInstLayoutTreeDetail 的代码如下:

```
//path: com.dna.layout.tool.InstLayoutInstLayoutTool
public static InstLayout getInstLayoutInstLayoutTreeDetail() {
```

```java
        InstFormLayout formLayout = new InstFormLayout(CodeDefConst.DNA_LAYOUT_DNA_LAYOUT_TREE_DETAIL,"instLayoutTreeNodeDetailLayout",CodeDefConst.BUSINESS_TYPE_LAYOUT,CodeDefConst.DNA_CODE_LAYOUT_AGENT,CodeDefConst.DNA_NAME_LAYOUT_AGENT,"instLayout 详情");
        formLayout.addVdLayout( ButtonLayout.newFormButton("save", "保存", CodeDefConst.HARD_FUNCTION_CODE_SAVE,CodeDefConst.FORM_BUTTON_TYPE_TOOL_BAR));
        formLayout.addVdLayout( ButtonLayout.newFormButton("delete", "删除", CodeDefConst.HARD_FUNCTION_CODE_DELETE,CodeDefConst.FORM_BUTTON_TYPE_TOOL_BAR));
        formLayout.addVdLayout( new DnaVdLayout("code","代码",DataType.DATA_TYPE_STRING));
        formLayout.addVdLayout( new DnaVdLayout("name","名称",DataType.DATA_TYPE_STRING));
        formLayout.addVdLayout( new DnaVdLayout("label","标签",DataType.DATA_TYPE_STRING));
        formLayout.addVdLayout( new DnaVdLayout("defBusinessType","业务类型",DataType.DATA_TYPE_STRING,CodeDefConst.CONTROL_TYPE_LIST,CodeDefConst.BUSINESS_TYPE));
        DnaVdLayout vdLayout = new DnaVdLayout("defDnaCode","dna 代码",DataType.DATA_TYPE_STRING,CodeDefConst.CONTROL_TYPE_SIMPLE_FILTER_LIST);
        vdLayout.setFilterConfig(DnaVdLayoutFilterTool.getDnaCodeBySimpleFilter());
        formLayout.addVdLayout( vdLayout);
        formLayout.addVdLayout( new DnaVdLayout("defDnaName","dna 名称",DataType.DATA_TYPE_STRING));
        formLayout.addVdLayout( new DnaVdLayout("enableType","可用类型",DataType.DATA_TYPE_STRING,CodeDefConst.CONTROL_TYPE_LIST,CodeDefConst.LAYOUT_ENABLE_TYPE));
        formLayout.addVdLayout( new DnaVdLayout("dataSource","数据来源",DataType.DATA_TYPE_STRING,CodeDefConst.CONTROL_TYPE_LIST,CodeDefConst.LAYOUT_DATA_SORUCE));
        formLayout.addVdLayout( new DnaVdLayout("showType","显示类型",DataType.DATA_TYPE_STRING,CodeDefConst.CONTROL_TYPE_LIST,CodeDefConst.SHOW_TYPE));
        formLayout.addVdLayout( new DnaVdLayout("layoutUse","布局用途",DataType.DATA_TYPE_STRING,CodeDefConst.CONTROL_TYPE_LIST,CodeDefConst.LAYOUT_USE));
        formLayout.addVdLayout( new DnaVdLayout("showOrder","显示顺序",DataType.DATA_TYPE_INT));
        formLayout.addVdLayout( new DnaVdLayout("cursive","是否递归", DataType.DATA_TYPE_BOOLEAN,CodeDefConst.CONTROL_TYPE_SWTICH));
        formLayout.addVdLayout( new DnaVdLayout("formEmptyMode","form 为空处理方式", DataType.DATA_TYPE_STRING,CodeDefConst.CONTROL_TYPE_LIST,CodeDefConst.FORM_EMPTY_MODE));
```

```
        formLayout.addVdLayout( new DnaVdLayout("checkMode"," 多 选 方 式 ",
DataType.DATA_TYPE_STRING,CodeDefConst.CONTROL_TYPE_LIST,CodeDefConst.CHECK_
MODE));
        formLayout.addVdLayout( new DnaVdLayout("gridEmptyMode","表格为空处理方
式 ", DataType.DATA_TYPE_STRING,CodeDefConst.CONTROL_TYPE_LIST,CodeDefConst.
GRID_EMPTY_MODE));
        formLayout.addVdLayout( new DnaVdLayout("pageMode"," 分 页 方 式 ",
DataType.DATA_TYPE_STRING,CodeDefConst.CONTROL_TYPE_LIST,CodeDefConst.GRID_P
AGE_MODE));
        formLayout.addVdLayout( new DnaVdLayout("rowKeyMode","行键值生成方式",
DataType.DATA_TYPE_STRING,CodeDefConst.CONTROL_TYPE_LIST,CodeDefConst.ROW_KE
Y_MODE));
        formLayout.getChildren().add(getVdLayoutInstLayoutGrid());
        formLayout.getChildren().add(getLayoutControlInstLayoutGrid());
        return formLayout;
    }
```

方法 getInstLayoutInstLayoutTreeDetail 创建 InstLayout 对象，用于展现 InstLayoutAgent 的 Dna 对象的实例的详情信息，InstLayout 对象还包含两个子 InstLayout 对象，用表格分别展现 VdLayoutAgent 类和 LayoutControl 类的 Dna 的实例，通过 getVdLayoutInstLayoutGrid 和 getLayoutControlInstLayoutGrid 得到页面布局 InstLayout 对象。getVdLayoutInstLayoutGrid 的代码如下：

```
//path: com.dna.layout.tool.InstLayoutInstLayoutTool
    public static InstGridLayout getVdLayoutInstLayoutGrid( ) {
        InstGridLayout gridLayout = new InstGridLayout(CodeDefConst.DNA_
LAYOUT_VD_LAYOUT_GRID, "vdLayoutInstLayoutGrid",CodeDefConst.BUSINESS_TYPE_
LAYOUT,CodeDefConst.DNA_CODE_LAYOUT_VD_AGENT,CodeDefConst.DNA_NAME_LAYOUT_VD_A
GENT,"InstLayout 属性布局列表");
        gridLayout.setEmptyMode(CodeDefConst.GRID_EMPTY_MODE_ADD);
        gridLayout.addVdLayout( ButtonLayout.newGridButton("add", "增加", Code
DefConst.HARD_FUNCTION_CODE_ADD,CodeDefConst.GRID_BUTTON_TYPE_OPERATION));
        gridLayout.addVdLayout( ButtonLayout.newGridButton("delete", "删除",
CodeDefConst.HARD_FUNCTION_CODE_DELETE,CodeDefConst.GRID_BUTTON_TYPE_OPERATI
ON));
        gridLayout.addVdLayout( new DnaVdLayout("vdLayoutType"," 布 局 类 型 ",
DataType.DATA_TYPE_STRING,CodeDefConst.CONTROL_TYPE_LIST,CodeDefConst.VD_LAY
OUT_TYPE));
        gridLayout.addVdLayout( new DnaVdLayout("name","名称",DataType.DATA_
TYPE_STRING));
        gridLayout.addVdLayout( new DnaVdLayout("label","标签",DataType.DATA_
TYPE_STRING));
        gridLayout.addVdLayout( new DnaVdLayout("showOrder","显示顺序",DataType.
DATA_TYPE_INT));
```

```java
        gridLayout.addVdLayout( new DnaVdLayout("controlType","组件类型",
DataType.DATA_TYPE_STRING,CodeDefConst.CONTROL_TYPE_LIST,CodeDefConst.CONTRO
L_TYPE));
        gridLayout.addVdLayout( new DnaVdLayout("cols","列数",DataType.DATA_
TYPE_INT));
        gridLayout.addVdLayout( new DnaVdLayout("rows","行数",DataType.DATA_
TYPE_INT));
        gridLayout.addVdLayout( new DnaVdLayout("enableType","可用性类型", DataType.
DATA_TYPE_STRING,CodeDefConst.CONTROL_TYPE_LIST,CodeDefConst.LAYOUT_ENABLE_T
YPE));
        gridLayout.addVdLayout( new DnaVdLayout("dataType","数据类型",
DataType.DATA_TYPE_STRING,CodeDefConst.CONTROL_TYPE_LIST,CodeDefConst.DATA_T
YPE));
        DnaVdLayout vdLayout = new DnaVdLayout("dictionaryCode","数据字典",
DataType.DATA_TYPE_STRING,CodeDefConst.CONTROL_TYPE_SIMPLE_FILTER_LIST);
        vdLayout.setFilterConfig(DnaVdLayoutFilterTool.getMdSimpleFilter());
        gridLayout.addVdLayout(vdLayout);
        gridLayout.addVdLayout( new DnaVdLayout("functionCode","功能代码",
DataType.DATA_TYPE_STRING,CodeDefConst.CONTROL_TYPE_LIST,CodeDefConst.HARD_F
UNCTION_CODE));
        gridLayout.addVdLayout( new DnaVdLayout("gridButtonType","表格按钮类型
",   DataType.DATA_TYPE_STRING,CodeDefConst.CONTROL_TYPE_LIST,CodeDefConst.
GRID_BUTTON_TYPE));
        gridLayout.addVdLayout( new DnaVdLayout("formButtonType","form按钮类型
",   DataType.DATA_TYPE_STRING,CodeDefConst.CONTROL_TYPE_LIST,CodeDefConst.
FORM_BUTTON_TYPE));
        return gridLayout;
    }
```

方法 getVdLayoutInstLayoutGrid 创建展现 VdLayoutAgent 对应 Dna 对象的实例的 InstGridLayout 对象。方法 getLayoutControlInstLayoutGrid 的代码如下：

```java
//path: com.dna.layout.tool.InstLayoutInstLayoutTool

public static InstGridLayout getLayoutControlInstLayoutGrid( ) {
    InstGridLayout gridLayout = new InstGridLayout(CodeDefConst.DNA_
LAYOUT_CONTROL_LAYOUT_GRID,   "vdLayoutControlInstLayoutGrid",CodeDefConst.
BUSINESS_TYPE_LAYOUT,CodeDefConst.DNA_CODE_LAYOUT_CONTROL,CodeDefConst.DNA_N
AME_LAYOUT_CONTROL,"InstLayout控制列表");
    gridLayout.setEmptyMode(CodeDefConst.GRID_EMPTY_MODE_ADD);
    gridLayout.addVdLayout( ButtonLayout.newGridButton("add", "增加", Code
DefConst.HARD_FUNCTION_CODE_ADD,CodeDefConst.GRID_BUTTON_TYPE_OPERATION));
    gridLayout.addVdLayout( ButtonLayout.newGridButton("delete", "删除",
CodeDefConst.HARD_FUNCTION_CODE_DELETE,CodeDefConst.GRID_BUTTON_TYPE_OPERATI
ON));
    gridLayout.addVdLayout( new DnaVdLayout("controlType","代码", DataType.
```

```
DATA_TYPE_STRING,CodeDefConst.CONTROL_TYPE_LIST,CodeDefConst.LAYOUT_CONTROL_TYPE));
        gridLayout.addVdLayout( new DnaVdLayout("value1","值1",DataType.DATA_TYPE_STRING));
        gridLayout.addVdLayout( new DnaVdLayout("value2","值2",DataType.DATA_TYPE_STRING));
        gridLayout.addVdLayout( new DnaVdLayout("value3","值3",DataType.DATA_TYPE_STRING));
        gridLayout.addVdLayout( new DnaVdLayout("value4","值4",DataType.DATA_TYPE_STRING));
        gridLayout.addVdLayout( new DnaVdLayout("value5","值5",DataType.DATA_TYPE_STRING));
        gridLayout.addVdLayout( new DnaVdLayout("value6","值6",DataType.DATA_TYPE_STRING));
        gridLayout.addVdLayout( new DnaVdLayout("value7","值7",DataType.DATA_TYPE_STRING));
        gridLayout.addVdLayout( new DnaVdLayout("value8","值8",DataType.DATA_TYPE_STRING));
        return gridLayout;
    }
```

方法 getLayoutControlInstLayoutGrid 创建 InstGridLayout 对象，用于展现 InstLayoutAgent 下的 LayoutControl 列表所对应 Dna 的实例。通过上述三个 InstLayout 对象，即可实现对 InstLayoutAgent 对象的展现。

本章内容非常抽象，需要读者仔细阅读理解。通过本章介绍，可以得出结论：所有配置类对象，均可转换为元数据实例对象进行统一维护，不需要单独开发管理功能。

反侵权盗版声明

电子工业出版社依法对本作品享有专有出版权。任何未经权利人书面许可，复制、销售或通过信息网络传播本作品的行为；歪曲、篡改、剽窃本作品的行为，均违反《中华人民共和国著作权法》，其行为人应承担相应的民事责任和行政责任，构成犯罪的，将被依法追究刑事责任。

为了维护市场秩序，保护权利人的合法权益，我社将依法查处和打击侵权盗版的单位和个人。欢迎社会各界人士积极举报侵权盗版行为，本社将奖励举报有功人员，并保证举报人的信息不被泄露。

举报电话：（010）88254396；（010）88258888
传　　真：（010）88254397
E-mail：dbqq@phei.com.cn
通信地址：北京市万寿路173信箱
　　　　　电子工业出版社总编办公室
邮　　编：100036